Node.js

超入門 第3版

Tuyano SYODA
掌田津耶乃 著

秀和システム

サンプルのダウンロードについて

サンプルファイルは秀和システムのWebページからダウンロードできます。

●サンプル・ダウンロードページURL

http://www.shuwasystem.co.jp/support/7980html/6243.html

ページにアクセスしたら、下記のダウンロードボタンをクリックしてください。ダウンロードが始まります。

[ダウンロード]

●注　意
1. 本書は著者が独自に調査した結果を出版したものです。
2. 本書は内容において万全を期して制作しましたが、万一不備な点や誤り、記載漏れなどお気づきの点がございましたら、出版元まで書面にてご連絡ください。
3. 本書の内容の運用による結果の影響につきましては、上記2項にかかわらず責任を負いかねます。あらかじめご了承ください。
4. 本書の全部または一部について、出版元から文書による許諾を得ずに複製することは禁じられています。

●商標等
・本書に登場するシステム名称、製品名は一般に各社の商標または登録商標です。
・本書に登場するシステム名称、製品名は一般的な呼称で表記している場合があります。
・本文中には©、™、®マークを省略している場合があります。

はじめに

Node.jsで広大なJavaScriptの世界を探検しよう

「Webアプリを作りたい！」と考えたとき、どのプログラミング言語を使うのがいいのでしょうか。Webアプリ開発に使える言語はたくさんあります。PHP、Ruby、Python、等々。こうした中で、Webアプリ開発の経験がないビギナーが選ぶべき言語はどれでしょうか。

　これは、正解のない問いです。人によって適した言語はそれぞれでしょう。が、もし「どの言語もよく知らないから、とりあえず一番役に立ちそうなものを覚えたい」と思っているなら、なんといっても「JavaScript」でしょう。
　JavaScriptは、Webには必須の言語です。Webページで動く唯一のプログラミング言語であり、JavaScriptなしにはWebの開発はできないといっても過言ではありません。
　「でも、それってWebブラウザで動くものでしょ？　サーバーの開発は別の言語が必要なんでしょ？」
　いいえ。サーバー側の開発も、実はJavaScriptでできるのですよ。それを可能にしたのが、「Node.js」というソフトウェアなのです。

　本書は、2018年9月に出版された「Node.js超入門 第2版」の改訂版です。本書では、Node.jsというプログラムを使ったWebアプリケーション開発について説明をしていきます。Node.jsの基本を覚えた後、「Express」というWebアプリケーションフレームワークを覚え、データベースを活用するための「ORM（Object-Relational Mapping）」と呼ばれるソフトウェアについても学習していきます。
　本書の第2版より1年以上が経過しており、Node.jsのバージョンもあがっています。本書では、ver.14という最新バージョンをベースに説明をしています。またデータベースを扱うORMソフトも「Sequelize」という現在もっとも注目度の高いものを採用しました。
　JavaScriptは、以前とは比較にならないほど広い世界で使われるようになっています。Webページ、Webサーバーだけでなく、スマホのアプリ開発にも用いられています。またこれらをサポートする様々な新しいJavaScriptフレームワークも登場しています。
　Node.jsは、そうしたJavaScriptの核となる技術です。本書を期に、ぜひこの広大な世界を探検してみて下さい。

2020.07　掌田津耶乃

Contents 目次

Chapter 1 Node.jsの基本を覚えよう！ ... 11

1-1 Node.jsを準備しよう ... 12
Webサイトと「Web開発」の違い ... 12
サーバー開発って？ ... 15
フレームワークの登場！ ... 16
フレームワークだと何が「楽」なの？ ... 17
Node.jsとは？ ... 18
Node.jsの2つのバージョン ... 20
Node.jsをインストールしよう ... 21
Node.jsの動作を確認しよう ... 30
Node.jsを動かしてみよう ... 31

1-2 Visual Studio Codeを使おう ... 34
開発ツールはどうする？ ... 34
Visual Studio Codeを使おう！ ... 36
VS Codeをインストールしよう ... 37
日本語表示にしよう ... 41
VS Codeを使おう ... 43
フォルダーを開いて編集開始！ ... 44
エディターの入力支援機能 ... 47
テーマの設定 ... 48
その他の機能は「不要」？ ... 50
この章のまとめ ... 51

Chapter 2 アプリケーションの仕組みを理解しよう！ ... 53

2-1 ソースコードの基本 ... 54
スクリプトファイルを作ろう ... 54
プログラムを作る ... 55
プログラムを実行しよう ... 56
これよりは「オブジェクト」の知識必須！ ... 60
プログラムの流れを整理しよう ... 60
requireとモジュールシステム ... 61
サーバーオブジェクトを作成する ... 63
HTMLを出力するには？ ... 67

ヘッダー情報の設定 68
HTMLで日本語を表示する 70
ヘッダー情報の出力をチェック！ 71
コンソール出力について 72
基本は、require、createServer、listen 73

2-2 HTMLファイルを使おう 74
HTMLファイルを使うには？ 74
HTMLファイルを作成しよう 76
ファイルを読み込んで表示する 77
readFileの処理をチェック 78
関数を切り分ける 79
非同期処理とコールバック関数 80

2-3 テンプレートエンジンを使おう 82
テンプレートエンジンってなに？ 82
EJSを使おう！ 83
EJSをインストールする 84
テンプレートを作る 85
テンプレートを表示させよう 87
ejsオブジェクトの基本 89
プログラム側の値を表示させる 91
app.jsを修正する 92
renderに値を渡す 93

2-4 ルーティングをマスターしよう 95
スタイルシートファイルを使うには？ 95
ルーティングという考え方 97
URLオブジェクトでアドレスを調べる 98
スタイルシートの読み込み処理を追加する 99
複数のページを作ろう 101
Bootstrapってなんだ？ 106
この章のまとめ 106

Chapter 3 Webアプリケーションの基本をマスターしよう！ 109

3-1 データのやり取りをマスターしよう 110
「難しい」と「面倒くさい」 110
パラメーターで値を送る 111
クエリーパラメーターの取り出し方 113
フォーム送信を行なう 114
フォームの処理を作成する 116

目次

フォームの処理を整理する	120
requestとイベント処理	121
複雑な情報を整理する	125

3-2 パーシャル、アプリケーション、クッキー … 129

includeとパーシャル	129
パーシャルを書き換える	132
別のデータを表示させる	134
アプリケーション変数	135
クッキーの利用	139
クッキー利用の処理を作成する	141
クッキーに値を保存する	144
クッキーから値を取り出す	145

3-3 超簡単メッセージボードを作ろう … 148

メッセージをやり取りしよう！	148
必要なファイルを整理する	150
index.ejsテンプレートを作成する	151
ローカルストレージの値の取得	153
テーブルのパーシャル・テンプレート	154
login.ejsを作る	156
ローカルストレージに値を保存する	158
データファイルの用意	158
app.jsでメインプログラムを作る	159
メッセージボードの使い方	162
データファイルの処理について	165
この章のまとめ	168

Chapter 4 フレームワーク「Express」を使おう！ 171

4-1 Expressを利用しよう … 172

Node.jsは「面倒くさい」！	172
アプリケーションフレームワークと「Express」	173
Expressのアプリケーション作成	174
Express Generatorをインストールする	175
Express Generatorでアプリケーションを作成する	176
アプリケーションを実行する	179
アプリケーションのファイル構成	181
package.jsonについて	183
もう1つのExpress開発法	185
Expressをインストールする	188
アプリケーションを作成する	189

4-2　Expressの基本コードをマスターする 191
Expressのもっともシンプルなスクリプト 191
Express Generatorのスクリプトを読む 194
index.jsについて 198
wwwコマンドについて 200
app.jsと「routes」内モジュールの役割分担 201
Webページを追加してみる 202
ルーティング用スクリプトを作る 204
router.getと相対アドレス 206

4-3　データを扱うための機能 208
パラメーターを使おう 208
フォームの送信について 210
セッションについて 213
Express Sessionを利用する 214
セッションに値を保存する 217
外部サイトにアクセスする 219
Googleのニュースを表示する 221
RSS取得の流れを整理する 224
この章のまとめ 227

Chapter 5　データベースを使おう！　229

5-1　データベースを使おう！ 230
SQLデータベースとは？ 230
SQLite3を用意する 231
DB Browser for SQLite 232
データベースの構造 236
データベースを作成する 239
テーブルにデータを追加する 244
sqlite3パッケージについて 247
データベースのデータを表示する 248
データベースアクセスの処理を作る 249
sqlite3利用の処理を整理する 250
シリアライズは必要？ 252
db.eachで各レコードを処理する 253
Databaseオブジェクトの使いこなしがポイント 257

5-2　データベースの基本をマスターする 258
データベースの基本「CRUD」とは？ 258
レコードの新規作成 261
/addの処理を作成する 263

| 目次

レコードの表示 ... 266
/showの処理を作成する ... 268
レコードの編集 ... 270
/editの処理を作成する ... 272
レコードの削除 ... 274
/deleteの処理を作成する ... 276
レコードの検索 ... 278
whereの検索条件を考える ... 282
いかに条件を作成するかが検索のポイント ... 285

5-3 バリデーション ... 286

バリデーションとは？ ... 286
Express Validatorについて ... 287
Express Validatorを使ってみる ... 288
プログラムを用意する ... 290
Express Validatorの基本 ... 292
バリデーションの使い方を整理！ ... 294
用意されているバリデーション用メソッド ... 295
カスタムバリデーション ... 297
この章のまとめ ... 299

Chapter 6　SequelizeでORMをマスターしよう！　301

6-1 Sequelizeを使おう！ ... 302

Sequelizeとは？ ... 302
SequelizeはORM ... 303
Sequelizeのインストール ... 304
Sequelizeを初期化する ... 306
config.jsonについて ... 307
モデルを作成する ... 310
Userモデルについて ... 312
Userモデルの内容 ... 314
マイグレーションの実行 ... 315
マイグレーションの中身は？ ... 317
シーディングについて ... 319
sample-user.jsにシードを用意する ... 321

6-2 レコードを検索しよう ... 324

Usersテーブルを表示する ... 324
「users」内にindex.ejsを用意する ... 325
Sequelize利用の手順を理解する ... 327
指定IDのレコードを表示する ... 329

Opから演算子を指定して検索する 331
　　　複数の条件を設定する(AND検索) 335
　　　複数の条件を設定する(OR検索) 336

6-3　SequelizeによるCRUD 339
　　　レコードの新規作成(Create) 339
　　　レコードの更新(Update) 345
　　　モデルを書き換えて更新する 350
　　　レコードの削除(Delete) 351

6-4　Sequelizeのバリデーション 357
　　　Sequelizeのモデル作成の問題 357
　　　モデルのバリデーション設定 358
　　　Userモデルを修正する 359
　　　Userの作成処理をバリデーションに対応する 360
　　　テンプレートにエラーの表示を追加する 362
　　　エラーメッセージの取得について 364
　　　日本語でメッセージを表示する 365
　　　Sequelizeに用意されるバリデーション 368
　　　この章のまとめ 369

Chapter 7　アプリケーション作りに挑戦！　371

7-1　DB版メッセージボード 372
　　　メッセージボードを改良しよう 372
　　　作成するファイル 375
　　　必要なパッケージについて 376
　　　Boardモデルの作成 376
　　　モデルの連携とassociate 380
　　　アソシエーションの設定 382
　　　ログイン処理をusers.jsに追加 384
　　　boards.jsを作成する 386
　　　boards.jsのポイントを整理する 389
　　　board.sjsをapp.jsに組み込む 392
　　　テンプレートを作成する 393

7-2　Markdownデータ管理ツール 399
　　　Markdownは開発者御用達？！ 399
　　　アプリケーションを作成する 402
　　　Markdataモデルを作成する 403
　　　marks.jsにルーティング処理を作成する 407
　　　marks.jsのポイントを整理する 410

目次

テンプレートを作成する 413
これから先は？ 418

Addendum JavaScript超入門！ 421

A-1 値と変数の基本 422
JavaScriptの基本は「Webブラウザ」 422
スクリプトを書くときの注意点 423
JavaScriptのスクリプトの書き方 424
別ファイルに切り分ける書き方 425
値について 426
変数について 427
「定数」もある 429
四則演算について 429

A-2 制御構文 432
制御構文とは？ 432
if文の基本形 432
条件って、なに？ 433
たくさんの分岐を作るswitch 435
whileによるシンプルな繰り返し 437
複雑な繰り返し「for」 439
「関数」について 441
関数を作ってみる 443
戻り値を使おう 444

A-3 配列からオブジェクトへ！ 446
配列は、たくさんの値を管理する 446
配列のためのfor文 448
オブジェクトを作ろう！ 449
オブジェクトの作り方 450
オブジェクトをJSON形式で書く 452
Webページのオブジェクト 454
Webページを操作してみよう 455
後は応用次第？ 458
この章のまとめ 459

索引 462

Chapter

1

Node.jsの基本を
覚えよう！

まずは、Node.jsを始めるための準備を整えていきましょう。
Node.jsに関する基礎知識を身につけ、Visual Studio
Codeという開発ツールを使えるようにしておきます。

Chapter 1　Node.jsの基本を覚えよう！

Section 1-1　Node.jsを準備しよう

Webサイトと「Web開発」の違い

　皆さんの中には、「Webサイトの作成」をしたことがある人もいることでしょう。今の時代、個人でも簡単にWebサイトを作ることができます。

　Webと一口にいっても、昔と比べて今は本当にさまざまなサービスが使えるようになりました。ほとんど普通のアプリケーションと変わらない(あるいは、それを超えるような)サービスを提供してくれるサイトなども登場するようになっています。

　実際にWebサイトを作った経験がある人ならば、華やかな時代の最先端をゆくサイトと、自分が作ったサイトとの間に、大きな違いがあることに気づくはずです。単にデザインセンスやコンテンツの質といったものでなく、もっと根本的な違いが。つまり、「自分が作ったようなWebサイトをどれだけ改良していっても、最先端のWebサイトのようなものにはならない」ということが、漠然としてわかってくるのです。

　では、一般的なWebサイトと最先端のサービスを提供するサイトでは、一体何が違うのでしょうか。

サーバーとクライアント

　多くの人は、「Webの作成」というと、Webブラウザに表示される「HTMLのページ」を作ることだ、と考えます。これは確かに間違いではないでしょう。が、これがWeb作成のすべてだと思ってしまうと困ります。

　Webには、ブラウザに表示されているHTMLのWebページの他に、私たちがWebブラウザでアクセスしている「Webサーバー」の中で動いているプログラムというのもあるのです。

　私たちがWebアクセスに使っているブラウザなどは、「クライアント」と呼ばれます。サーバーにアクセスして、サーバーから情報をもらっている利用者のことですね。

　これに対して、私たちがアクセスしているのが、「サーバー」です。Webというのは、こ

のように「サーバー」と「クライアント」の間でやり取りをして動いています。

多くの人が作っているWebサイトは、サーバー側にプログラムなど用意されていないでしょう。単に、HTMLのファイルがサーバーに設置してあるだけです。クライアント（ブラウザのことですね）がサーバーにアクセスすると、そのアドレスにおいてあるHTMLファイルを送り返す、という単純なものです。ただ「HTMLファイルを送信して表示する」というだけですから、複雑な処理は行なえないでしょう。

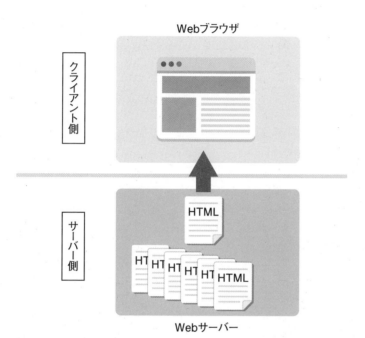

図1-1 Webというのは、Webサーバーに問い合わせをし、HTMLファイルを送ってもらってそれを画面に表示している。

サーバー側のプログラム

では、もっと複雑なWebサイトの場合はどうでしょう？ 例えば、どこかのオンラインショップで商品を買う、なんていう場合を考えてみてください。アクセスして気に入った商品があると、それをカートの中に入れます。そしてクレジットカードの情報などを設定すると、カード会社に問い合わせて支払いをし、商品が発送されます。

これは、HTMLのファイルを設置しただけでは作れません。商品を買うボタンを押したら、「このクライアントは、この商品を注文した」ということをサーバーで処理しないといけません。在庫データから商品在庫を確認し、商品があればカード会社のサーバーに通信してカードの決済を行ない、出荷担当のコンピュータに発送先と発送する商品の情報を送る——こういったことをサーバーの中では行なっているのです。つまり、こうしたサイトは、サーバー

側に専用のプログラムが用意されているのです。

　そんなに複雑そうでないものでも、実は見えないところでプログラムが動いているWebサイトはけっこう多いのです。例えば、ブログのサイトを考えてみてください。記事を書いて送信したら、それが整形されてページにまとめて表示されますね？　あれは、「送信された記事データをデータベースに保存し、そこから最新の記事データをいくつか取り出して整形しクライアントに表示する」といった処理をサーバー側で実行しているからできることなのです。

　企業サイトにある「お問い合わせフォーム」だって、送信したデータをデータベースに保存し、担当部署に内容を送る、といったことをサーバーのプログラムで行っています。記事に書くコメントだって「いいね」ボタンだって、実はサーバー側で「いいね」した情報を管理しています。これらはすべて「サーバー側でプログラムが処理をしている」のです。

　私たちが作るWebページと、時代の先端をゆくサイトとの根本的な違い。それは、「サーバー側のプログラム開発」にあるのです。

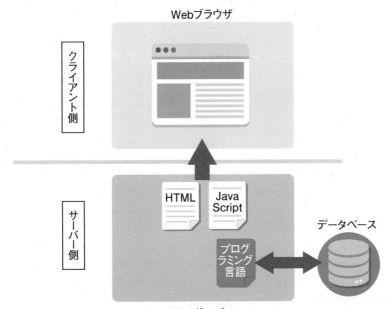

図1-2　Webは、クライアント側とサーバー側でできている。サーバー側で生成したWebページがクライアント（Webブラウザ）側に送られて表示される。

サーバー開発って？

こうした、「サーバー側で実行するプログラム」というのは、作るのがなかなか大変です。一体、クライアント（ブラウザ）に表示されるHTMLのWebページを作るのに比べて何がどう大変なのでしょうか。

●1. プログラミング言語が必須！

プログラムを作るには、当たり前ですがプログラミング言語を使います。これは、HTMLなどよりもかなり習得が難しいものです。この時点で、既に「普通のWebページよりはるかに大変」ということは想像がつきますね。

また、サーバーで動くプログラムというのは、多くの場合、多量のデータを処理するようなものです。このため、データベースと連動して動くものが多いのです。ということは、データベースにも習熟していないといけません。これはかなり大変！

●2. さまざまな攻撃に対処しないといけない

Webのプログラムというのは、「誰が使うかわからない」ものです。それは、単に利用者の性別年齢地域などが違うというだけでなく、「必ずしも善意ある人間だけが使うわけではない」ということなのです。

Webサイトは世界中に公開されています。特に金銭が絡むものや個人情報が記録されるようなサイトになると、世界中の悪意ある利用者からの攻撃がかけられる、と考えるべきです。サーバープログラムの開発では、そうしたサイト攻撃への対応などまで考えなければけません。これまた大変！

●3. 作った後々までメンテナンスしないといけない

Webは、「作ったらおしまい」ではありません。サイトが存続する限り、常にメンテナンスし続けなければいけません。新たな攻撃への対処、見つかったプログラムのバグの修正、新しいサイトのレイアウトやデザインの導入、さまざまな要望に対応し続けなければいけません。

企業で開発しているような場合、「作った本人がずっとメンテナンスし続ける」とは限りません。途中でまったく開発にタッチしてこなかった人間に引き継ぐことになるかもしれません。そうなると、他人が書いたプログラムを読んで理解し、メンテナンスしなければいけません。これは想像以上に大変！

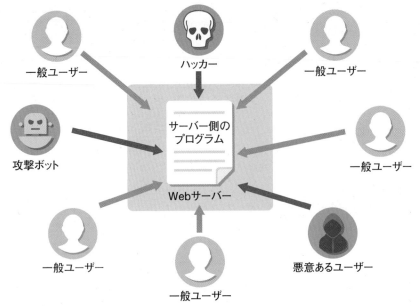

図1-3 Webには、一般のユーザーだけでなく、悪意を持ってアクセスしてくる人間やプログラムなどもある。

フレームワークの登場！

　こうした「開発の大変さ」を少しでも減らしたい……という思いは、世界中の開発者に共通したものなのでしょう。開発の大変な部分を肩代わりしてくれるようなソフトウェアはできないか、と多くの人が考えるようになりました。そうして誕生したのが「フレームワーク」です。
　フレームワークというのは、プログラムの「仕組みそのもの」を提供してくれるソフトウェアです。プログラムというのは、同じような構造のものであれば、だいたい同じような仕組みで動きます。例えば、Webで動くプログラムならば、「アクセスする→アドレスをチェックして対応する処理を呼び出す→必要に応じてデータベースにアクセス→結果をHTMLとして生成→アクセス側に送り返す」といった基本的な流れが決まっています。ということは、アクセスしてから結果を送信するまでの基本的な流れを処理する仕組みをあらかじめ用意しておいて、「どんな処理をするか？」「データベースからどんなデータを受け取るか？」「どんな結果を表示するか？」といった、それぞれのプログラム固有の部分だけを作成して組み込むことができれば、ずいぶんと開発も簡単になります。
　この基本的な仕組みを提供するのがフレームワークです。フレームワークは、プログラムの基本的なシステムそのものを持っており、必要に応じてカスタマイズする部分だけを作って追加すればプログラム全体が完成します。「システムそのものを内蔵しているプログラム」なのです。

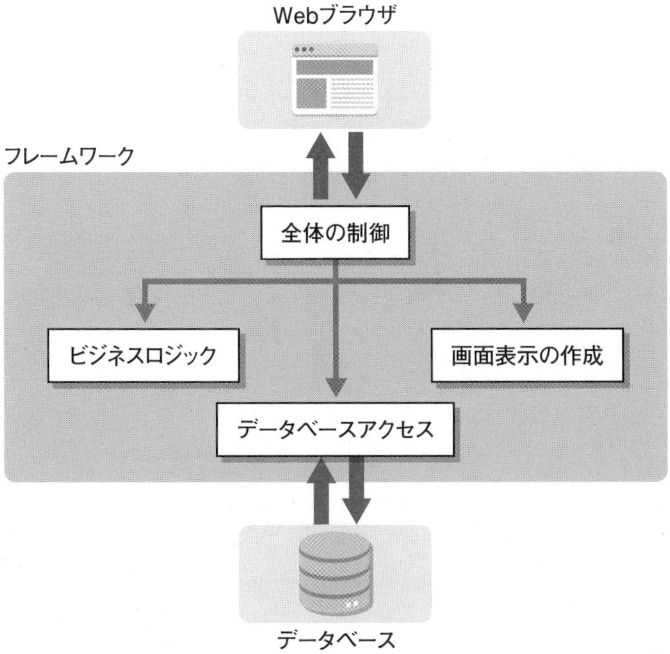

図1-4 フレームワークは、さまざまな機能だけでなく、「仕組み（システム）」そのものを提供するプログラムだ。

フレームワークだと何が「楽」なの？

　では、フレームワークというものを使うと、開発の何が楽になるのでしょうか。その利点をちょっと整理してみましょう。

●1. 書くコードが圧倒的にすくなくて済む

　フレームワークは、Webのプログラムの基本的な仕組みを持っています。その上で、それぞれカスタマイズするところだけを書き加えていけばいいのです。このため、すべてのプログラムを書くのに比べると圧倒的に短いプログラムで済みます。フレームワークを使わないと何十行ものプログラムを書かないといけなかったことが、フレームワークを使うと数行で済んでしまう、なんてこともあるんですよ！

●2. 堅牢なサイトを構築可能

　フレームワークは、基本的な仕組みが最初から用意されています。そこには、さまざまなサイト攻撃への対応も済んでいることが多いのです。つまり導入するだけで、主なサイト攻撃へ対応できてしまうのです。またセキュリティに関する機能なども用意されていることが多く、安全対策も簡単に行なえるようになっていることが多いのです。

●3. メンテナンスが楽

フレームワークは、基本的な仕組みが既に組み込まれているため、「こういう場合はここにこう書く」といった、作るプログラムの基本的な書き方が決まっています。このため、そのフレームワークの使い方がわかっていれば、誰でもだいたい同じようなプログラムの書き方となるのです。

ということは、まったく開発の内容を知らなかった人間がいきなりメンテナンスの担当となったとしても、そのフレームワークの使い方がわかっていれば、だいたい何がどうなっているのか理解できます。

なんだかいい事ずくめですね？ フレームワークって。ということで──

- 本格的なWeb開発をするならサーバー側のプログラム開発が重要。
- それは本格的なプログラミング言語を使って行なわないといけない。これはかなり大変！
- 少しでも楽に開発できるようにフレームワークを導入するのがいい。

──このあたりまでわかってきました。サーバー開発の基本はもちろんだけど、この「フレームワークを利用したWeb開発」についてもしっかり覚えたいものですね！

Node.jsとは？

この「フレームワーク」というものは、さまざまなプログラミング言語に用意されています。ということは、「どんなプログラミング言語を使ってサーバー側の開発をするか？」によって、選ぶフレームワークも変わってくる、というわけです。

では、「まだ、本格的に使ってるプログラミング言語なんてない。WebページのHTMLぐらいはなんとなくわかるけど、それ以上のことはまだよくわからない」という、「Web開発のビギナー」にとって最適な言語はどれなのでしょう？

これは、いろいろな考えがあると思いますが、本書では「JavaScript」（ジャバスクリプト）を使うことにします。

JavaScript = Webブラウザの言語、ではない？

JavaScriptという言語、Webに興味がある人なら必ずどこかで耳にしていることでしょう。このJavaScript、皆さんはどういうイメージを持っているでしょうか。

「ブラウザに表示されているWebページの中で動く簡易言語みたいなもの」

「本格的なプログラミングなんかには使えない」

そう思っている人も多いことでしょう。けれど、それは間違いです。実は、Webアプリケーションそのものの開発にもJavaScriptを使うことはできるのです。その秘密は、「Node.js（ノード・ジェーエス）」というソフトウェアにあります。

Node.js = JavaScriptのランタイム環境

Node.jsというのは、JavaScript言語のランタイム環境（プログラムを実行するための環境）です。これまでWebブラウザの中だけで動いていたJavaScriptという言語のエンジン部分をWebブラウザから切り離し、独立したプログラムとして実行できるようにしたのがNode.jsなのです。

このNode.jsを使うことで、それまでWebブラウザの中だけでしか使われなかったJavaScriptが、ぐんと広い範囲で使われるようになったのです。では、Node.jsがどんなソフトウェアなのか、簡単に整理しましょう。

●1. JavaScriptのプログラムがそのまま動く！

Node.jsは、「V8」というプログラムを使って作られています。これは、Google Chromeで使われているJavaScriptのエンジンプログラムです。このV8をベースに開発されたNode.jsは、Webブラウザの中ではなく、単独でJavaScriptのプログラムを実行できるようになります。これにより、さまざまな分野で「JavaScriptによる開発」が可能になったのです。

JavaScriptで動くということは、つまり「サーバー側も、クライアント側も、全部1つの言語だけで開発できる」ということです。Webの開発は、「クライアント側はJavaScript、サーバー側は別の言語」という感じで、2つの言語を組み合わせて開発するのが普通でした。が、Node.jsならば、どっちも同じ言語で開発できます。これはかなり快適！

●2. Webサーバーも自分で作る！

一般的なWeb開発のためのフレームワークは、基本的に「Webサーバーにアップロードして動かす」ということを前提に作られています。Webサーバーに、プログラミング言語を実行できるようにするプラグインなどを追加し、Webサーバーの中でフレームワークのプログラムが動くようにしているのですね。

ところが、Node.jsは違います。Node.jsは、「Webサーバープログラムそのものまで、すべて作る」のです！ Node.jsには、Webサーバーの機能のためのライブラリなどが入っていて、Webサーバーのプログラムを自分で作って動かすのです。というと猛烈に難しそうですが、Node.jsには「数行書くだけでWebサーバーが実行できる」ような仕組みが用意してあるので心配はいりません。

●3. JavaScript開発のフレームワークが使える！

　Node.jsというものが出てきて、「そうか、これがフレームワークってやつだな」なんて思った人もいたんじゃないでしょうか。実は、違います。

　Node.js自体は、JavaScriptのランタイム環境であり、さまざまなプログラミング言語の動作環境と同じようなものです。が、「なんだ、フレームワークはないのか」なんてがっかりすることはありません。このNode.jsには、このNode.js上で動作する便利なフレームワークがいろいろと揃っているのですよ。

　しかもNode.jsには、JavaScriptのライブラリやフレームワークなどを管理するための仕組みが用意されています。これを利用して、Web開発の本格的なフレームワークを簡単にインストールし使えるようになっているのです。

　本書でも、Node.jsの基本を説明した後は、もっともポピュラーなフレームワーク「Express」を使った開発について説明をします。フレームワークなど何も使ってないNode.jsの開発と、Expressを使った開発の両方について理解すれば、フレームワークを使ったほうが便利！ ということが実感できるでしょう。

　──いかがです。ほら、耳を澄ますと聞こえてきませんか？ これまでの「JavaScriptっていうのはこういうものだ」と思っていた常識がガラガラと崩れていく音が。JavaScriptは、もはや「本格的な開発に対応可能なプログラミング言語」なのです。それを実現しているのが、Node.jsというランタイム環境なのです。

Node.jsの2つのバージョン

　では、Node.jsを用意して使えるようにしましょう。Node.jsは、Webサイトで無償配布されています。誰でもソフトをダウンロードし使うことができます。

　ただし！ Node.jsを使う際は、1つだけ、注意しておかないといけないことがあります。それは、「バージョン」です。

　Node.jsには、2種類のバージョンがあります。偶数バージョンと奇数バージョンです。この2つは、まったく性質が違うので注意が必要です。

●偶数バージョン

　これは「LTS」と呼ばれるものです。これは「Long Term Support」の略で、長期サポートが保証されているバージョンです。

　例えば、現在広く使われているver.12というものは、2019年の春に登場し、2022年春までサポートされます。また本書執筆時点での最新版(ver.14)は、2020年春に出たばかりで、これは2023年春までサポートされる予定です。

●奇数バージョン

これに対し、ver.12の後にリリースされたver.13は、2019年10月に登場したのですが、2020年4月までしかメンテナンスされません。また2020年10月には新しいver.15がリリースされる予定ですが、これも2021年4月にはメンテナンス終了になる予定です。まともに利用できるのは、わずか半年程度なのです。

Node.jsは、奇数バージョンでは新しい技術に積極的に取り組んでいき、偶数バージョンでは確実になった技術で安定的な運用を重視していく、という2本立てになっているのです。ですから、皆さんは、間違っても奇数バージョンを手にしてはいけません。偶数バージョンで長期間使えることをまず考えるべきです。

ver.12とver.14

2020年6月現在、Node.jsのサイトで配布されているバージョンは2つあります。どちらも偶数バージョンで、2019年にリリースされたver.12と、2020年4月にリリースされたばかりのver.14です。

これらは、どちらも偶数バージョンですから、どちらを選んでも構いません。本書ではver.14をベースに説明を行なっていく予定です。ver.12とver.14では、それほど大きな違いはありません。皆さんのように初歩から学び始めた場合、基本的な部分の学習が中心となりますが、そうした基本部分はどちらもほぼ同じなのです。ならば、なるべく新しくて長く使えるバージョンのほうがいいでしょう。

ただし、新しいバージョンには、新しいためのマイナス面もあります。それは、「他のソフトウェアが完全に対応しているとは限らない」という点です。Node.jsは、それ単体で使うわけではありません。さまざまなフレームワークなどを追加して利用していきます。こうしたフレームワークなどは、新しいバージョンに対応するまでに時間がかかることもあります。ですから、「自分が利用するソフトウェアが新しいバージョンに対応しているか」を考えて利用するバージョンを決める必要があります。

本書ではいくつかソフトウェアを追加しますが、それらはすべてver.14に対応しています。したがって、ver.14でも問題なく使うことができます。

Node.jsをインストールしよう

では、Node.jsをインストールしましょう。まずは、Node.jsのWebサイトにアクセスしてください。アドレスは以下になります。

https://nodejs.org/ja/

Chapter-1 | Node.jsの基本を覚えよう！

図1-5 Node.jsのWebサイト。ここからソフトをダウンロードする。

　ここから、ダウンロードのボタンをクリックしてダウンロードを行なってください。ボタンは、2つ用意されています。既に説明したように、ここでは「v14.x.x」（x.xは任意のバージョン）と書かれているほうをクリックしてダウンロードしてください。これが最新版になります。

　もし、サイトが更新されて「v15.x.x」といった奇数のバージョンがアップロードされていたとしても、そちらは使わないようにしてください。

　ダウンロードされるのは、アクセスしている機器のOSに応じたソフトウェアです。Windowsでアクセスすれば、Windows版がダウンロードされます。

他のプラットフォーム用が必要な場合

　それ以外のものが必要な場合は、上部にある「ダウンロード」というリンクをクリックしましょう。これで、用意されている全OS用のソフトウェアが一覧表示され、好きなものをダウンロードできるようになります。

　ここでは「LTS」と「最新版」という2つのタブが表示されています。LTSは「Long Term Support」の略で、長い期間メンテナンスされ続けることが保証されているバージョンです。

　ここで使うver.14は「最新版」に表示されていると思いますが、アクティブに更新される期間がすぎ、更に新しいバージョンが登場すると、自動的にLTSに切り替わります。その場合は、「LTS」にver.14が表示され、「最新版」にver.15が表示されることになります。

　このあたり、「最新版」と「LTS」を間違えないように注意してください。両方が偶数バージョンなら「最新版」を使います。最新版が奇数バージョンなら、「LTS」を使いましょう。

図1-6 「ダウンロード」のリンクを押すと、全プラットフォーム向けのソフトウェアがまとめて表示される。

インストールしよう（Windows版）

　ダウンロードされるのは、専用のインストーラ・プログラムです。これをダブルクリックして起動し、インストールを行ないましょう。まずはWindows版のインストーラです。なお、以下に手順を説明しますが、アップデート等により手順が若干変更される場合もありますから注意しましょう。

●1. インストーラを起動する

　起動すると、インストーラのウインドウが現れた後、ハードディスクの確認を行ないます。これにはしばらく時間がかかるでしょう。待っていると、確認が終わり、「Next」ボタンが選択できるようになります。そのままボタンをクリックして次に進んでください。

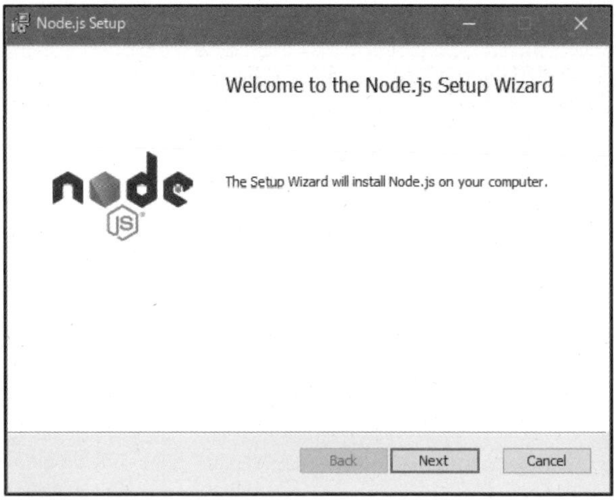

Chapter-1 Node.jsの基本を覚えよう！

図1-7 インストーラを起動すると、こういうウインドウが現れる。そのまま「Next」ボタンで次に進む。

●2. 使用許諾契約に同意する

「End-User License Agreement」という表示が現れます。これはライセンスの利用許諾契約です。下に見える「I accept……」というチェックをONにし、「Next」ボタンで次に進みましょう。

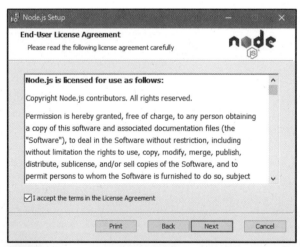

図1-8 ライセンス利用許諾契約画面。チェックボックスをONにして次に進む。

●3. インストール先を確認する

「Destination Folder」画面です。これはインストールするフォルダーを選択します。これは、デフォルトで設定されているフォルダーのままでいいでしょう。そのまま次に進んでください。

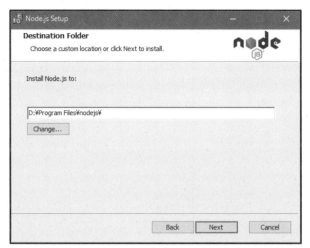

図1-9 保存先のフォルダー設定。デフォルトのままで問題ない。

● **4. インストール内容を確認する**

「Custom Setup」画面に進みます。インストールするモジュールなどを選択するところです。標準で必要なものはすべてインストールされるようになっているはずなので、そのまま次に進めば良いでしょう。

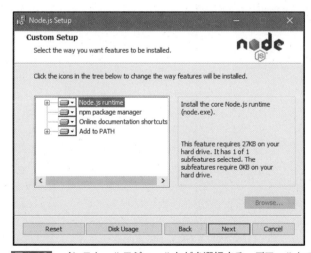

図1-10 インストールモジュールなどを選択する。デフォルトですべてインストールする設定になっている。

● **5. ネイティブモジュールの設定**

「Tools for Native Modules」という表示になります。ネイティブコードのモジュールに関する設定です。これはデフォルトの状態のままにしておきましょう。

Chapter-1 | Node.jsの基本を覚えよう！

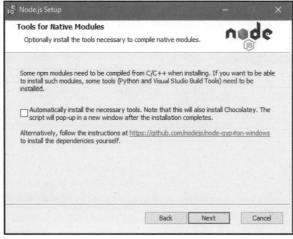

図1-11　ネイティブモジュールの設定。デフォルトのままにしておく。

● 6. インストールを開始する

　「Ready to install Node.js」という表示が出たら、後は「Install」ボタンを押してインストールを実行するだけです。インストールにはしばらく時間がかかるので待ちましょう。

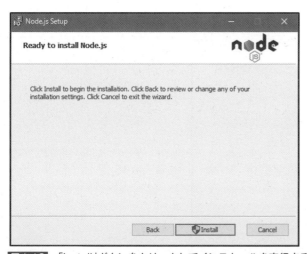

図1-12　「install」ボタンをクリックしてインストールを実行する。

● 7. インストールの完了

　インストールが完了したら、「Finish」というボタンが選択できるようになっています。これをクリックして終了すれば作業完了です。

図1-13　「Finish」ボタンを押してインストール完了！

インストールしよう（macOS版）

　続いて、macOSの場合です。こちらも専用のインストール・プログラム（パッケージファイル形式になっています）がダウンロードされるので、これを起動してインストールします。

●1.インストーラを起動する

　「ようこそNode.jsインストーラへ」というウインドウが現れます。そのまま「続ける」ボタンで次に進みます。

図1-14　起動画面。そのまま次に進む。

●2.使用許諾契約に同意する

使用許諾契約の画面になります。「続ける」ボタンをクリックし、現れたダイアログで「同意する」ボタンを選択します。

図1-15　使用許諾契約画面。契約に同意する。

●3.インストール先を指定する

インストール場所の選択画面になります。インストールするボリューム(ディスク)を選択します。

図1-16　インストール場所を指定する。

●4.インストールを開始する

　標準インストールの画面になります。そのまま「インストール」ボタンをクリックすればインストールを開始します。なお、インストール時には管理権限のあるユーザーのパスワードを尋ねてくるので入力してください。

図1-17　「インストール」ボタンを押せばインストールを開始する。

●5.インストールの完了

　待っていればインストールはすぐに終了します。後は「閉じる」ボタンを押してインストーラを終了するだけです。

図1-18　「閉じる」ボタンでインストーラを終了する。

Chapter-1 | Node.jsの基本を覚えよう！

 ## Node.jsの動作を確認しよう

　インストールが無事にできたら、Node.jsがちゃんと使える状態になっているか確認しましょう。Windowsならばコマンドプロンプト、macOSならばターミナルを起動して、

```
node -v
```

　このように記入し、EnterキーまたはReturnキーを押してください。これでコマンドが実行され、Node.jsのバージョン番号が表示されます。もし、他のメッセージなどが表示されたら、Node.jsがうまく認識されていないということになります。

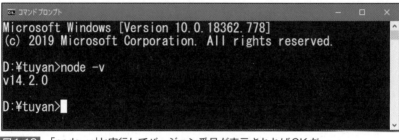

図1-19 「node -v」と実行してバージョン番号が表示されればOKだ。

Node.jsは「コマンドプログラム」

　今の作業を見て、内心、ぎょっとした人もいるかもしれませんね。「Node.jsって、コマンドで動かすのか？」って。

　そうなんです。Node.jsは、コマンドプログラムです。作業はすべてコマンドを使って実行していきます。ウインドウやメニューで操作するようなアプリケーションは用意されていません。

　「面倒くさい……」なんて思った人。でも、考えてみてください。プログラミングというのは、長い長いソースコード（プログラムのリストのことです）をひたすらエディターで書いていく作業です。そうやってプログラムを作っていくのです。

　プログラミングは、ひたすら「書く」ことで覚えていきます。書くことを面倒がっていてはプログラミングは上達しません。コマンド入力も、プログラミングを学ぶ上で必要なものと考えましょう。大丈夫。今は面倒に感じても、実際にプログラミングを始めれば、ちょっとしたコマンドの入力なんて苦にならなくなってきますよ。

Node.jsを動かしてみよう

では、実際にNode.jsを動かしてみましょう。「えっ、でもまだ開発ツールとか何も持ってないよ？」という人。いえいえ、心配はいりません。Node.jsは、その場で文を書いて実行し動かす「インタラクティブモード」を備えているのです。

では、コマンドプロンプトあるいはターミナルから――

```
node
```

――このように書いて、EnterキーまたはReturnキーを押して実行してみましょう。すると、カーソルが点滅して入力待ちの状態となります。

図1-20　nodeを実行すると、入力待ち状態になる。

これはどういうことか？　というと、「Node.jsで実行する文を入力してください」ということなのです。Node.jsでは、JavaScriptの文を書いてEnter/Returnキーを押すと、その文をその場で実行する、という機能を持っているのです。

命令を実行する

では、簡単な命令（？）を実行させてみましょう。以下のように文を書いてEnter/Returnしてみてください。注意してほしいのは、「全部、半角の英文字で書く」という点です。また、大文字小文字まで正確に書くようにしてください。

```
console.log("Hello!");
```

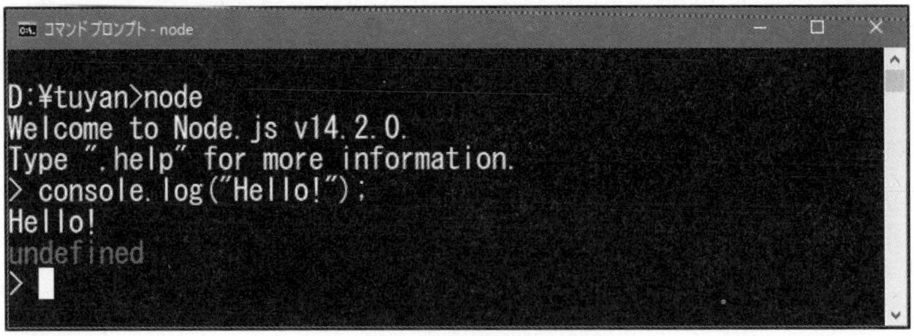

Chapter-1 Node.jsの基本を覚えよう！

図1-21 実行すると「Hello!」とテキストが表示された。

こうすると、次の行に「Hello!」とテキストが表示されます。これは、今実行した文の実行結果です。つまり、今の文は「Hello!とテキストを出力する」という働きをするものだったのです。

計算を実行する

こんなふうに、Node.jsに用意されている命令（？）のようなものを使って何かを行なわせることもできますし、プログラミングの基本である計算などを行なわせることだってできます。例えば、以下の文を1行ずつ実行していきましょう。これも全部半角文字で書きます。

```
var t = 0.1;
var p = 12300;
p * (1 + t);
```

図1-22 入力した金額の消費税込み価格を計算し表示する。

すると、最後に「13530.000……」と数字が表示されます。これは、計算をした結果です。12300円に、消費税10%を足した金額を計算し表示していたのです。

実行が終わったら、「.exit」とタイプしてEnter/Returnしてください（最初の「.」も忘れないように！）。これでNode.jsから抜けて元の状態に戻ります。

―― まぁ、実際のプログラミングは、こんな調子でコマンドラインから延々と打ち込んでいくわけではありません。ただ、このように「nodeコマンドを使えば、その場で簡単なプログラムを直接打ち込んで実行できるんだ」ってことは知っておくと便利でしょう。

> **コラム** 13530.000000000002って、何？　　　**Column**
>
> 　12300に1.1をかけたら、「13530.000000000002」という妙な結果が表示されました。「なんで、13530じゃないんだ？」と思った人も多いでしょう。
> 　実は、コンピュータでは、実数(整数以外の値)は正確には表現できないのです。ですから、小数の値などを計算するときは、ときどき桁の最後のほうに余計な「ゴミ」が混ざってしまうことがあるのです。「コンピュータなんだから正確なんじゃないの？」と思った人。いいえ、コンピュータも不正確なところはあるんですよ。

Chapter 1 Node.jsの基本を覚えよう！

Section 1-2 Visual Studio Codeを使おう

開発ツールはどうする？

　nodeコマンドで、JavaScriptの文を実行してみましたが、実際の開発では、こんなまどろっこしいことはやっていられません。もっと快適にプログラムを作成できる環境が必要です。

　Webの開発は、ソースコード（プログラムのリストのことでしたね）の編集が主な作業内容になります。PCやスマホの開発ではプロジェクトをビルドしてアプリケーションを作ったり、いろいろな仕掛けが必要になりますが、Webの場合は「とりあえずソースコードが編集できればOK」なのです。したがって、専門の開発ソフトなどなくても開発は行なえます。

　が、まったく反対のことをいうようですが、「専用のツールがあったほうがいい」ということもまた事実なんです。それじゃ、一体何がいいのか？ 専用の開発ツールを利用する利点について簡単にまとめてみましょう。

Webでは多数のファイルを作る！

　一番大きいのは、「一度にたくさんのファイルを開いて編集できる」という点でしょう。メモ帳のようなテキストエディターは、一度に1つのファイルしか開けません。中にはたくさんのファイルを開けるエディターもありますが、その場合も自分でファイルをきちんと管理しないといけません。

　Webの開発では、非常にたくさんのファイルを作成していきます。Webページ1枚作るにしても、HTMLファイル、スタイルシートファイル、JavaScriptのファイル、そしてサーバー側の開発を行なうならそのためのファイルも必要になります。ちょっとしたサイトでも、数十個のファイルを作成することになるのです。

　専用の開発ツールは、開発に必要となる多数のファイルを一括管理するための仕組みが用意されています。テキストエディターを使うよりはるかにファイルの管理が楽なのです。

図1-23 テキストエディターは、ただファイルを開いて編集するだけだが、開発ツールはたくさんのファイルをまとめて管理できる。

エディターが書き方を教えてくれる！

　プログラムの作成で一番大変なのは、「複雑で多量の命令や関数を覚えて正確に書かないといけない」ということでしょう。

　プログラミング言語には、数百もの命令や関数が用意されています。これらを組み合わせてソースコードを書いていくわけです。が、人間、そんなに簡単にたくさんの単語を丸暗記できるものではありません。

　そこで登場するのが、開発ツールの「入力支援機能」です。多くの開発ツールでは、ソースコードの入力を支援してくれる機能が豊富に用意されています。中でも圧倒的に便利なのが、「今、使える命令や関数をリアルタイムに検索して表示してくれる」機能です。

　エディターに最初の数文字を打ち込むと、その文字を含む命令や関数を一覧表示してくれるのです。その中から「これだ！」と思ったものを選べば、正確な綴りでそれを書き出してくれます。これならスペルミスもなくなります。この機能だけでも、開発ツールを使う意味はある、といってもいいでしょう。

図1-24 開発ツールでは、単語を色分け表示したり、次に入力する命令の候補をポップアップ表示したり、たくさんの支援機能がある。

Chapter-1 | Node.jsの基本を覚えよう！

■たくさんの言語に対応している！

　この入力支援機能は、多くの言語に対応しています。Web系の開発ツールなら、HTMLやスタイルシート、JavaScriptなどはもちろん、サーバー側の開発でよく利用されるPHPやRuby、Pythonといった言語もたいてい対応しています。そのファイルを開くだけで、自動的に使われている言語を識別し、その言語のための支援機能を使えるようにしてくれるのです。

　Webでは、さまざまな言語を使いますから、こうした「多言語に対応している」ソフトがあると、効率も飛躍的にアップするのです。

コラム　プログラムリスト？ ソースコード？ スクリプト？　Column

　ここまでの説明で、プログラムの内容を書いたリストのことを「プログラムリスト」といったり、「ソースコード」と呼んだり、「スクリプト」と書いてあったりして「一体、どれが正しいんだ！」と混乱してきた人もいるかもしれませんね。

　結論からいえば、これらは「全部、同じもの」を指しているといっていいでしょう。プログラムリストというのは、プログラミングなんてよく知らない人に向けて一般的な言葉で説明するときに使ったりします。ソースコードは、プログラミング経験者の間で使われる言葉です。そして「スクリプト」というのは、JavaScriptなど本格言語よりももっとライトな言語で、その場で書いたものを動かせるようなプログラムを指して呼ぶことが多いでしょう。

　ということで、厳密には同じではないのですが、本書の説明の中ではこれらは「全部同じ」と理解してください。

■Visual Studio Codeを使おう！

　まだまだ開発ツールを使う利点はありますが、「ただのテキストエディターよりはるかに便利そうだ」ということはわかったでしょう。

　では、具体的にどんな開発ツールを使えばいいのでしょうか。開発ツールはたくさんありますが、ここでは「タダで使える」「Web系の言語に多数対応している」「多機能すぎず、シンプルで軽快」といったことから、「Visual Studio Code」というソフトを使うことにしましょう。

　Visual Studio Code（以下、VS Codeと略）は、マイクロソフト社が開発しているツール

36

です。マイクロソフトは「Visual Studio」という本格開発向けの開発ツールを作っているのですが、そこでのノウハウをもとに、Web系で使われている言語の編集を行なうための軽快な開発ツールとして、このVS Codeを作りました。

VS Codeは、基本的に「たくさんの言語のファイルを編集するためのエディター」です。それ以外の機能はそれほどありません。ソースコードを編集するエディターに特化した開発ツールなのです。

「なんだ、タダのエディターか」と思うでしょうが、VS Codeは「ただのエディター」ではありません。Visual Studioの強力な開発支援機能をそのまま移植しているため、ただのエディターと比べるとプログラムの入力編集が圧倒的に快適に行なえるのです。

また、エディター以外の機能として、コマンドプロンプトやターミナルなどからコマンドを実行するのと同じ機能も持っています。既に述べたように、Node.jsはコマンドで実行をしますから、VS Code内からコマンドを実行できるのはかなり楽チンですよ。

VS Codeをインストールしよう

では、VS Codeをインストールして使えるようにしましょう。まずは、VS CodeのWebサイトにブラウザでアクセスしてください。アドレスは以下になります。

```
https://azure.microsoft.com/ja-jp/products/visual-studio-code/
```

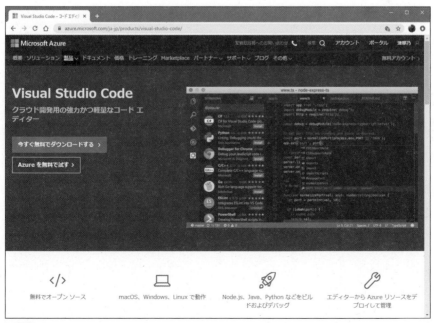

図1-25 VS Codeの日本語サイト。ここからソフトをダウンロードできる。

Chapter-1 | Node.jsの基本を覚えよう！

このページにある「今すぐ無料でダウンロードする」というボタンをクリックすると、ダウンロードページに移動します。そこから自分が利用するプラットフォーム（OSのことです）用のものをダウンロードしてください。

注意したいのは、Windowsユーザーです。Windowsの場合、「User Installer」と「System Installer」の２つが用意されています。前者は現在ログインしている利用者のみ使えるようにするもので、後者はシステム全体で使えるようにするものです。どちらを使っても構いませんが、特に理由がなければ前者のUser Installerを使えばいいでしょう。

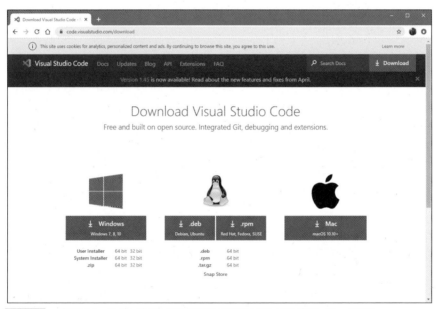

図1-26　ダウンロードページから自分が使うOS向けのものをダウンロードする。

Windows版のインストール

Windows版は、専用のインストーラの形で配布しています。これを起動し、手順にしたがってインストールを行ないましょう。

●1. 使用許諾契約の同意

起動すると、使用許諾契約を表示した画面が現れます。表示されている内容を読み、下にある「同意する」ラジオボタンを選んで次に進みます。

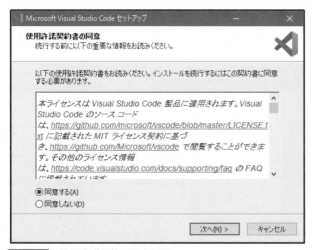

図1-27　使用許諾契約の同意画面。

●2. インストール先の指定（System Installerのみ）

　System Installerを使っている場合は、インストールする場所を指定する表示が現れます。ここで、インストールする場所を指定します。これは特にインストールする場所が決まっていないならデフォルトのままで構いません。

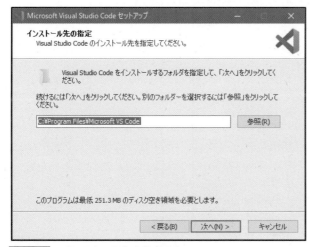

図1-28　インストール先を指定する。

●3. プログラムグループの指定（System Installerのみ）

　System Installerでは、続いてスタートボタンに用意するグループ名の指定をする表示になります。これもデフォルトのままにしておきましょう。

図1-29　プログラムグループの指定。

●4. 追加タスクの選択

　インストールの際に設定する項目を選びます。これもデフォルトでいくつかのものが選択済みになっているので、そのままにしておけばOKです。

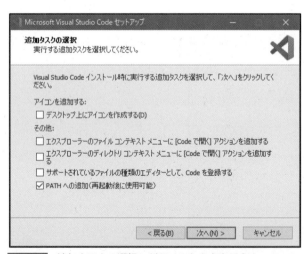

図1-30　追加タスクの選択。デフォルトのままでOK。

●5. インストール準備完了

　インストールの内容が表示されます。表示内容を確認し、「インストール」ボタンをクリックすれば、インストールを開始します。後はひたすら待つだけ！

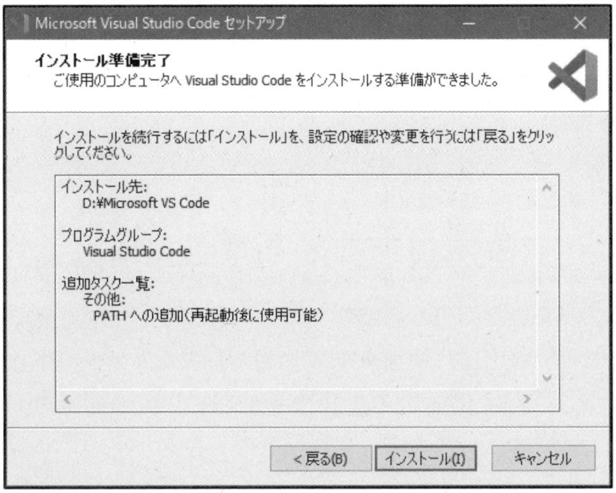

図1-31　準備完了。「インストール」ボタンを押してインストール開始！

macOS版のインストール

　続いて、macOSでのインストールです。こちらは、アプリケーションをZip圧縮したファイルとして配布しています。Zipファイルをダブルクリックして展開すれば、VS Codeのアプリケーションが保存されます。後は、アプリケーションを「アプリケーション」フォルダーにドラッグして入れるだけです。

図1-32　ダウンロードしたZipファイルを展開すると、VS Codeのアプリケーションが保存される。

日本語表示にしよう

　では、VS Codeを起動してみましょう。Windowsの場合は、インストーラを終了すると自動的にVS Codeが起動します（もし、起動しなかった場合は、スタートボタンの中から＜VS Code＞という項目を探して起動しましょう）。macOSでは、保存したアプリケーショ

ンをダブルクリックして起動してください。

　これで、すぐにVS Codeを使い始められるのですが、その前にもう1つやっておくことがあります。それは「VS Codeの日本語化」です。起動した画面を見ればわかりますが、VS Codeは、初期状態では英語なのです。日本語で使うためには、そのための機能拡張プログラムをインストールする必要があります。

　では、起動したVS Codeのウインドウの左端を見てください。縦にいくつかのアイコンが並んでいますね？　その一番下のものをクリックしましょう。これは「Extension」アイコンといって、機能拡張プログラムを管理するためのものです。

　アイコンをクリックすると、その右隣の上部に検索テキストを入力するフィールドが現れます。ここに「japanese」とタイプして検索をすると、「Japanese Language Pack for Visual Studio Code」という機能拡張が見つかります。これを選択し、タイトル下に見える「Install」というボタンをクリックしてください。

図1-33　「Japanese Language Pack」を検索し、インストールする。

　インストールが終了すると、ウインドウ右下にリスタートを促すアラートが表示されます。そこにある「Restart Now」ボタンをクリックし、VS Codeをリスタートしましょう。次に起動したときには日本語表示になっていますよ。

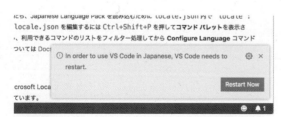

図1-34　右下に現れるアラート。「Restart Now」ボタンをクリックする。

VS Codeを使おう

さて、VS Codeは無事、日本語で起動できましたか。では、実際にVS Codeの使い方を覚えていきましょう。といっても、ごく基本部分だけ覚えれば使えるようになりますから心配は無用です。

起動状態では、VS Codeはただの何もないウインドウです。VS Codeは、基本的にエディターですので、何も編集していない状態では本当に何も表示されないのです。

図1-35 VS Codeの起動画面。

ウェルカムページについて

中には、起動すると画面にいろいろとリンク類が表示された画面が現れた人もいるかもしれません。これは、「ウェルカムページ」というものです。表示されていない人は、VS Codeの＜ヘルプ＞メニューから＜ようこそ＞メニューを選んでみましょう。ウェルカムページが表示されます。

Chapter-1 | Node.jsの基本を覚えよう！

図1-36　ウェルカムページを表示したところ。

　このウェルカムページは、ファイルを新たに作成したり、フォルダーを開いたり、前に編集したものを再度読み込んで表示したりするためのリンク類がまとめてあります。またヘルプ関係のリンクも用意されていて、「VS Codeで編集をするときに必要になる機能をひとまとめにしたもの」といえます。

　まぁ、これがなくとも、それぞれの機能をメニューで選べばいいのですが、「とりあえず必要な機能が1つにまとめてある」というのは便利なものです。ウェルカムページの一番下にある「起動時にウェルカムページを表示」のチェックボックスをONにしておくと、VS Codeを起動した際に自動的にウェルカムページが表示されるようになるので、使ってみたい人はこれをONにしておきましょう。

フォルダーを開いて編集開始！

　このVS Codeは、どうやって使うのでしょうか。それは、「編集したいファイル類がまとめてあるフォルダーを開いて使う」と考えてください。

　VS Codeは、フォルダー単位でファイル類を管理します。あるフォルダーを開くと、そのフォルダーの中にあるファイル類が階層的にVS Codeに表示されるようになるのです。そこから、編集したいファイルをダブルクリックして開けばすぐに編集が行なえる、というわけです。

　まずは、「フォルダーの開き方」を説明しておきましょう。なお、まだ私たちは編集するアプリケーションなどを準備していませんから、しばらくは使い方の説明だけ読んで頭に入れておいてください。

●1. メニューでフォルダーを開く

　フォルダーを開く方法は、大きく２つあります。１つは、メニューを使う方法。＜ファイル＞メニューから＜フォルダーを開く＞メニューを選びます。そして、フォルダー選択のダイアログから、編集したいフォルダーを選択します。

図1-37　＜ファイル＞メニューから＜フォルダーを開く＞メニューを選ぶ。

●2. フォルダーをドラッグ＆ドロップする

　もう１つの方法は、もっと直感的です。フォルダーのアイコンをドラッグし、VS Codeのウインドウ内にドロップするだけです。これで、ドロップしたフォルダーを開いてその中身が編集できるようになります。

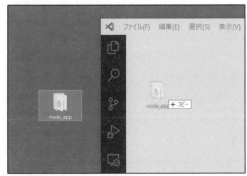

図1-38　フォルダーをVS CodeのWindowにドラッグ＆ドロップする。

フォルダーの中身が一覧表示される

　これで、選んだフォルダーが開かれます。開かれると、VS Codeの左側に、フォルダーの中にあるファイルやフォルダー類が階層的にリスト表示されるようになります。これは、「エクスプローラー」と呼ばれます。ここからファイルをダブルクリックすれば、そのファイルを開いて編集できます。

Chapter-1 | Node.jsの基本を覚えよう！

図1-39 フォルダーを開くと、中にあるファイルがリスト表示される。なお、ここではダミーとして、Node.jsで開発しているアプリケーションのフォルダーを開いてみた。

タブでファイルを切り替える

　エクスプローラー（左側のリストの部分）からファイルをダブルクリックして開くと、VS Code内蔵のエディターでファイルが開かれ、編集できるようになります。開いたエディターの上部には、ファイル名を表示したタブが表示されます。複数のファイルを開くと、それぞれのファイル名のタブが上部に横一列に表示され、それをクリックしてエディターを切り替え表示することができます。

　エクスプローラーの上部には「開いているエディター」という項目があり、そこに現在開いて編集しているエディターがリスト表示されます。これをクリックしてもエディターを切り替えることができます。

　それぞれのタブや「開いているエディター」の項目には、右端に「×」マークが表示されています。この部分をクリックすれば、エディターを閉じることができます。

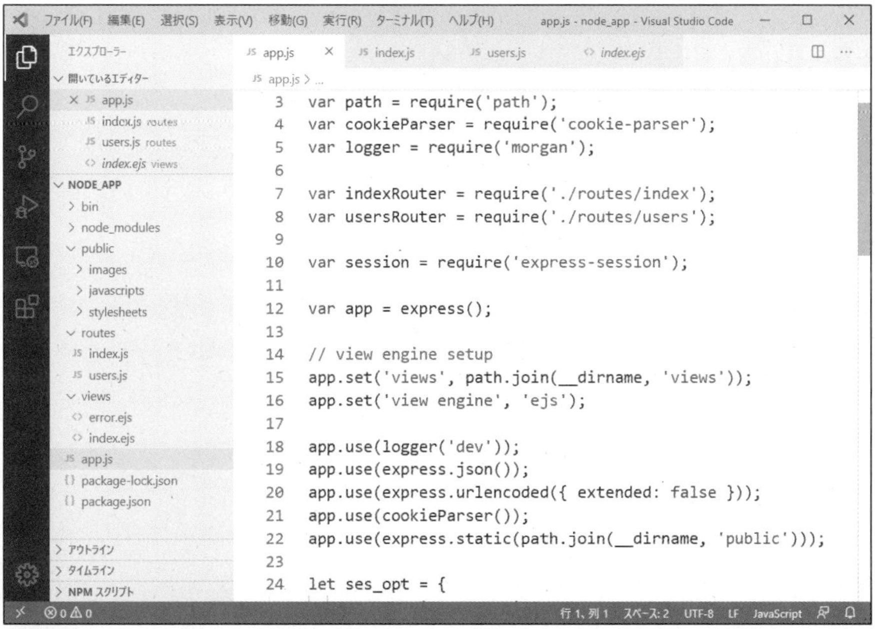

図1-40 エディターの上部には、開いたファイル名のタブが表示される。また左側のリスト上部には「開いているエディター」が表示される。

エディターの入力支援機能

このVS Codeを利用する一番の利点は、エディターに搭載されている各種の入力支援機能が使える、という点でしょう。主な支援機能を整理すると以下のようになります。

●オートインデント機能

テキストを改行すると、プログラムの構文にあわせてテキストの開始位置を左右に移動し、どの構文の中にいるかが視覚的にわかるようになっています。特に「構文の中にまた別の構文」というように、構文の構造が複雑になってくると、「今書いているのはどの構文の中だっけ？」と思ったときも、文のインデントを見ればひと目でわかります。

●コードの色分け表示

使われている値やキーワードの種類に応じて単語を色分けし、それぞれの役割がひと目でわかるようになっています。キーワードの書き間違いなどがひと目で見てわかります。

●候補の表示

これがもっとも重要な機能でしょう。エディターでソースコードをタイプしていると、タ

イピング中、リアルタイムに一覧リストがポップアップ表示されます。これは、現在タイプしている単語を含む命令や関数などを一覧表示しているのです。ここから項目をクリックして選択すれば、その単語が自動的に書き出されます。

また、テキストを入力中、Ctrlキーを押したままスペースバーを押すと、そこで使える命令などが一覧表示されます。

これらの機能を使うことで、普通のテキストエディターなどよりもはるかに手早くソースコードを入力することができるようになります。エディターは、普通のものと同様にカット＆ペーストできますし、「ファイル」メニューから「保存」メニューを選んで修正を保存できます。

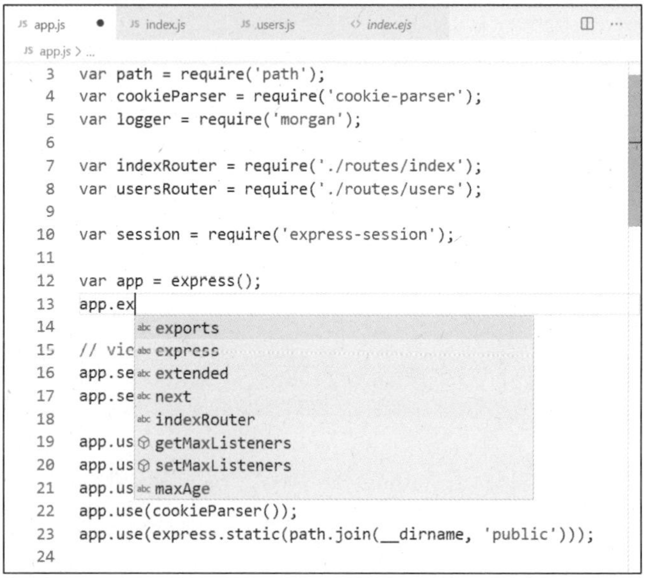

図1-41　VS Codeのエディター。色分け表示されたり、候補がリスト表示されたりする。

テーマの設定

ここまでの説明の図を見ながら、「なんか、自分のVS Codeと違うぞ？」と思っていた人はいませんか。掲載されている図では、白いエディターにテキストが表示されているが、自分のは黒い背景のエディターになってるぞ、という人、いるのでは？

図1-42 黒い背景のVS Code。これは「ダークモード」のテーマになっているためだ。

　これは、VS Codeのテーマが異なっているからです。VS Codeにはいくつかのテーマが用意されており、これを利用することで表示をダークモード(黒背景の表示)に切り替えたりできます。

　テーマは、「ファイル」メニューの「基本設定」メニュー内にある「配色テーマ」メニューを選んで設定します。これを選ぶと、VS Codeのウインドウ上部に選択リストがプルダウンして現れ、そこから使いたいテーマを選べるようになります。「Light(Visual Studio)」と「Dark(Visual Studio)」が基本のライトモードとダークモードのテーマになります。このどちらかを選んでおくと良いでしょう。

| Chapter-1 | Node.jsの基本を覚えよう！

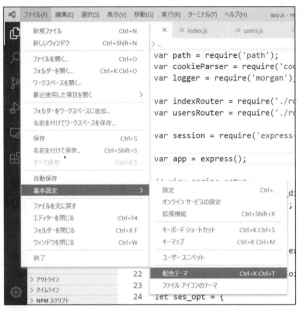

図1-43 「配色テーマ」メニューを選ぶと、テーマのリストが現れる。

その他の機能は「不要」？

　これで、「ファイルを開いて編集する」という必要最低限の機能は使えるようになりました。では、それ以外の機能は？ 実は、覚えるものはありません。次の章で「ターミナル」というものを使いますが、覚える機能はせいぜいそれぐらいです。この他にたくさん用意されているVS Codeの大半は、今すぐ覚えなくともまったく問題ありません。

　基本的に、Webの開発は、「たくさんあるファイルをすばやく編集できる」ということさえできれば、それでOKなのです。それ以外の機能などは特に必要ありません。編集機能さえきちんと使えれば、少なくともプログラミングは行なうことができるのですから。

　皆さんの目標は、「Node.jsでプログラムを作れるようになること」です。「VS Codeのプロになること」ではありません。VS Codeは、単なるツールです。ただ、使えればそれでい

いのですから。ね？

この章のまとめ

というわけで、Node.jsとVS Codeを用意し、Node.jsの開発を始める準備が整いました。まだNode.js自体はほとんど使っていませんから、ここで覚えるべき事柄はそうありません。簡単にやったことをまとめておきましょう。

Node.jsはコマンドだ！

Node.jsをインストールして使ってみましたが、これは「コマンドプログラムだ」ということをしっかりと理解しておきましょう。Node.jsの操作は、すべてコマンドを実行して行ないます。

VS Codeを使えるようになる

プログラミングは、「快適にソースコードを入力できる」かどうかで習得度は大きく違ってきます。快適な環境は、より効率的にプログラムを覚えていけます。

ここで用意したVS Codeは、Node.jsだけでなく、HTMLや普通のJavaScript、それ以外の言語でのプログラミングでも使うことのできる、非常に利用範囲の広いツールです。それほど深く使い込む必要はありませんので、なるべく早く「VS Codeを使った編集作業」に慣れるようにしましょう。

「JavaScriptはよくわからない」という人は

次回から、本格的にNode.jsでプログラミングを始めます。Node.jsは、「JavaScript」を実行する環境です。したがって、プログラミングを始めるにはJavaScriptがわかってないといけません。

「まだJavaScriptって言語はよくわからない」という人は、本書の最後に、JavaScriptの超入門を用意してありますので、ごくざっと「JavaScriptという言語がどんなものか」を頭に入れておきましょう。それから改めて次の2章に進むようにしてください。

「JavaScriptの基本ぐらいはわかってる」という人は、いよいよ2章でNode.jsのプログラミングを始めましょう！

Chapter

2

アプリケーションの仕組みを理解しよう！

Node.jsは、サーバーとして実行する処理そのものを一から書いていきます。ですから、「Webアプリケーションはどういう流れでどう処理をしていくのか」といった基本的な仕組みを理解しなければ作れません。まずは、Webアプリケーションがどうなっているのかをしっかりと理解していきましょう。

Chapter 2 アプリケーションの仕組みを理解しよう！

Section 2-1 ソースコードの基本

スクリプトファイルを作ろう

では、いよいよNode.jsを使ったプログラミングについて説明していくことにしましょう。まずは、ごくシンプルなWebアプリケーションを作ってみることにしましょう。

Webアプリケーションの開発は、ソースコードをテキストファイルとして保存しておき、それをプログラムの中から読み込んで動かします。Node.jsの場合も、Webアプリケーションのファイル類をフォルダーにまとめて、そのフォルダーをサーバーで公開するように指定して動かします。整理すると、Node.jsのWebアプリケーション開発手順は以下のようになります。

1. アプリケーションとなるフォルダーを用意する。
2. フォルダーの中に、Node.jsのプログラム（JavaScriptのファイル）を作成する。
3. その他、必要なファイル類を作っていく。
4. すべて完成したら、コマンドプロンプトやターミナルを起動し、このフォルダーに移動してnodeコマンドを実行する。これでフォルダー内のファイルを利用するWebサーバーが起動する。

というわけで、まずはフォルダーを用意しましょう。わかりやすいように、デスクトップに「node-app」という名前でフォルダーを作ってください。これが、Webアプリケーションのフォルダーになります。この中に、必要なファイルを作成していきます。

図2-1 「node-app」フォルダーを作る。

フォルダーを作ったら、VS Codeを起動し、このフォルダーをウインドウ内にドラッグ

&ドロップして開いておきましょう。まだ何もファイルはありませんが、これでVS Codeでファイルを作っていけば、自動的にこの「node-app」フォルダーの中にファイルが保存されていくことになります。

図2-2 フォルダーをVS Codeで開いておく。

プログラムを作る

では、Node.jsのWebアプリケーションを作りましょう。Webアプリケーションのプログラムは、JavaScriptのスクリプトファイル（ソースコードを書いたファイルのことです）として作成をします。

VS Codeのエクスプローラー（左側に見えるリスト部分のことでしたね）には、開いているフォルダー名の「NODE-APP」という項目が見えます。

そのすぐ右側にある白紙のアイコン（「新しいファイル」アイコンというものです）をクリックしてください。新たにファイルが作成されます。そのまま「app.js」と名前をつけておきましょう。

図2-3 新しいファイルのアイコンをクリックし、「app.js」という名前でファイルを作る。

ソースコードを書こう

では、作成したapp.jsに、ソースコードを書きましょう（ソースコードって、覚えてますか？ プログラミングの世界では、プログラミング言語で書かれたプログラムのリストのことを「ソースコード」といいました）。app.jsに、以下のようにソースコードを記述してください。

リスト2-1
```javascript
const http = require('http');

var server = http.createServer(
  (request,response)=>{
    response.end('Hello Node.js!');
  }
);
server.listen(3000);
```

さあ、できました！ これが、記念すべき最初のプログラムになります。まだ内容はよくわからないでしょうが、後で説明しますから焦らないで！

> **コラム　エンコーディングは「UTF-8」で！**　　　　　　　　　　　　**Column**
>
> 　VS Codeでファイルを作成した場合には、ファイルはUTF-8のエンコーディングで保存されるはずです。が、もし他のテキストエディターなどを利用する場合には、他のエンコーディング（シフトJISなど）で保存されることもありますので注意してください。
> 　英語の表示だけなら、エンコーディングはあまり意識する必要はありませんが、日本語を使うようになると、きちんとエンコーディングが指定されていないと文字化けをしてしまいます。必ずUTF-8で保存しておきましょう。

プログラムを実行しよう

　プログラムの中身については後で説明するとして、まずは作成したプログラムを動かしてみましょう。これはコマンドを使います。VS Codeには、コマンドを実行できる機能がありますからこれを利用しましょう。

　「ターミナル」メニューから「新しいターミナル」メニューを選んでください。エディターの

下に横長のパネルのようなものが現れます。これがターミナルです。ここから直接、コマンドを実行して動かせるのです。

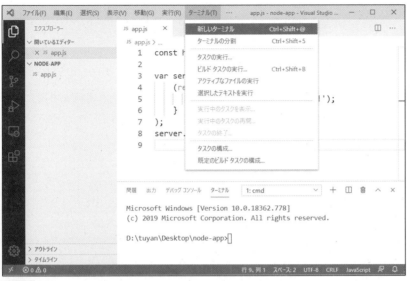

図2-4 「新しいターミナル」メニューを選ぶと、ウインドウ下部にターミナルが現れる。

nodeコマンドを実行

では、nodeコマンドでプログラムを実行しましょう。現れたターミナルから、以下のようにコマンドを入力し、EnterまたはReturnキーを押して実行してください。

```
node app.js
```

図2-5 cdでカレントディレクトリを移動し、nodeコマンドを実行する。

これで、作成したapp.jsがNode.jsで実行されます。Node.jsでプログラムを実行するときは、このようにコマンドを実行します。

```
node 実行するファイル名
```

「node」の後に、実行するスクリプトファイルの名前を続けて書いて実行します。これで、指定のスクリプトが実行されます。意外と簡単ですね！

> **コラム　VS Codeを使ってない場合は？　Column**
>
> 　VS Codeを使わずに開発をしている場合は、コマンドプロンプトあるいはターミナルを起動して作業をします。ただし、node app.jsコマンドを実行する前に、「カレントディレクトリ」を移動しておかないといけません。まず以下のようにコマンドを実行してください。
>
> ●Windowsの場合
>
> ```
> cd Desktop\node-app
> ```
>
> ●macOSの場合
>
> ```
> cd Desktop/node-app
> ```
>
> 　カレントディレクトリというのは、「現在開いている場所」を示すものです。コマンドを実行するときは、「このフォルダーの中のこのファイルを使ってこのコマンドを実行する」というように、「どのフォルダーを開いてコマンドを実行するのか」がとても重要になります。
> 　これで「node-app」フォルダーの中に移動したら、node app.jsでスクリプトファイルを実行することができます。

ブラウザで表示を確認

実行したら、Webブラウザから以下のアドレスにアクセスしてください。「Hello Node.js!」とテキストが表示されます。

```
http://localhost:3000
```

図2-6　ブラウザからアクセスすると、Hello Node.js!とテキストが表示される。

ポート番号について

　ここでは、アクセスするアドレスはhttp://localhost:3000となっていますね。ローカル環境にあるサーバーにアクセスする場合は、普通はhttp://localhostとします。が、この場合は、その後に:3000というのがついています。

　これは「ポート番号」と呼ばれるものです。インターネットでは、さまざまなサービスが動いています。1つのサーバーの中に、例えばWebサーバー、メールサーバーなどいくつものサーバーが動いていてそれぞれサービスを提供している、なんてこともあります。そこで、ポート番号というものを使い、アクセスするサービスを指定するのです。つまり、http://localhost:3000というのは、「localhostサーバーの3000番のサービスにアクセスする」という意味だったのですね。

　この3000というポート番号は、Node.jsでデフォルトで使われているものです。別の番号に変更したりすることもできますが、当分はこの3000番を使うことにしましょう。

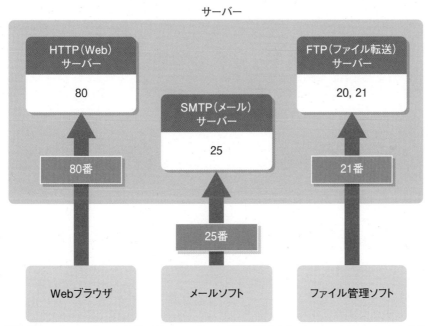

図2-7　インターネットのサービスにはポート番号が設定されている。クライアントからサーバーにアクセスすると、指定された番号のサービスにアクセスするようになっている。

Chapter-2 アプリケーションの仕組みを理解しよう！

> **コラム　どうして普通のWebサーバーはポート番号がないの？　Column**
>
> インターネットのサービスは、どんなものでもすべてポート番号が割り振られています。では、どうして普通のWebサーバーにアクセスするときは、ブラウザにポート番号なんて書かないのでしょう。
>
> Webのサービスは、デフォルトでは「80」を使うことになっています。そしてWebブラウザは、ポート番号がない場合は、自動的に「80番ポートにアクセスしてるんだ」と判断するようになっているのです。
>
> つまり、本当はhttp://localhost:80と書くんだけど、80番の場合は省略してhttp://localhostでもいいようにWebブラウザが作られていた、というわけです。

これよりは「オブジェクト」の知識必須！

プログラムが動くところまで確認できたら、いよいよプログラムの説明になります。が、ここで重要な注意をしておかなければいけません。

「Node.jsのプログラミングは、オブジェクトの知識がないとわからない」

という点です。Node.jsは、JavaScriptを使っていますが、ただJavaScriptの基本がわかっていればいい、というわけではありません。

Node.jsでは、さまざまな機能を「オブジェクト」として用意しています。このオブジェクトを作成したり、オブジェクト内にある機能（メソッドなど）を呼び出したりすることで動いています。ですから、「オブジェクトに関する知識」がないと、具体的なプログラミングは理解できないのです。

本書では、最後にJavaScriptの超入門を用意しています。「JavaScriptはまだあんまりよくわからない」という人は、まずそちらに先に目を通して、JavaScriptとオブジェクトの基本を頭に入れてから、先に進むようにしましょう。

もちろん、「そのへんは全部わかっている」という人は、このまま次に進んでOKですよ！

プログラムの流れを整理しよう

では、ここで実行していたプログラムがどうなっているか、内容を整理していきましょう。Node.jsのプログラムの流れは、超簡単にまとめると以下のようになります。

1. インターネットアクセスをする「http」というオブジェクトを読み込む。
2. httpから、サーバーのオブジェクトを作る。
3. サーバーオブジェクトを待ち受け状態にする。

これだけです。もちろん、実際にはそれぞれにもっと細かな処理が用意されていきますが、全体の流れとしては「httpを用意」「サーバーを用意」「待ち受け開始」という3つのステップでサーバーを動かせます。「httpなんてオブジェクト、JavaScriptにあったかな？」って思った人。これは、Node.jsに用意されているオブジェクトなんですよ。

「待ち受け」って何？

これらの作業のうち、わかりにくいのは「待ち受け」というものでしょう。これは、サーバーに外部からアクセスしてくるのをずっと待ち続ける状態にするものです。

サーバーというのは、外部のクライアント（Webブラウザ）がアクセスしてきたら、それを受けて必要な処理をして結果を送信します。つまり、「誰かがアクセスしてきたら対応する」ものなのです。そこで、起動したら、誰かがアクセスしてこないか、ずっと待ち続ける状態にしておくのですね。それが「待ち受け状態」です。

では、これらの流れを踏まえて、作成したソースコードの内容をチェックしていきましょう。

requireとモジュールシステム

最初に行なうのは、「http」オブジェクトのロードです。これは、以下の文で行っています。

```
const http = require('http');
```

ここでは、「require」というメソッドを実行しています。このメソッドは、Node.js独特の「モジュールローディングシステム」という機能を利用するものです。

Node.jsでは、多数のオブジェクトを利用します。が、それらを最初からすべて使える状態のオブジェクトとして用意しておいたのでは、管理が大変です。知らずに、既にあるオブジェクト名で新たにオブジェクトを作ってしまったりするかもしれません。そこで、Node.jsでは、オブジェクトをモジュール化して管理し、必要に応じてそれをロードし利用できるようにしています。これがモジュールローディングシステムです。

この「モジュールのロード」を行なうのに使うのが、「require」メソッドです。これは以下のように利用します。

```
変数 = require( モジュール名 );
```

引数には、読み込むモジュール名を用意します。これで、指定した名前のモジュールがロードされ、変数にオブジェクトとして設定されます。

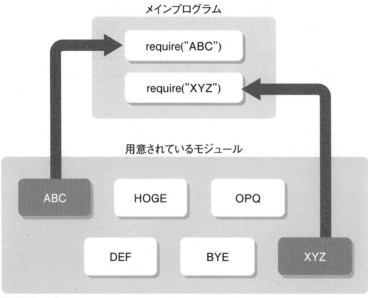

図2-8　Node.jsには、さまざまなプログラムがモジュールとして用意されている。requireでそれらをロードし使えるようにする。

httpはネットワークの基本モジュール

　ここでは、「http」というモジュールをロードしていますね。これは、HTTPアクセスのための機能を提供するものです。HTTPっていうのは、Webサイトのデータをやり取りするときに使われているプロトコル（手続き）です。ほら、Webブラウザでサイトにアクセスするとき、「http://○○」ってアドレスを指定しますね？　あれは、「HTTPプロトコルで、○○ってアドレスにアクセスする」っていう意味なのです。

　このHTTPアクセスをするための機能をまとめてあるのが、httpモジュールです。

```
const http = require('http');
```

　この文は、httpモジュールをロードして、httpという変数（constなので正確には「定数」です）に設定していたのですね。モジュールをロードして保管しておく変数や定数は、モジュール名と同じ名前にしておくのが一般的です。名前をいろいろ変えるとわかりにくいですから。

　このhttpは、Node.jsのプログラムのもっとも中心的な機能となります。Node.jsのプログラムは、「まずhttpをロードする」ことから始まります。

サーバーオブジェクトを作成する

　次に行なっているのは、「サーバーのオブジェクトの作成」です。Node.jsは、「サーバープログラムそのものを作る」といいましたが、これは具体的には「サーバーのオブジェクトを作って実行する」ということなのですね。
　サーバーのオブジェクトは、http.Serverというオブジェクトとして用意されています。このオブジェクトを作成するのが以下のメソッドです。

```
変数 = http.createServer( 関数 );
```

　httpオブジェクトにある「createServer」というメソッドを呼び出します。これで、http.Serverオブジェクトが作成され変数に設定されます。
　このcreateServerは、関数を1つ引数に用意しておきます。関数を引数に？ そう、JavaScriptでは、関数は「値」として扱えるんです。createServerでは、関数の値を引数に指定して使うんですね。
　この関数は、以下のような形で定義します。

```
(request, response) => {
　……実行する処理……
}
```

　なんだか、不思議な書き方をしていますが、これは関数のちょっと変わった書き方です。これは以下のような関数と同じです。

```
(request, response) => {……処理……}
```

```
function(request, response) {……処理……}
```

　requestとresponseという2つの引数を持った関数が用意されていたのですね。
　この2つは、クライアントからサーバーへの要求と、サーバーからクライアントへの返信のそれぞれを管理するためのものです。createServerでは、必ずこの2つの引数を持った関数を用意します。
　この関数は、createServerで作成されたhttp.Serverオブジェクトがサーバーとして実行されたときに必要なものです。そのサーバーに誰かがアクセスしてくると、この関数が呼び出されるのです。つまり、ここに処理を用意しておくと、「誰かがサーバーにアクセスしてきたら、必ずこの処理を実行する」ことができるのです。

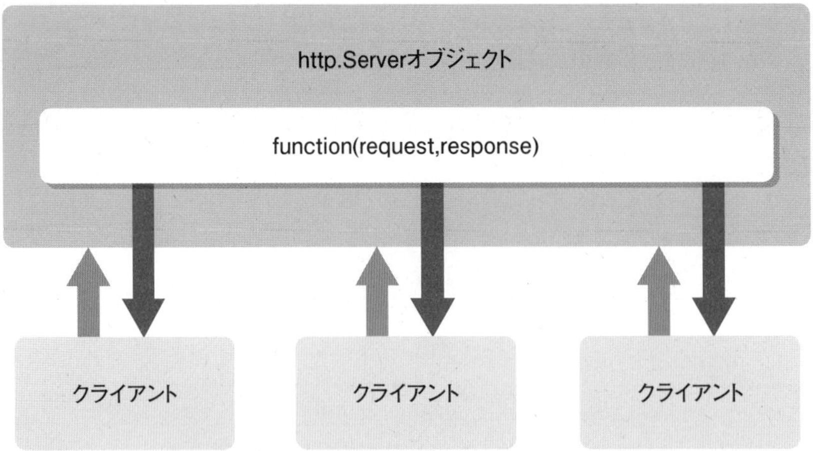

Chapter-2 アプリケーションの仕組みを理解しよう！

図2-9 クライアントがhttp.Serverのサーバーにアクセスすると、createServerで設定された関数が実行され、その結果がクライアントに返送される。

requestとresponse

では、この関数の中でどのようなことを行なっているのでしょうか。ここで行っているのは、以下のようなものです。

```
response.end('Hello Node.js!');
```

引数で渡されたresponseという変数の「end」というメソッドを呼び出しています。このresponseというのは、サーバーからクライアントへの返信に関するオブジェクトです。この「end」は、クライアントへの返信を終了するメソッドです。引数にテキストが用意してあると、そのテキストを出力して返信を終えます。

つまり、response.end('Hello Node.js!');というのは、アクセスしてきたクライアントに「Hello Node.js!」というテキストを返信して終了する、という働きをするものだったのです。

createServerで用意される関数では、このようにresponseのメソッドを使って、クライアントに表示する内容を出力する処理を用意します。ここで出力されたものが、サーバーにアクセスしてきたクライアントに表示される内容なのです。ここで、「表示される画面」を作っているのです。

リクエストとレスポンス

このrequestとresponseという引数には、実は以下のようなオブジェクトが収められています。

http.ClientRequest	request引数に入っているオブジェクトです。クライアントから送られてきた情報を管理するためのものです。
http.ServerResponse	response引数に入っているオブジェクトです。サーバーから送り出される情報を管理するためのものです。

　サーバーのプログラムというのは常に「クライアントから送られてきた情報」と「サーバーから送り返す情報」の2つを意識して考えていかないといけません。その2つを管理するのが、これらのオブジェクトなのです。

　クライアントからサーバーへの送信は、一般に「リクエスト」と呼ばれます。またサーバーからクライアントへの送信は、「レスポンス」と呼ばれます。http.ClientRequest と http.ServerResponseは、この両者それぞれの情報や機能をまとめたものなのです。それらが、createServerでサーバーオブジェクトを作る際に、関数の引数として渡されていたのですね。

　この2つのオブジェクトの役割がわかれば、「クライアントから送られてきた情報は、多分、requestの中にあるはずだ」「クライアントに送信する内容は、レスポンスにある機能で作れるはずだ」というように、どちらのオブジェクトにある機能を使えばいいか、なんとなくわかってきます。この2つは、似ていますが正反対の役割を果たすものなのです。

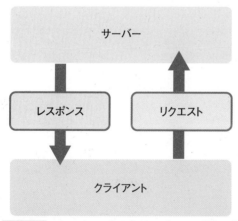

図2-10　クライアントからサーバーへの送信は「リクエスト」、サーバーからクライアントへの送信は「レスポンス」になる。

「待ち受け」について

　これで、createServerの処理で行っていることがだいたいわかりました。最後に、createServerで作成したhttp.Serverオブジェクトを待ち受け状態にします。

```
server.listen(3000);
```

待ち受け状態は、http.Serverの「listen」というメソッドを呼び出して行ないます。これは、引数に「待ち受けるポート番号」を指定します。ここでは、3000番を指定しています。
　先に、ブラウザからアクセスするときに、http://localhost:3000 というようにアドレスを指定していましたね。この3000というポート番号は、ここで設定されていたのですね。この番号を変更すれば、アクセスする際に指定するポート番号も変わります。

　これで、「httpの用意」「createServerでhttp.Serverの作成」「待ち受け開始」という3つの手順が一通りわかりました。これで、「Node.jsで、サーバーを作って動かす」といういちばん基本となる部分がわかりました。このいちばん重要なところさえわかれば、サーバーのプログラムを作って動かせるようになるのです。

　——どうです、そんなに難しくはなかったでしょう？ まぁ、「リクエストとレスポンスって具体的にどういう働きをしてるんだ？」とか、「listenって具体的に何をやってるんだ？」とか、いろいろ疑問がわき起こってきているかもしれませんが、これらは「使えればOK」と割り切って考えてください。オブジェクトっていうのは、そういうものです。「中身がどうなっているか知らなくていい。使い方だけわかればいい」というのが、オブジェクトの基本です。「こう書いて動かせばこうなる」ということだけなら、十分理解できるでしょう？

Column 「クライアント」って、何だっけ？

　app.jsの説明では、何度も「クライアント」という単語が出てきました。「クライアントってなんだよ！ Webブラウザって書けばいいのに」と思った人もいるんじゃないでしょうか。
　でも、クライアントとWebブラウザは違うんです。サーバーにアクセスするのは、Webブラウザだけではありません。例えば、ボットのようなものがアクセスしてくることだってあるでしょう。GoogleやYahoo!の検索ロボットがアクセスすることだってあります。スマートフォンのアプリケーションがアクセスすることもあるでしょう。Webブラウザ以外にもいろんなものがサーバーにはアクセスしてくるのです。
　それらをすべてまとめて「クライアント」と呼んでいるのです。クライアントという呼び方は、サーバーのプログラム開発では「Webブラウザ」という呼び方よりも一般的なので、今のうちに慣れておきましょう。

HTMLを出力するには？

簡単なテキストを出力するのはこれでできました。でも、Webページっていうのは、普通はテキストではなくてHTMLで表示するものですよね。これはどうするんでしょうか。

先ほどのapp.jsの内容を少し書き換えて試してみましょう。

リスト2-2
```
const http = require('http');

var server = http.createServer(
  (request,response)=>{
    response.end('<html><body><h1>Hello</h1><p>Welcome to Node.js</p>
      </body></html>');
  }
);

server.listen(3000);
```

nodeコマンドを再実行する

ソースコードを修正したら、再度Node.jsで実行してみましょう。面倒ですが、実行中のNode.jsは、ターミナルを選択した状態でCtrlキー＋「C」キーを押して実行を中断しましょう。そして改めて「node app.js」を実行してください。このとき、上向き矢印キーを押すと、前に実行したコマンドが現れます。これでnode app.jsを呼び出してEnter/Returnすれば、いちいち同じコマンドを何度も入力しないで済みます。

Node.jsは、実行中、ファイルの修正を自動的に反映してくれません。起動時にメモリにファイルをロードし、それを元に実行するため、ファイルを修正してもそれだけでは表示に反映されないのです。ですから、中断し、再度Node.jsを実行してください。

再実行したら、またhttp://localhost:3000にアクセスしてください(Webブラウザで開いたままなら、リロードすればOKです)。今度は、タイトルとメッセージがそれぞれ別のフォントサイズで表示されます。HTMLを使って表示しているためです。

※ただし、使っているブラウザなどによっては、HTMLのソースコードが表示されてしまった人もいるかもしれません。そのへんは後で説明をしますので、このまま読み進めてください

Chapter-2 アプリケーションの仕組みを理解しよう！

図2-11 アクセスすると、HTMLで内容が表示される。

ヘッダー情報の設定

　一応、HTMLを出力できましたが、これは少し問題があります。Webブラウザというのは、ただ「HTMLのソースコードのテキストを送れば表示される」というわけではないのです。

　Webでは、テキストとしてさまざまなデータが送られます。普通のテキスト、HTML、XML、JSON（JavaScriptのデータ形式）など、さまざまです。こうした各種のデータが送られる場合、受け取ったWebブラウザで「これはどういう種類のテキストか」がわからないと正しくデータを扱えません。

　それを行なっているのが「ヘッダー情報」です。

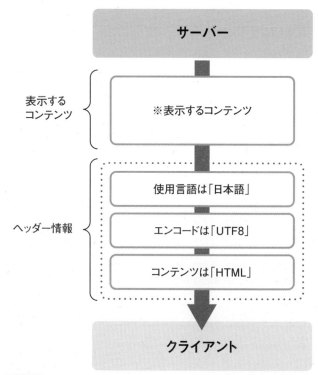

図2-12 サーバーからクライアントにデータを送る際には、ヘッダー情報でコンテンツに関する各種の情報を送り、それからコンテンツの本体を送っている。

ヘッダーは、見えないデータ

　ヘッダー情報というのは、サーバーとクライアントの間でやり取りをする際に送られる、「見えない」情報です。サーバーとのやり取りを行なう際には、実際に送られるデータ(テキスト)の前に、アクセスに関する情報をやり取りしているのです。その情報をもとに「どんなデータが送られてくるか」を解釈し処理しているのですね。

　ですから、サーバーからクライアントにデータを返信する際には、まずヘッダー情報として「どういうデータが返信されるか」を送っておけば、確実に必要な形式でデータが処理されるようになります。

　これは、いくつかのやり方があります。大きく2つの方法について整理しておきましょう。

●HTMLの<head>内にタグを用意する

　HTMLの<head>部分は、実はヘッダー情報に関する記述をするところなのです。ここにタグとして必要な情報を記述しておけば、それがヘッダー情報として扱われます。

●http.ServerResponseのメソッドを使う

　サーバーからの送信内容を管理するhttp.ServerResponseオブジェクトには、ヘッダー情報を扱うためのメソッドがいくつか用意されています。とりあえず、以下の3つを覚えておくと良いでしょう。

●ヘッダー情報を設定する
```
response.setHeader( 名前 , 値 );
```

●ヘッダー情報を得る
```
変数 = response.getHeader( 名前 );
```

●ヘッダー情報を出力する
```
response.writeHead( コード番号 , メッセージ );
```

　setHeader/getHeaderは、ヘッダー情報から特定の項目の値を読み書きするものです。ヘッダー情報というのは、1つの情報だけあるわけではなくて、さまざまな情報が用意されています。それぞれの情報は、名前と値がセットになっています。「○○という項目には、××という値を設定する」というようになっているのですね。そのヘッダー情報の項目を、名前で指定して取り出したり設定したりするのがこれらのメソッドです。

　writeHeadは、ヘッダー情報をテキストで用意して直接書き出すためのものです。これは、ステータスコードと呼ばれる番号をつけて出力します。ステータスコードというのは、アクセスに関する状況を表す番号で、正常にアクセスしていれば200、何らかのエラーなどが発生しているときはそのエラー番号を設定します。

まぁ、writeHeadは、ヘッダー情報がある程度理解できてないと使いこなすのはちょっと難しいでしょう。まずはsetHeaderで特定の値を設定することから始めましょう。

HTMLで日本語を表示する

では、ヘッダー情報を利用してHTMLの内容を出力させてみましょう。今回は、日本語も表示できるようにしてみます。これには、「HTMLによる送信」「使用する言語」「テキストエンコーディング」といった情報をヘッダー情報として送ってやる必要があるでしょう。

では、app.jsの内容を書き換えましょう。

リスト2-3
```
const http = require('http');

var server = http.createServer(
  (request, response) => {
    response.setHeader('Content-Type', 'text/html');
    response.write('<!DOCTYPE html><html lang="ja">');
    response.write('<head><meta charset="utf-8">');
    response.write('<title>Hello</title></head>');
    response.write('<body><h1>Hello Node.js!</h1>');
    response.write('<p>This is Node.js sample page.</p>');
    response.write('<p>これは、Node.jsのサンプルページです。</p>', 'utf8');
    response.write('</body></html>');
    response.end();
  }
);

server.listen(3000);
console.log('Server start!');
```

修正したら、Node.jsを再実行し、ブラウザからアクセスしてみましょう。すると、日本語も含んだページが表示されます。まだまだ単純なものですが、日本語で文字化けしていた場合もこれで正しく表示されるようになったはずです。

図2-13　日本語も含んだコンテンツが表示される。

ヘッダー情報の出力をチェック！

では、ヘッダー情報をどのように出力しているのか、修正した部分を見ていきましょう。まずは、コンテンツの種類を設定しています。

```
response.setHeader('Content-Type', 'text/html');
```

setHeaderは、ヘッダーの項目を設定するものでしたね。ここでは、「Content-Type」という項目を設定しています。これは、コンテンツの種類を示すもので、「text/html」というのは、「テキストデータで、HTML形式のもの」であることを示します。

writeでコンテンツを出力する

この後、HTMLの内容を出力していきます。最初にヘッダー部分を書き出しています。この部分ですね。

```
response.write('<!DOCTYPE html><html lang="ja">');
response.write('<head><meta charset="utf-8">');
response.write('<title>Hello</title></head>');
```

HTMLなどは、かなり長いテキストになります。こうしたものは、「endで全部のテキストを書き出す」というのは、ちょっと大変ですね。そこで、短く区切ったテキストを何度も書き出していく、というやり方をします。それを行なうのが「write」です。

writeは、引数のテキストを出力します。endと違い、出力して終了するわけではなく、何度も続けて書き出していくことができます。このwriteを使って、少しずつHTMLの内容を書き出せば、それほどわかりにくくなることもありません。

ここでは、以下のようなタグを出力しています。

```
<!DOCTYPE html>
<html lang="ja">
<head>
  <meta charset="utf-8">
  <title>Hello</title>
</head>
```

　見やすいように改行しておきました。HTMLの最初の部分になります。ここで、<head>から</head>までの部分がヘッダーになります。<meta charset="utf-8">で、キャラクタセットがUTF-8であること、<title>Hello</title>でページのタイトルがHelloであることをそれぞれ示しています。また、その手前の<html lang="ja">では、使用言語が日本語であることを示しています。

　これらのヘッダー関係の情報により、送信されるデータが「UTF-8の日本語テキスト」であることがクライアント側に伝えられます。これで、文字化けもせず正しく日本語が表示できるようになる、というわけです。

　この後、ボディ（実際にページに表示されるコンテンツの部分）をwriteで出力していき、最後にendで終了をしています。

```
response.end();
```

　今回は、writeで既に必要な情報を出力していますので、endの際にテキストを書き出す必要はありません。ということで、引数は空っぽで実行しています。

コンソール出力について

　これでサーバー関係の処理はだいたいわかりました。が、最後に以下の文についても触れておきましょう。

```
console.log('Server start!');
```

　これ、前にも見たことがありますね？　これは、コンソール（コマンドプロンプトやターミナルのウインドウ）にメッセージを出力するものです。

　consoleは、コンソールを扱うためのオブジェクトです。「log」というのが、そこにメッセージを出力するメソッドになります。これは、プログラムの実行とは関係のない処理です。これは、あってもなくてもプログラムの実行には何も影響はありません。

　それじゃ、何のために書いてあるのか？　それは、「プログラムの実行状態がわかりやすく

なるように」です。これがないと、「node app.js」で実行しても、何も反応がありません。「これ、本当に動いてるのか？」と不安に感じてしまうでしょう。が、これをつけておけば、「一通りの処理を実行し、最後にメッセージを表示した」ということが見てわかります。「メッセージが表示されるまでちゃんと動いている」ということがわかるわけです。

図2-14　console.logがあると、nodeコマンドで実行するとメッセージが表示され、プログラムが動いていることがわかる。

基本は、require、createServer、listen

　というわけで、サーバーを実行し、Webページを表示するプログラムの基本がだいたいわかりました。途中、クライアントとか、ヘッダーとか、サーバー側の開発特有のさまざまな事柄についても説明してきたので、頭がパンクしかかってる人もいるかもしれませんね。

　いろいろ説明しましたが、その多くは「サーバー開発を理解するための知識」です。知らなくても、プログラムそのものは作れます。ここでは「require」「createServer」「listen」の3つの使い方だけしっかりと覚えておいてください。これらがわかれば、とりあえず「Node.jsでサーバープログラムを作って動かす」という最低限のことはできるようになります。それ以外のものは、必要に応じて少しずつ覚えればいいでしょう。

Chapter 2 アプリケーションの仕組みを理解しよう！

Section 2-2 HTMLファイルを使おう

◯ HTMLファイルを使うには？

　Node.jsを使って簡単なWebページを表示してみましたが、このやり方ではいずれ限界が来ることは誰しも想像がつくでしょう。HTMLのWebページは、かなり長いテキストを書くことになります。それをすべてwriteでテキストの値として出力していくとしたら……想像しただけで気が遠くなりそうですね。

　やはりWebページというのは、HTMLファイルを書いて表示させるのがいちばん簡単です。HTMLならば、専用のエディターなどもいろいろとありますから、自分が普段使っているツールなどでデザインすることもできます。

　Node.jsでは、HTMLファイルを読み込んで表示させることはできないのか？ 実は、できます。Node.jsには、ファイルを扱うオブジェクトが用意されているのです。これを使って、HTMLファイルを読み込んで表示させればいいのです。

▌fsオブジェクトについて

　ファイルを扱うオブジェクトは、「File System」オブジェクトと呼ばれるものです。これは「fs」というIDでNode.jsに用意されています。これを利用するには、

```
変数 = require('fs');
```

　このようにrequireを実行して、オブジェクトを変数に取り込んでやります。そしてfsオブジェクト内にある「readFile」というメソッドでファイルを読み込みます。

●ファイルをロードする
```
fs.readFile( ファイル名 , エンコーディング , 関数 );
```

74

readFileには、こんな具合に3つの引数を用意します。1つ目は、読み込むファイルの名前。2つ目は、ファイルの内容のエンコーディング方式を指定します。そして3つ目が、readFileが完了した後に実行する処理を関数として用意しておきます。

　readFileは、読み込んで瞬時に処理が終わる、というわけではありません。例えば何ギガもあるようなファイルをreadFileで読み込ませたら、読み終わるまで何十秒もかかるでしょう。ということは、誰かがそのファイルを利用するページにアクセスしたら、その人も、その次にアクセスした人も、みんな何十秒も待たされることになります。これではとても実用にはなりませんね。

　そこで、「読み込み終わるまで待たない」というやり方をとることにしたのです。readFileは、ファイルの大きさがどれだけあっても瞬時に実行を終え、次に進みます。そして、実際のファイルの読み込み作業はバックグラウンドで行なわれるのです。読み込みが完了したら、readFileに用意してあった関数を実行し、そこで読み込み後の処理などを行なう、というわけです。

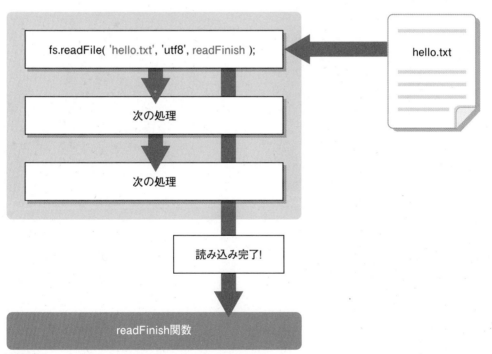

図2-15 readFileは、実行するとすぐに次の処理に進む。ファイルの読み込みはバックグラウンドで行ない、完了したら指定の関数を実行する。

Chapter-2 アプリケーションの仕組みを理解しよう！

HTMLファイルを作成しよう

このfsオブジェクトも、関数を作ったりとけっこう複雑なので、実際にサンプルを書いて動かしてみることにしましょう。

まずは、HTMLファイルを作成しましょう。VS Codeのエクスプローラーから「NODE-APP」の項目にある「新しいファイル」アイコンをクリックし、「index.html」という名前をつけておきましょう。

図2-16　新しいファイルを作成し、「index.html」と名前をつける。

index.htmlのソースコード

ファイルを作成したら、ソースコードを記述しましょう。今回も、ごく単純なコンテンツを表示するだけのものにしておきます。

リスト2-4

```html
<!DOCTYPE html>
<html lang="ja">

<head>
  <meta http-equiv="content-type"
    content="text/html; charset=UTF-8">
  <title>Index</title>
</head>

<body>
    <h1>Index</h1>
    <p>これは、Indexページです。</p>
</body>

</html>
```

76

見ればわかるように、簡単なタイトルとテキストを表示するだけのものです。このHTMLファイルを読み込んで表示させよう、というわけです。

ファイルを読み込んで表示する

では、app.jsを書き換えて、index.htmlを読み込み表示させてみることにしましょう。以下のようにapp.jsを修正してください。

リスト2-5
```
const http = require('http');
const fs = require('fs');

var server = http.createServer(
  (request, response) => {
    fs.readFile('./index.html', 'UTF-8',
      (error, data) => {
        response.writeHead(200, { 'Content-Type': 'text/html' });
        response.write(data);
        response.end();
      });
  }
);

server.listen(3000);
console.log('Server start!');
```

内容は後で説明するとして、書き終えたら、Node.jsを再実行してWebブラウザからアクセスしてみましょう。index.htmlに書いた内容がブラウザにちゃんと表示されたでしょうか。

もし、表示されないようなら、ファイルの名前と配置場所を確認してください。ファイルは、「index.html」になっていますか。index.htmとか、index.html.txtなんてなっていませんか？ また、index.htmlは、app.jsと同じフォルダーの中に入っているでしょうか。そのあたりをよく確認しましょう。

Chapter-2 アプリケーションの仕組みを理解しよう！

図2-17 アクセスすると、index.htmlの内容が表示される。

readFileの処理をチェック

　では、作成したプログラムを見てみましょう。基本的な流れは、既に説明したものと同じです。今回は、createServerに設定してある関数の中で、Webページを書き出している処理が変わっています。

　先ほどの例では、setHeaderやwriteといったメソッドを使ってテキストを書き出していました。が、今回はこんな処理を実行しています。

```
fs.readFile('./index.html', 'UTF-8',
  (error, data) => {
    response.writeHead(200, { 'Content-Type': 'text/html' });
    response.write(data);
    response.end();
  }
);
```

　fs.readFileメソッドを実行していることがわかるでしょう。このメソッドは、ここでは以下のように書かれています。

```
fs.readFile('./index.html', 'UTF-8', 関数 );
```

　ファイル名にindex.html、エンコーディング名にUTF-8を指定してあります。そして3つ目の引数に、読み込み後に実行する関数を用意してあります。

readFileのコールバック関数

　この関数のように、「時間のかかる処理が終わったら、後で呼び出される」というメソッドがNode.jsではよく使われます。これらは、「後で呼び出す」ということで「コールバック関数」

と呼ばれます。

今回のreadFileで呼び出されるコールバック関数は、こんな形で定義されています。

```
(error, data)=>{…実行する処理…}
```

第1引数には、読み込み時にエラーなどが起こった場合、そのエラーに関する情報をまとめたオブジェクトが渡されます。エラーが起きていなかったら空になります。

第2引数が、ファイルから読み込んだデータになります。このデータを利用する処理を関数の中に用意すればいいのです。ここでは——

```
response.writeHead(200, {'Content-Type': 'text/html'});
response.write(data);
response.end();
```

——このようにして、ファイルから読み込んだdataをwriteで書き出しています。これで、index.htmlの内容がブラウザに出力される、というわけです。

関数を切り分ける

これで、index.htmlでWebページの表示を作成し、それをNode.jsのプログラム内から読み込んで表示する、という処理ができました。が、正直いって非常にわかりにくいプログラムですね。

Node.jsでは、「引数に関数を用意する」というものがけっこうあります。そうすると、「メソッドの引数に関数があって、その関数の処理で使っているメソッドの引数に関数があって、その関数の……」というように、「関数の引数の中に関数、その引数の中にまた関数」と関数の入れ子状態が続いてしまうことになります。

もう少しすっきりと整理してわかりやすく書くことはできないのか？ と誰しも思うでしょう。そこで、引数に組み込まれている関数を、別に切り離してわかりやすく書いてみることにしましょう。

createServerの関数を切り離す

まずは、createServerの引数に用意する関数を切り離してみましょう。すると、こんな具合に書くことができます。

リスト2-6
```
const http = require('http');
```

```
const fs = require('fs');

var server = http.createServer(getFromClient);

server.listen(3000);
console.log('Server start!');

// ここまでメインプログラム========

// createServerの処理
function getFromClient(req, res) {
  request = req;
  response = res;
  fs.readFile('./index.html', 'UTF-8',
    (error, data) => {
      response.writeHead(200, { 'Content-Type': 'text/html' });
      response.write(data);
      response.end();
    }
  );
}
```

先ほどより、ちょっとだけ見やすくなりましたね。メインプログラムが上にまとまり、その後にgetFromClient関数があります。createServerでは、このgetFromClient関数を呼び出しているわけですね。

とりあえず、前半のメインプログラムの部分を見れば、プログラムの流れがわかります。そして細かな処理は、その後にある関数を調べればいいわけです。

非同期処理とコールバック関数

ここで利用したreadFileは、ファイルから読み込む処理をバックグラウンドで実行します。普通、プログラムの命令のタグは、「1つの命令を実行し、それが終わったら次の命令に進む」というように動くはずです。こういう「やることが終わるまで待ってから次に進む」というやり方を「同期処理」といいます。

ところがreadFileは、処理が終わってないのに次に進んでしまいます。こうした処理の仕方を「非同期処理」と呼びます。これは、「極力早く終わらせないといけないところで、時間のかかる処理が必要となった場合」に威力を発揮します。非同期処理を使えば、とにかくやるべきことをさっさと終わらせてしまい、時間のかかる処理はその後でゆっくり進めればいいことになります。

ただし、非同期処理は、「その処理が終わったらどうするか」を自分で面倒見ないといけません。普通の処理のように「順番に命令を書いておけば、最初から順に1つずつ実行してくれる」というものではないのです。処理が終わらないのにどんどん次の命令を実行してしまうんですから。そのためにコールバック関数というのが用意されているのですね。

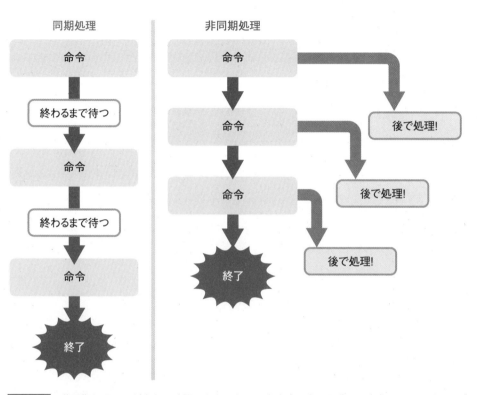

図2-18　非同期処理は、どんなに時間のかかる処理でもすぐに次へと進み、実際の処理はバックグラウンドで実行する。

Chapter 2 アプリケーションの仕組みを理解しよう！

Section 2-3 テンプレートエンジンを使おう

テンプレートエンジンってなに？

　HTMLファイルを読み込んで表示すれば、普通のHTMLファイルをWebサーバーなどで表示するのと同じことができるようになりました。でも、「HTMLと同じ」では、わざわざNode.jsで開発する意味がありません。

　せっかくプログラムを作るのですから、ただHTMLを表示するだけでなく、そこにさまざまな値を組み込んだりして、「プログラムの中から表示を制御できる」というようなことができるようになって欲しいものです。が、そのためには、ただHTMLのファイルを読み込んで表示する、というやり方ではダメでしょう。

　では、どうすればいいのか。Webページに表示するコンテンツをNode.jsのスクリプトから操作する方法はないのか？　実はあります。それは、「テンプレートエンジン」を使うのです。

テンプレートという考え方

　テンプレートエンジンというのは、「テンプレート」というものを使って表示するコンテンツを用意するための仕組みです。テンプレートというのは、独自の記述方式を使って書かれたものです。これは、HTMLに独自機能を追加したものもありますし、まったく違う新しい言語のようなものを使って書くものもあります。これは、テンプレートエンジンによってさまざまです。

　多くのテンプレートでは、変数や値などを記述する仕組みが用意されています。そうやって、仮の値をテンプレートの中に埋め込んでおくのです。

　こうして書かれたテンプレートを読み込み、テンプレートエンジンでHTMLに変換して出力します。このとき、埋め込まれた変数などは自動的にプログラム側に用意された値に変換されます。そして、テンプレートエンジンによって必要な値がすべて埋め込まれた状態のHTMLコードが生成され、それが画面に表示されるのです。

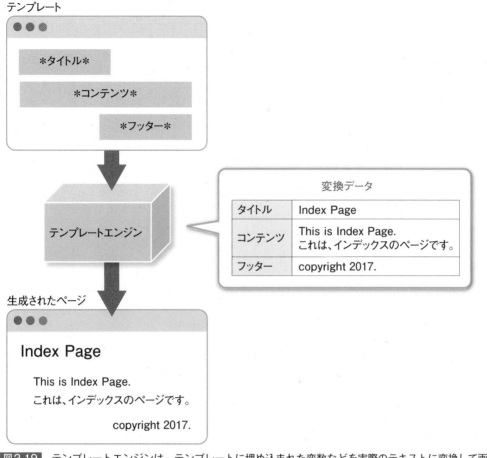

図2-19 テンプレートエンジンは、テンプレートに埋め込まれた変数などを実際のテキストに変換して画面に出力する。

EJSを使おう！

　Node.jsでも、テンプレートエンジンは用意されています。いろいろと種類がありますが、もっとも初心者に使いやすいのは「EJS」と呼ばれるものでしょう。

　EJSは、「Embedded JavaScript Templates」というもので、JavaScriptで利用するシンプルなテンプレートエンジンです。これは、Node.jsには標準では用意されていません。が、Node.jsには、「パッケージマネージャー」と呼ばれるものが用意されているので、それを使って簡単にインストールすることができます。

npmパッケージマネージャーって？

「パッケージマネージャー」というのは、パッケージ(いろんなプログラムなどのこと)を管理するための専用ツールです。

Node.jsでは、Node.jsの機能を拡張するさまざまなプログラムが、パッケージという形式で配布されています。これらは、一昔前であれば、1つ1つ検索してサイトにアクセスし、プログラムをダウンロードして、Node.jsにインストールする、というようなことをして使えるようにしていました。

が、パッケージが増え、数百、数千も流通するようになると、そんなやり方では対応しきれなくなります。そこで、リリースされているパッケージを一ヶ所にまとめ、必要なものをいつでもインストールできるような仕組みを考えたのです。それが、パッケージマネージャーです。

このパッケージマネージャーは、さまざまなプログラミング言語で用意されています。Node.jsにも、専用のパッケージマネージャーが用意されています。それが「npm」というものです。

npmコマンドについて

npmは、コマンドで実行するプログラムです。これは、以下のようにしてパッケージをインストールします。

```
npm install パッケージ名
```

非常に簡単ですね。これで必要なプログラムをNode.jsに組み込むことができるのです。実に簡単！

EJSをインストールする

では、EJSをインストールしましょう。VS Codeのターミナルは、まだnodeコマンドを実行中ですか？ その場合は、一度Ctrlキー＋Cキーを押して終了してください。そして、以下のようにコマンドを実行しましょう。

```
npm install ejs
```

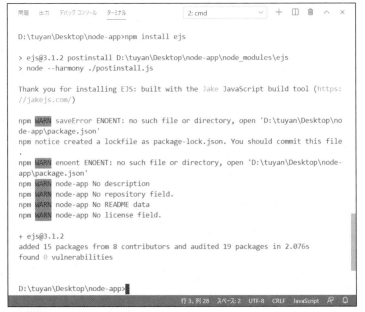

図2-20 npmをインストールする。

　これで、EJSのパッケージが「node-app」フォルダーに組み込まれます。テンプレートを作って、いつでもプログラム内からEJSが利用できるようになります。

「node_modules」フォルダーについて

　npm installでEJSをインストールすると、「node-app」フォルダー内に「node_modules」というフォルダーが作成されます。これは、このアプリケーションにインストールされるNode.jsのパッケージが保管されるところです。この中に、EJSや、それを利用する上で必要になる各種のパッケージがインストールされています。

　ですから、このフォルダーは勝手に削除したりしないでくださいね。プログラムが正常に動かなくなりますから。

テンプレートを作る

　では、EJSを利用してみます。まずは、テンプレートファイルを作成しましょう。例によって、VS Codeで「NODE-APP」フォルダーの「新しいファイル」アイコンをクリックし、「index.ejs」という名前でファイルを作ってください。

　EJSのテンプレートファイルは、「○○.ejs」という具合に、「ejs」という拡張子をつけた名前をつけておくのが一般的です。

Chapter-2　アプリケーションの仕組みを理解しよう！

図2-21　新しいファイルを作り「index.ejs」と名前をつけておく。

ソースコードを書こう

　では、作成したindex.ejsのソースコードを記述しましょう。今回は、ごく基本的なHTMLのコードを書いておくことにします。

リスト2-7

```html
<!DOCTYPE html>
<html lang="ja">

<head>
  <meta http-equiv="content-type"
    content="text/html; charset=UTF-8">
  <title>Index</title>
  <style>
    h1 {
      font-size: 60pt;
      color: #eee;
      text-align: right;
      margin: 0px;
    }

    body {
      font-size: 14pt;
      color: #999;
      margin: 5px;
    }
  </style>
</head>

<body>
```

```
    <header>
        <h1>Index</h1>
    </header>
    <div role="main">
        <p>This is Index Page.</p>
        <p>これは、EJSを使ったWebページです。</p>
    </div>
</body>

</html>
```

ただのHTMLですから、改めて説明するまでもありませんね。これを読み込んで表示させることにします。

テンプレートを表示させよう

では、作成したテンプレートファイル(index.ejs)を読み込んで表示させてみましょう。EJSのテンプレートを利用して、Webページに表示される内容を作成するには、大きく3つの処理が必要となります。手順を追って説明しましょう。

●1. テンプレートファイルを読み込む

まずは、ファイルを読み込みます。これは、fs.readFileを使ってもいいのですが、今回は別のメソッドを使うことにします。基本的に、普通のHTMLを読み込むのと同じだと考えてください。

●2. レンダリングする

これが、テンプレート特有の処理になります。「レンダリング」というのは、テンプレートの内容をもとに、実際に表示されるHTMLのソースコードを生成する作業です。これを行なうことで、テンプレートの内容がHTMLに変換されます。

ただし、今回はテンプレートの内容そのものが普通のHTMLなので、これは行なわなくても問題ないんですが……「テンプレートの基本手順」として行なっておくことにします。

●3. 生成された表示内容を出力する

後は、生成されたHTMLコードを、writeなどを使って出力します。これは、今までやってきたことと同じです。

全体の流れを見ると、「3つの手順」といっても、1と3は普通のHTMLファイルを利用するのと同じであることがわかります。テンプレート特有なのは、その間に2の処理が入る、という点です。この「レンダリング」という作業さえ理解できれば、テンプレートを使うのはそれほど難しくはないんです。

app.jsを修正する

では、プログラムを修正しましょう。app.jsファイルを開いて、以下のように修正をしてください。

リスト2-8

```javascript
const http = require('http');
const fs = require('fs');
const ejs = require('ejs');

const index_page = fs.readFileSync('./index.ejs', 'utf8');

var server = http.createServer(getFromClient);

server.listen(3000);
console.log('Server start!');

// ここまでメインプログラム==========

// createServerの処理
function getFromClient(request, response){
  var content = ejs.render(index_page);
  response.writeHead(200, {'Content-Type': 'text/html'});
  response.write(content);
  response.end();
}
```

内容は後回しにして、修正したらNode.jsを再実行して表示を確かめましょう。ちゃんとindex.ejsに書いたWebページが表示されましたか？ されない人は、ファイル名と配置場所を再度確認しましょう。

図2-22 アクセスすると、index.ejsの内容が表示される。

ejsオブジェクトの基本

では、作成したapp.jsを見てみましょう。先ほど触れたように、テンプレートの利用は「ファイルの読み込み」「レンダリング」「クライアントへの出力」の3つの作業が基本です。これらを中心に、処理の流れを見ていきましょう。

●ejsオブジェクトの読み込み

```
const ejs = require('ejs');
```

テンプレート利用の3作業よりも前に、肝心の「EJSのオブジェクト」を読み込んでおかないといけません。これは、requireで「ejs」という名前でロードしておきます。

●テンプレートファイルの読み込み

```
const index_page = fs.readFileSync('./index.ejs', 'utf8');
```

テンプレートファイルは、fsオブジェクトを使って読み込みます。これまで、readFileというメソッドを使いましたが、今回は「readFileSync」というメソッドを使っています。これは以下のように使います。

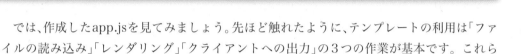

これは、同期処理でファイルを読み込むものです。先のreadFileは、非同期でファイルを読み込むものでしたね。実行すると、ファイルの読み込みが終わっていなくとも次に進みます。読み込みが終わったら、コールバック関数であとの処理をするのでした。

readFileSyncは同期処理です。つまり、ファイルの読み込みが終わるまで待って、すべて完了したら次に進む、というものです。終わってから次に進むので、当然ですがコールバック関数なんて必要ありません。

「だけど、それじゃ読み込むのに時間がかかってしまうじゃないか。大丈夫なのか？」と思った人。大丈夫なんです。なぜって、これを実行しているのは、まだサーバーが実行される前だからです。

サーバーが動き出したら、誰かがアクセスしてきても「処理が終わるまで待って」なんてわけにはいきません。が、サーバーが起動する前なら、どれだけ時間がかかっても大丈夫。ただ、「サーバーが起動するまで時間がかかる」というだけですから。ね？

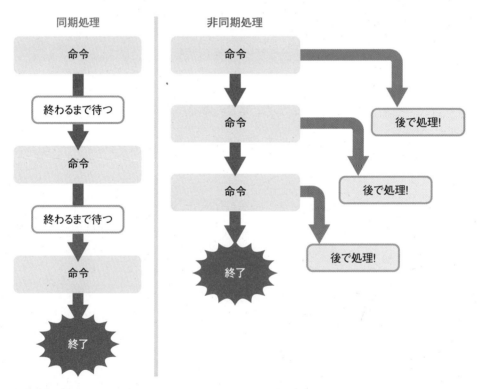

図2-23 非同期処理と同期処理の違い。同期処理は1つ1つの処理が完全に終わってから次に進むので、コールバック関数は必要ない。

● レンダリングの実行

```
var content = ejs.render(index_page);
```

読み込んだテンプレートファイルのデータをレンダリングし、実際に表示するHTMLの

ソースコードに変換します。これは、ejsの「render」というメソッドを使います。引数には、テンプレートファイルを読み込んだ変数を指定します。

これで、表示するHTMLソースコードを取り出した値が用意できました。後は、これまでと同様、writeで書き出せば、テンプレートを使った表示のできあがりです。

プログラム側の値を表示させる

テンプレート利用の基本はこれでわかりました。では、テンプレートらしい使い方に進みましょう。app.jsのプログラム側で値を用意しておき、それをテンプレートの指定の場所にはめ込んで表示させてみます。

まずは、テンプレートの修正からです。index.ejsを以下のように書き換えましょう。

リスト2-9

```
<!DOCTYPE html>
<html lang="ja">

<head>
  <meta http-equiv="content-type"
    content="text/html; charset=UTF-8">
  <title><%=title %></title>
  <style>
    h1 {
      font-size: 60pt;
      color: #eee;
      text-align: right;
      margin: 0px;
    }

    body {
      font-size: 14pt;
      color: #999;
      margin: 5px;
    }
  </style>
</head>

<body>

  <header>
    <h1><%=title %></h1>
  </header>
```

```
    <div role="main">
      <p><%=content %></p>
    </div>
  </body>

</html>
```

<%= %>で値を埋め込む

　ここでは、何箇所か見覚えのないタグが記述されています。この2種類のものです(タグ自体は3ヶ所にあります)。

```
<%=title %>
<%=content %>
```

　これが、EJSに用意されている独自機能なのです。これは、<%= %>という特殊なタグを使っています。このタグは、指定した変数の値を出力するものです。

```
<%=変数 %>
```

　このように記述することで、指定の変数の値がここに書き出されます。今回は、titleとcontentという2つの変数の値を、<%= %>タグで出力していた、というわけです。

app.jsを修正する

　では、プログラムの修正を行ないましょう。今回は、<%= %>で使う変数を用意する処理を追加しないといけません。これは、アクセスしてきたクライアントに表示を生成して返すgetFromClient関数の部分だけ書き換えればいいでしょう。それ以外の部分はまったく変更ないので省略して、getFromClient関数だけ挙げておきます。

リスト2-10
```
function getFromClient(request, response) {
  var content = ejs.render(index_page, {
    title: "Indexページ",
    content: "これはテンプレートを使ったサンプルページです。",
  });
  response.writeHead(200, { 'Content-Type': 'text/html' });
```

```
    response.write(content);
    response.end();
}
```

図2-24 アクセスすると、renderのときに設定した値がWebページに表示される。

アクセスすると、ejs.renderのところに用意してあるテキストが画面に表示されているのがわかるでしょう。あらかじめ用意しておいた値がそのままテンプレート内にはめ込まれて表示されているのです。

renderに値を渡す

では、getFromClient関数を見てみましょう。ここでは、renderメソッドを以下のような形で呼び出しています。

```
var content = ejs.render(index_page, {
  title: "Indexページ",
  content:"これはテンプレートを使ったサンプルページです。",
});
```

これが、今回のポイントです。今回は、renderの引数が少し違っていますね。こんな具合に書かれています。

```
ejs.render( レンダリングするデータ , オブジェクト );
```

第2引数に、さまざまな値をまとめたオブジェクトが渡されます。このオブジェクトにまとめてある値が、テンプレート側の<%= %>タグで利用されることになるのです。今回のオブジェクトを見ると、

```
{
```

Chapter-2 アプリケーションの仕組みを理解しよう！

```
  title: ○○,
  content: ○○,
}
```

　こんな具合に書かれていることがわかるでしょう。titleとcontentという2つの値を持ったオブジェクトが用意されていたのですね。これらの値が、テンプレートの<%=title %>と<%=content %>に渡されていた、というわけです。

　テンプレートエンジンを利用すると、このようにプログラム側からテンプレート（表示するコンテンツ）へと簡単に値を渡すことができます。表示内容をプログラムで制御できるようになるのです。これこそが、テンプレートエンジンを使う最大の理由だ、といっていいでしょう。

Chapter 2 アプリケーションの仕組みを理解しよう！

Section 2-4 ルーティングをマスターしよう

スタイルシートファイルを使うには？

　Webには、Web特有のさまざまな機能や使い方があります。そうした「Webらしい機能」をNode.jsで実装していくにはどうすればいいのか、重要なものについて少しずつ考えていきましょう。

　まずは、「スタイルシートファイル」についてです。だいぶWebページらしい表示になってきましたが、そうなると、スタイルシートの記述も長くなってきます。こういう場合、Webでは別にスタイルシートのファイルを作成し、それを読み込んで利用します。

　Node.jsでも、スタイルシートのファイルを読み込んで使うことはできます。できるんですが、実はこれには別の問題が絡んでくるので、一筋縄ではいきません——まぁ、やるだけやってみましょうか。

　まずは、スタイルシートのファイルを作成しましょう。VS Codeの「NODE-APP」のところにある「新しいファイル」アイコンをクリックし、「style.css」という名前でファイルを作ってください。

図2-25 「style.css」という名前で新たにファイルを作る。

スタイルを記述する

作成したstyle.cssを開き、スタイルを書いていきましょう。これはサンプルですから、それぞれで自由に書いてかまいません。サンプルでは、以下のようにしておきました。

リスト2-11

```css
h1 {
  font-size: 60pt;
  color:#eee;
  text-align:right;
  margin:0px;
}
body {
  font-size: 12pt;
  color: #999;
  margin:5px;
}
p {
   font-size: 14pt;
   margin: 0px 20px;
}
```

<h1>、<body>、<p>のそれぞれのスタイルだけ用意してあります。もっと複雑な表示になったら、そのときに追加すればいいでしょう。

テンプレートを修正する

続いて、テンプレートファイルを修正して、style.cssを読み込むようにしておきます。index.ejsを開き、<head>タグの中の適当なところに以下のタグを追加してください。なお、以前書いてあった<style>タグは、不要になるので削除しておいてください。

リスト2-12

```html
<link type="text/css" href="./style.css" rel="stylesheet">
```

スタイルシートが適用されない！

修正をしたら、Node.jsを再実行してアクセスしてみましょう。すると、ページは表示されますが、style.cssに記入したスタイルがまったく適用されないことに気がつきます。

図2-26 アクセスすると、スタイルが適用されない。

なぜ、適用されないのでしょうか？ その疑問に答えるために、ブラウザから style.css に直接アクセスをしてみましょう。

```
http://localhost:3000/style.css
```

ブラウザから直接このアドレスを記入してアクセスしてみてください。すると、style.css のスタイルシートの内容は表示されず、index.ejs テンプレートの画面がそのまま表示されることがわかります。

図2-27 style.cssにアクセスしても、index.ejsの内容が表示されてしまう。

実は、style.cssに限らず、http://localhost:3000/ の後に何をつけても、必ずindex.ejsの内容が表示されるようになっているのです。要するに、http://localhost:3000/ のサーバーにアクセスした場合は、すべてindex.ejsが表示されるようになっていたのです。

ルーティングという考え方

これは不思議ですが、考えてみると当たり前のことです。なぜって、今まで作ったプログラムは、ただ「index.ejsをロードしてレンダリングして表示する」ということしかやっていないのですから。

私たちが今まで作ってきたプログラムには、「どのアドレスにアクセスしたらどういう内容を出力するか」といった処理はまったく考えていません。これでは、全部index.ejsになっ

てしまうのも無理はありませんね。

そこで、「どのアドレスにアクセスしたら、どういうコンテンツを出力するか」ということを定義するための仕組みが必要になってきます。これが、「ルーティング」というものです。

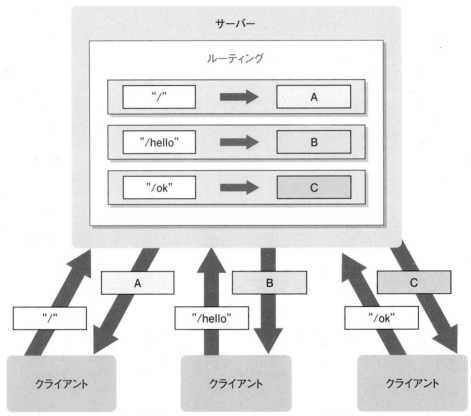

図2-28　ルーティングは、アクセスしたアドレスに応じてコンテンツを配信するための仕組み。どのアドレスにアクセスしたら何を返すか、を定義しておくためのものだ。

URLオブジェクトでアドレスを調べる

ルーティングを行なう場合、「どうやって、クライアントがアクセスしてきたアドレスを知るか」を考えないといけません。これには、「URL」というオブジェクトが役に立ちます。これは、URL（インターネットで使われるアドレス）を扱うためのさまざまな機能をまとめたものです。これは、以下のようにして利用します。

```
const url = require('url');
```

requestのURLで処理を分岐する

このurlオブジェクトには、URLのデータをパース処理（データを解析して本来の状態に組み立て直す処理のことです）する機能があります。それを利用して、ドメインより下のパス部分の値をチェックし、それに応じて処理を分岐します。

urlを利用したルーティング処理の流れを整理すると、こんな具合にあります。

●ルーティングの基本

```
var url_parts = url.parse(request.url);
switch (url_parts.pathname) {

  case "/":
  ……"/"にアクセスしたときの処理……
  break;

  ……必要なだけcaseを用意……

}
```

「url.parse」というのが、URLデータをパースして、ドメインやパス部分など、URLを構成するそれぞれの要素に分けて整理するメソッドです。引数には、requestの「url」というプロパティを指定していますね。これがリクエスト（クライアントからの要求）のURLが保管されているプロパティになります。つまり、url.parse(request.url)というもので、クライアントがアクセスしたURLを整理したものを取り出していたのですね。

その後のswitchで、パース処理した値の「pathname」というものを取り出しています。これが、URLのパスの指定部分の値です。例えば、http://○○/hello とアクセスしたら、/helloという部分がpathnameで取り出されます。

この部分のテキストを調べて、それに応じて出力する内容などを作成していけばいいのです。

スタイルシートの読み込み処理を追加する

では、app.jsを修正して、/style.cssにアクセスしたらstyle.cssの内容が得られるようにしましょう。そうすれば、ちゃんとスタイルシートが適用された形でページが表示されるはずです。

リスト2-13

```javascript
const http = require('http');
const fs = require('fs');
const ejs = require('ejs');
const url = require('url');

const index_page = fs.readFileSync('./index.ejs', 'utf8');
const style_css = fs.readFileSync('./style.css', 'utf8');

var server = http.createServer(getFromClient);

server.listen(3000);
console.log('Server start!');

// ここまでメインプログラム==========

// createServerの処理
function getFromClient(request, response) {
  var url_parts = url.parse(request.url);
  switch (url_parts.pathname) {

    case '/':
      var content = ejs.render(index_page, {
        title: "Index",
        content: "これはテンプレートを使ったサンプルページです。",
      });
      response.writeHead(200, { 'Content-Type': 'text/html' });
      response.write(content);
      response.end();
      break;

    case '/style.css':
      response.writeHead(200, { 'Content-Type': 'text/css' });
      response.write(style_css);
      response.end();
      break;

    default:
      response.writeHead(200, { 'Content-Type': 'text/plain' });
      response.end('no page...');
      break;
  }
}
```

図2-29 アクセスすると、ちゃんとstyle.cssのスタイルを適用するようになった。

　修正したら、Node.jsを再実行してアクセスしてみましょう。今度は、ちゃんとstyle.cssの内容が適用された形でページが表示されるはずです。

　試しに、http://localhost:3000/style.css にアクセスしてみてください。style.cssのテキストが表示されるはずです。

図2-30 /style.cssにアクセスすると、style.cssの内容が表示されるようになった。

複数のページを作ろう

　では、ルーティングの基本がわかったところで、複数のページに対応するプログラムを作ってみましょう。サンプルとして、もう1つのEJSテンプレートを用意して、それぞれ表示できるようにしてみます。

　まずは、テンプレートを作成しましょう。VS Codeで、エクスプローラーの「NODE-APP」の右にある「新しいファイル」アイコンをクリックし、「other.ejs」という名前で作成してください。

Chapter-2 アプリケーションの仕組みを理解しよう！

図2-31 「other.ejs」というファイルを作成する。

ソースコードを記述する

ファイルを作成したら、other.ejsのソースコードを記述しましょう。以下のように内容を記述してください。

リスト2-14

```
<!DOCTYPE html>
<html lang="ja">

<head>
  <meta http-equiv="content-type"
    content="text/html; charset=UTF-8">
  <title><%=title %></title>
  <link rel="stylesheet"
    href="https://stackpath.bootstrapcdn.com/bootstrap/4.4.1/css/
    bootstrap.min.css"
    crossorigin="anonymous">
</head>

<body class="container">
  <header>
    <h1 class="display-4"><%=title %></h1>
  </header>
  <div role="main">
    <p><%=content %></p>
  </div>
</body>

</html>
```

見てすぐに気がついた人もいるでしょうが、実はこれ、先ほどindex.ejsに作成したものとほとんど同じものです。単にタイトルとコンテンツを表示するだけなので、同じでいいでしょう。

index.ejsを修正する

では、index.ejsを修正しましょう。リンクのタグを追加し、その他少し書き換えてあります。

リスト2-15

```
<!DOCTYPE html>
<html lang="ja">

<head>
  <meta http-equiv="content-type"
    content="text/html; charset=UTF-8">
  <title><%=title %></title>
  <link rel="stylesheet"
    href="https://stackpath.bootstrapcdn.com/bootstrap/4.4.1/css/
    bootstrap.min.css"
    crossorigin="anonymous">
</head>

<body class="container">
  <header>
    <h1 class="display-4"><%=title %></h1>
  </header>
  <div role="main">
    <p><%=content %></p>
    <p><a href="/other">Other Pageに移動 &gt;&gt;</a></p>
  </div>
</body>

</html>
```

app.jsを修正する

最後に、プログラムの修正です。今回は、/otherにアクセスしたらother.ejsを使った表示を行なうようにしておかないといけません。その修正を追記します。

リスト2-16

```javascript
const http = require('http');
const fs = require('fs');
const ejs = require('ejs');
const url = require('url');

const index_page = fs.readFileSync('./index.ejs', 'utf8');
const other_page = fs.readFileSync('./other.ejs', 'utf8'); //★追加
const style_css = fs.readFileSync('./style.css', 'utf8');

var server = http.createServer(getFromClient);

server.listen(3000);
console.log('Server start!');

// ここまでメインプログラム==========

// createServerの処理
function getFromClient(request, response) {

  var url_parts = url.parse(request.url);
  switch (url_parts.pathname) {

    case '/':
      var content = ejs.render(index_page, {
        title: "Index",
        content: "これはIndexページです。",
      });
      response.writeHead(200, { 'Content-Type': 'text/html' });
      response.write(content);
      response.end();
      break;

    case '/other': //★追加
      var content = ejs.render(other_page, {
        title: "Other",
        content: "これは新しく用意したページです。",
      });
      response.writeHead(200, { 'Content-Type': 'text/html' });
      response.write(content);
      response.end();
      break;

    default:
      response.writeHead(200, { 'Content-Type': 'text/plain' });
```

```
        response.end('no page...');
        break;
    }
}
```

図2-32 トップページにあるリンクをクリックすると、別のページに移動する。

　修正したら、Node.jsを再実行してアクセスしてみましょう。トップページにあるリンクをクリックすると、Otherのページに移動します。2つのページが使われていることがわかるでしょう。

　ここでは、まずテンプレートの読み込み文を追加しています。

```
const other_page = fs.readFileSync('./other.ejs', 'utf8');
```

　これで、other.ejsをother_pageという変数に読み込みました。後は、ルーティングを行なっているswitchのところに、case '/other': という分岐を用意しています。ここで、/otherにアクセスしたときの処理を用意すればいいわけですね。

Bootstrap ってなんだ？

　これで、複数のページを扱うこともできるようになりました。これで、この章でのNode.jsとEJSの説明はおしまいです。……が、最後のサンプル、ちょっとそれまでとは感じが違っていませんでしたか？

　実をいえば、最後のサンプルでは、作成したstyle.cssは使っていません。代わりに、「Bootstrap」というものを使ってスタイルを設定していたのです。

　Bootstrapは、スタイルシートのフレームワークです。これを組み込むことで、簡単にスタイルを設定できるようになります。先ほど記述したテンプレートで、こんなタグが書かれていたのを思い出してください。

```
<link rel="stylesheet"
　href="https://stackpath.bootstrapcdn.com/bootstrap/4.4.1/css/
　　bootstrap.min.css"
　crossorigin="anonymous">
```

　これが、Bootstrapのスタイルシートを読み込むためのタグです。これにより、専用のクラスが使えるようになります。例えば、<body>部分を見てみましょう。

```
<body class="container">
<h1 class="display-4">
```

　これらのタグのclass属性に設定されているのが、Bootstrapのクラスです。これにより、Webページのスタイルが設定されていたのですね。

　Bootstrapについては、本書では特に触れません。興味ある人は別途学習してみましょう。ただclass属性を使ってスタイルを利用するだけなら、割と簡単に使い方をマスターできるようになりますよ。

この章のまとめ

　ようやく、本格的にWebアプリケーションのプログラミングを開始しましたが、いかがでしたか。スタートしてすぐに、httpだのrequestだのresponseだのテンプレートだのと立て続けに難しそうなものが押し寄せてきてパニックになった人も多かったことでしょう。

　Node.jsは、なにしろサーバープログラムそのものを自分で作っていくため、普通のサーバープログラムに比べ、最初に頭に入れておくべき知識がかなり多いのは確かです。最低限これだけは知らないとダメ！　という事柄が多いので、「Node.jsって、なんだかすごく難し

いぞ」と思ってしまった人も多いことでしょう。

　が、それらの多くは、テクニカルな知識というより、「イメージ」であったりします。サーバーも、リクエストも、レスポンスも、テンプレートも、具体的な技術的理解が要求されるわけではなくて、「だいたいこういう感じのものなんだよ」という、ふわっとしたイメージがつかめていればOKなんですよ。

　ですから、あまり「これの技術的な役割が正確に理解できないぞ」というように突き詰めて考える必要はありません。「だいたいこんな感じのものなんだよね」という程度の理解で十分なんです。実際にプログラミングを始めて、使い方に慣れてくれば、そうした「ふわっとしたイメージ」も「正確にはこういう働きをするんだ」とわかってくるはずですから。

　では、この章で「これだけはしっかり理解しておく」というポイントはどの部分になるでしょうか。3つに絞ってまとめておきましょう。

Webアプリケーションの基本の3ステップ

　Node.jsでのWebページ表示の基本は、3つの作業でした。requireでhttpオブジェクトを用意し、createServerでサーバーを作り、listenで待ち受け開始する。この基本手順はNode.jsで最初に理解しておくべき事柄です。

EJSテンプレートの使い方をマスターする

　Webページの画面は、基本的にテンプレートエンジンを利用します。ここではEJSというものを使いました。この使い方もしっかり理解しておきましょう。fsのreadFileSyncで読み込み、ejs.renderでレンダリングし、その結果をwriteで書き出す。この基本的な手順はしっかり頭に入れておいてくださいね。

ルーティングの基本を覚えておく

　Node.jsでは、「どのアドレスにアクセスしたら何を表示するか」ということもすべてプログラミングしておかないといけません。そうしたアドレスごとの処理を定義するのが「ルーティング」です。ルーティングは、request.urlの値を取り出し、url.parseでパースして得られたオブジェクトから「pathname」でパスを取り出し、その値に応じて処理を作成していきます。

　こうして整理してみると、たったの1章でずいぶんと詰め込みましたね。確かに混乱してしまうのも無理はありません。

　ただ、こうした基礎的な部分は「基本はこう書く」というものが決まっています。Webページ表示の基本手順、テンプレートを表示する基本手順、ルーティングの基本的なコード。こ

れらを覚えてしまえば、Node.jsの基本はほぼマスターできてしまうのです。

　最初は、とにかく丸暗記！　詳しい役割や意味などわからなくてもかまいません。暗記したとおりに書いて動けば、それでOK。今は、「とにかく覚えて動かせるようになる」ことを第一に考えましょう。

Chapter

3

Webアプリケーションの基本をマスターしよう！

Webアプリケーションでは、さまざまな技術が用いられています。クライアント側からサーバーに値を送る方法、値を保存するためのさまざまな技術、より複雑なページを構成するためのテクニック。こうした「Web開発で覚えておくべき基本」についてここでまとめて説明しましょう。

Chapter 3　Webアプリケーションの基本をマスターしよう！

Section 3-1 データのやり取りをマスターしよう

「難しい」と「面倒くさい」

　前章で、テンプレートを使ってWebページを表示できるようになりました。<%= %>で値を表示させるぐらいはできるようになりましたが、Webというのはもっとさまざまな形で値をやり取りし、処理していきます。ここでは「Web特有の値のやり取り」について考えていきましょう。

　ただし！　説明に入る前に、ちょっと言っておきたいことがあります。この章あたりから、やることも、作るプログラムも、だんだんと難しくなってきます。いえ、本当は難しいわけではないんですが、「難しい」と感じるようになってくるはずです。

　Webの処理というのは、ものすごく高度な知識や技術が要求されるわけではありません。が、とにかく「面倒くさい」のです。処理をきっちりと組み立てるには、それぞれの働きを正確に理解しておかないといけませんし、何がどういう手順でどう処理されていくかをしっかり把握していなければいけません。これは、まだプログラミングに慣れていない人間にとって、かなりな苦行です。

　そこで、とりあえずこの章を読むにあたって、その心構えを最初に挙げておきます。それは――

「全部、理解しようなんて考えない！」

　――ということ。「なんとな～く、こういうことだろうなぁ」ぐらいにわかれば、それでOK。細かく1つ1つの文の意味から役割からなぜそう書くのか、全部きっちりわかってから次に進もう、なんて考えないこと。

　一見、いい加減なように思えますが、プログラミングというのは「習うより慣れよ」の世界なのです。最初は難しそうに見えたものでも、そういう難しそうなソースコードを何度も眺めて書いているうちに、いつの間にか「どういうことかちゃんとわかってる」ようになってくるものなのです。

この章で説明することは、Webの開発をする上で覚えておきたいものばかりです。が、「わからなくてもなんとかなる」ものでもあります。ビギナーの段階で、「これらを全部覚えないと絶対先に進めない！」なんてものは、そんなにたくさんはありません。わからないなら、そのまま素通りしても全然問題ない、なんてことも多いのです。

というわけで、これからわかりにくい機能について、面倒くさいソースコードを書いて説明していきますが、「なんとなく、わかればそれでいい」と思いながら読んでください。そして、この本を読み終わった後で、実際にプログラムを書きながらもう1度、いえ2度3度と読み返しながらソースコードを書いていきましょう。そうするうちに、わからなかったはずのものも次第にわかってくるはずです。1回読んでわからないからって、焦らないこと！

パラメーターで値を送る

まずは、「パラメーター」を使った値の受け渡しについてです。Webでは、必要に応じて、さまざまな値をアドレス（URL）に付け足して送信することができます。例えばAmazonなどにアクセスすると、アドレスの後に「?○○=××&○○=××&……」というようなものが延々とつけられていることに気がつくでしょう。

あれは「クエリーパラメーター」と呼ばれるものです。アドレスに値の情報を付け足して送ることで、必要な値をサーバーに渡すことができるのです。

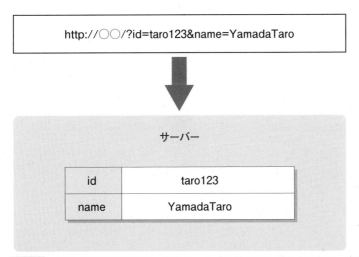

図3-1 URLの末尾にクエリーパラメーターを付けて呼び出すことで、必要な値をサーバーに渡すことができる。

クエリーパラメーターを表示する

では、実際にクエリーパラメーターを使ってみましょう。前章で作成したサンプルをそのまま再利用して簡単な処理を作ってみます。最初に、「かなり面倒くさいソースコードになる」と脅しましたが、これはそんなに面倒くさくはありません。ゆっくり読めば十分理解できると思いますよ。

では、app.jsのソースコードを以下のように修正してください。

リスト3-1
```javascript
const http = require('http');
const fs = require('fs');
const ejs = require('ejs');
const url = require('url');

const index_page = fs.readFileSync('./index.ejs', 'utf8');
const other_page = fs.readFileSync('./other.ejs', 'utf8');
const style_css = fs.readFileSync('./style.css', 'utf8');

var server = http.createServer(getFromClient);

server.listen(3000);
console.log('Server start!');

// ここまでメインプログラム==========

// createServerの処理
function getFromClient(request, response) {

  var url_parts = url.parse(request.url, true); //☆trueにする！
  switch (url_parts.pathname) {

    case '/':
      var content = "これはIndexページです。"
      var query = url_parts.query;
      if (query.msg != undefined) {
          content += 'あなたは、「' + query.msg + '」と送りました。';
      }
      var content = ejs.render(index_page, {
        title: "Index",
        content: content,
      });
      response.writeHead(200, { 'Content-Type': 'text/html' });
      response.write(content);
```

```
        response.end();
        break;

      default:
        response.writeHead(200, { 'Content-Type': 'text/plain' });
        response.end('no page...');
        break;
    }
}
```

図3-2 ブラウザのアドレスの末尾に「?msg=○○」というように追記してアクセスすると、その値がメッセージに表示される。

修正したら、Node.jsを再実行してアクセスしてみてください。その際、Webブラウザのアドレス欄にクエリーパラメーターをつけてアクセスしましょう。例えば――

```
http://localhost:3000/?msg=konnichiwa!
```

――こんな具合にアクセスすると、msgパラメーターにkonnichiwa!という値が送られてメッセージに表示されます。

クエリーパラメーターの取り出し方

では、どうやってクエリーパラメーターを取り出せばいいのか、見てみましょう。まず、前章でも使ったurlオブジェクトの「parse」メソッドで、request.urlの値をパース処理します。

```
var url_parts = url.parse(request.url, true);
```

このとき重要なのは、parseの第2引数に「true」をつける、という点です。こうすることで、クエリーパラメーターとして追加されている部分もパース処理されるようになります。その

後を見てみると――

```
var query = url_parts.query;
```

――こんなことをしていますね？　この「query」というプロパティに、パースされたクエリーパラメーターのオブジェクトが保管されています。例えば、先ほどのhttp://localhost:3000/?msg=helloだと、trueを付けることで、クエリーパラメーターの値が――

```
{'msg':'hello'}
```

――このようなオブジェクトにまとめられるようになります。trueをつけないと（あるいはfalseだと）、queryの値は 'msg=hello' というただのテキストになります。

オブジェクトからmsgの値を取り出す

こうして、パースされたurl_partsから、queryの値を変数に取り出すと、後はそこからmsgの値を取り出して処理するだけです。ただし、パラメーターを用意してなかった場合は、msgは未定義(undefined)になるので、その点だけチェックし処理するようにします。

```
if (query.msg != undefined){
  content += 'あなたは、「' + query.msg + '」と送りました。';
}
```

ここではmsgというパラメーターを1つだけ用意しましたが、複数の値を送ることももちろん可能です。その場合は、/?a=1&b=2&c=3……というように、1つ1つの値を＆でつなげて記述すればOKです。

フォーム送信を行なう

ユーザーからの入力をサーバーに送って処理をするという場合、クエリーパラメーターはあまり便利なものではありません。それより普通は「フォーム」を利用することが多いでしょう。フォームにコントロールを用意し、それに入力をしてサーバーに送信するのです。受け取ったサーバー側では、ユーザーから入力された値を利用して処理を作成できます。

フォームの送信は、一定の手続きを追って処理していかないといけません。整理するとこんな感じです。

1. 送られたフォームのデータを受け取る。
2. 受け取ったデータをパースする。
3. 必要な値を取り出して処理をする。

それほど難しそうには見えませんが、これは最初にいった「面倒くさいソースコード」を書かないといけないものです。

実をいえばNode.jsには、標準で「フォームから送られたデータを取り出す」という機能が標準ではついてないのです。クエリーパラメーターならurl.parseでパースし、queryから取り出せばいいのですが、フォームのPOST送信にはそういった便利なものがないのです。ですから、「送られてきたデータを取り出してつなぎ合わせ、全部受け取ったらパースして必要なデータを探す」といったようなかなり面倒くさいことをしないといけません。

これは、実際に処理を見ながら説明をしたほうがわかりやすいでしょう。では、サンプルを作成しましょう。

index.ejsを修正する

今回は、index.ejsにフォームを用意し、それを/otherに送信すると、その内容をother.ejsで表示する、といったものを作ってみることにします。

まずは、フォームを用意しましょう。index.ejsの<body>部分を以下のように修正してください。

リスト3-2
```html
<body class="container">
  <header>
    <h1 class="display-4"><%=title %></h1>
  </header>
  <div role="main">
    <p><%=content %></p>
    <form method="post" action="/other">
      <input type="text" name="msg" class="form-control">
      <input type="submit" value="Click" class="btn btn-primary">
    </form>
  </div>
</body>
```

これで入力フィールドと送信ボタンからなるフォームができました。<form method="post" action="/other">というように、/otherというアドレスにPOST送信するようになっています。

Chapter-3 | Webアプリケーションの基本をマスターしよう！

フォームの処理を作成する

　後は、この/otherでフォームの内容を受け取り、other.ejsを使って結果を表示するような処理を作成すればいいわけですね。では、app.jsを以下のように修正しましょう。

リスト3-3
```javascript
const http = require('http');
const fs = require('fs');
const ejs = require('ejs');
const url = require('url');
const qs = require('querystring'); //★追加

const index_page = fs.readFileSync('./index.ejs', 'utf8');
const other_page = fs.readFileSync('./other.ejs', 'utf8');
const style_css = fs.readFileSync('./style.css', 'utf8');

var server = http.createServer(getFromClient);

server.listen(3000);
console.log('Server start!');

// ここまでメインプログラム==========

// createServerの処理
function getFromClient(request, response) {
  var url_parts = url.parse(request.url, true); //★trueに

  switch (url_parts.pathname) {

    case '/':
      response_index(request, response); //★修正
      break;

    case '/other':
      response_other(request, response); //★修正
      break;

    case '/style.css':
      response.writeHead(200, { 'Content-Type': 'text/css' });
      response.write(style_css);
      response.end();
      break;
```

```js
      default:
        response.writeHead(200, { 'Content-Type': 'text/plain' });
        response.end('no page...');
        break;
    }
}

// ★indexのアクセス処理
function response_index(request, response) {
  var msg = "これはIndexページです。"
  var content = ejs.render(index_page, {
    title: "Index",
    content: msg,
  });
  response.writeHead(200, { 'Content-Type': 'text/html' });
  response.write(content);
  response.end();
}

// ★otherのアクセス処理
function response_other(request, response) {
  var msg = "これはOtherページです。"

  // POSTアクセス時の処理
  if (request.method == 'POST') {
    var body = '';

    // データ受信のイベント処理
    request.on('data', (data) => {
      body += data;
    });

    // データ受信終了のイベント処理
    request.on('end', () => {
      var post_data = qs.parse(body); // ★データのパース
      msg += 'あなたは、「' + post_data.msg + '」と書きました。';
      var content = ejs.render(other_page, {
        title: "Other",
        content: msg,
      });
      response.writeHead(200, { 'Content-Type': 'text/html' });
      response.write(content);
      response.end();
    });
```

```
      // GETアクセス時の処理
    } else {
      var msg = "ページがありません。"
      var content = ejs.render(other_page, {
        title: "Other",
        content: msg,
      });
      response.writeHead(200, { 'Content-Type': 'text/html' });
      response.write(content);
      response.end();
    }
  }
```

図3-3　フォームにテキストを書いて送信すると、送られたメッセージを表示する。

　修正ができたら、Node.jsを再実行してフォームを送信してみましょう。フォームに書いたメッセージが/otherに表示されます。

コラム 「GET」と「POST」 Column

普通にWebサイトにアクセスするとき、Webブラウザは「GET」という方式でアクセスをしています。GETはアクセスの基本と考えていいでしょう。が、フォームなどでは「POST」という方式を使います。これって何が違うんでしょうね？

「POST」というのは、フォームなどを送信する際の基本となる送信方式です。これは、Webにアクセスする際に使われるHTTPというプロトコル（送信や受信の細かな手続きを決めたルールのようなもの）で決められているものです。

GETは、「いつ、どこからどうアクセスしても常に同じ結果が返される」というようなものに使います。普通にWebページにアクセスすると、誰がどこからいつアクセスしても同じ表示になります。これに対し、POSTは「そのとき、その状況での表示」を行なうような場合に使われます。

よく、フォームなどを送信して表示される画面で、リロードしようとすると、「フォームを再送信しようとしている」というような警告が現れることがありますね？ フォーム送信した後に現れる画面というのは、そのときのフォーム送信に固有の表示になります。他のブラウザから他の内容で送信しても結果は同じとは限りません。こんな具合に、「そのとき一度限りのアクセス」のようなものにPOSTは用いられるのです。

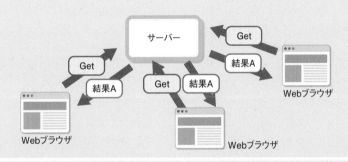

図3-4 GETはどこからアクセスしても同じ結果が得られる。POSTはアクセスごとに固有の結果が得られる。

フォームの処理を整理する

では、どのようにしてフォームの処理を行なっているのか、順を追って説明していくことにしましょう。

Query Stringモジュールのロード

最初のrequire文のところに、querystringというものをrequireする文が追加されていますね。この文です。

```
const qs = require('querystring');
```

これは、Query Stringというモジュールをロードするものです。Query Stringは、クエリーテキストを処理するための機能を提供するものです。前に、URLからクエリーパラメーターをパースするのにurlというオブジェクトを使いましたが、これは（URLではなく）普通のテキストをパース処理するためのものです。

switchの修正

ルーティング（アドレスと実行する処理の関連付け）の処理は、switch文で行なっていますが、今回は少し修正しています。'/'と'/other'のパスの処理を見ると、こうなっています。

```
case '/':
  response_index(request, response);
  break;

case '/other':
  response_other(request, response);
  break;
```

次第に処理が長くなってくるので、これらのアドレスにアクセスした際の処理は、それぞれresponse_index、response_otherという関数に切り離して用意することにしました。フォーム送信の処理は、response_other関数を見ればわかる、というわけです。

response_other関数でのPOST処理

このresponse_other関数では、まずifを使って、POST送信されたかどうかをチェックしています。

```
if (request.method == 'POST'){……
```

　requestの「method」というプロパティは、そのリクエストがどういう方式で送られてきたかを表す値です。これが"GET"か"POST"かによって、GETとPOSTの処理をわければいいのです。

　フォームを送信した場合は、POSTで送信されていますから、このrequest.methodがPOSTかどうかチェックすれば、フォーム送信された場合だけ処理を行なうようにできるのです。

requestとイベント処理

　では、POST送信されたときにはどんな処理をしているのか。それは「イベント」を使った処理です。ここは、ちょっとわかりにくいので、頭の中でイメージしながら考えていってくださいね。

　イベントというのは、さまざまな動作に応じて発生する信号のようなものです。Node.jsでは、オブジェクトに「こういう動作のときはこのイベントが発生する」という仕組みが組み込まれています。

　オブジェクトでは、イベントに応じて呼び出される関数を設定することができます。つまり、「○○という動作をした→○○イベントが発生→設定した関数を実行」という一連の流れが自動的に行なわれるようになるのですね。

　このイベントの設定は、こんな具合に行なえます。

```
オブジェクト . on( イベント名 , 関数 );
```

　これで、指定のイベントが発生したら、あらかじめ用意しておいた関数を実行させることができるようになります。

　このイベントというものは、別にフォームの送信などとは関係なく、さまざまなところで使われています。Node.に限らず、普通のWebブラウザで動いているJavaScriptなどでも使われているものなんですよ。

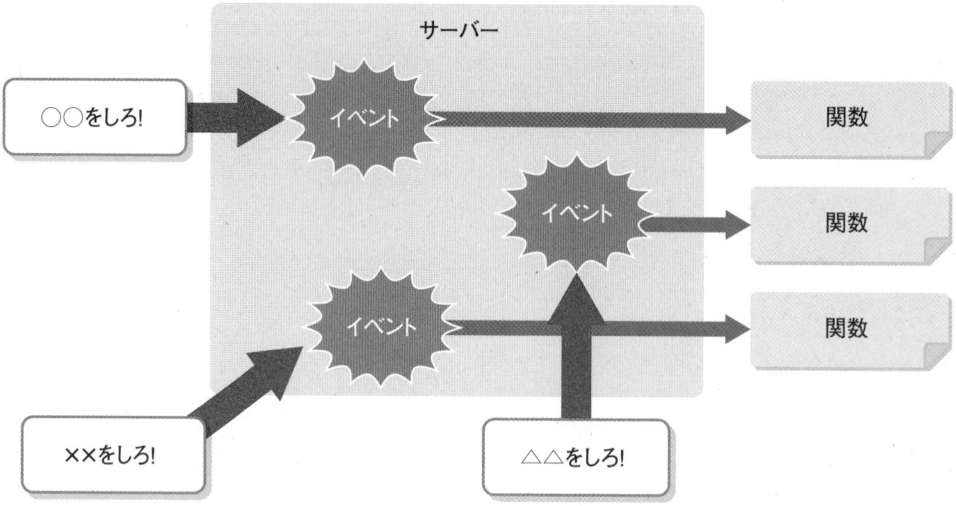

図3-5 何かの動作が行なわれると、それに対応するイベントが発生する。これにより、設定された関数が実行される。

データ受信に関するイベント

では、POSTでフォーム送信をしたときの処理は、どうやるのでしょうか。
クライアントから送信された情報というのは、requestオブジェクトにまとめられています。このrequestには、クライアントから送られたデータを受信する際のイベントが用意されています。

'data'イベント	クライアントからデータを受け取ると発生するイベントです。
'end'イベント	データの受け取りが完了すると発生するイベントです。

注意したいのは、「インターネットでは、データは一度にまとめて送られてくるわけではない」という点です。長いテキストなどでは、少しずつ何回かに分かれてデータが送られてくることもあります。ですから、dataイベントで受け取ったデータを変数などに保管していき、endイベントが起きたらそれまで送られたものすべてをまとめてエンコードして使う、というようなやり方をしなければいけません。

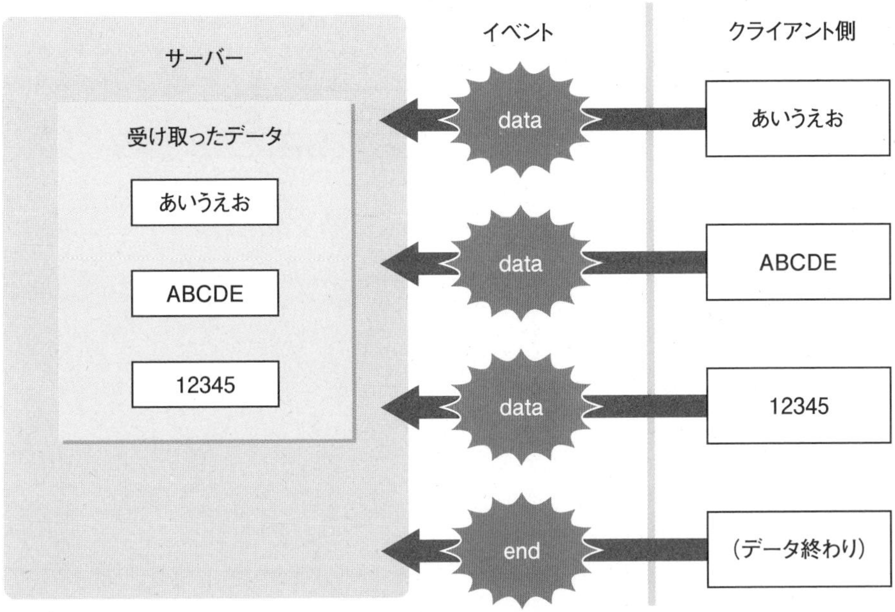

図3-6 クライアントからデータが送られる度に「data」イベントが発生する。最後のデータが送られると「end」イベントが発生し、それでデータの受信は完了する。

dataイベントの処理

では、requestのイベントに設定される処理がどんなものか見てみましょう。まずは、dataイベントです。

```
var body='';

request.on('data', (data) => {
  body +=data;
});
```

変数bodyを用意しておき、dataイベントが発生したら、引数の値をbodyに追加しているのがわかります。dataイベントは、クライアントからデータを受け取ったときのイベントです。引数には、クライアントから受け取ったデータが入っています。ですから、このデータを変数bodyにどんどん追加していけば、受け取ったデータを取り出せるようになる、というわけです。

endイベントの処理

すべてのデータを受け取ったら、最後にそれをパースしてテキストの値として取り出します。

```
request.on('end',() => {
  var post_data =  qs.parse(body);
  msg += 'あなたは、「' + post_data.msg + '」と書きました。';

  ……略……
});
```

endイベントに割り当てる関数には、引数はありません。すべてのデータを受け取った後ですから、もう渡されるデータはないのです。

ただし、受け取ったデータ(body変数)は、実はそのままでは使えません。クライアントからは、クエリーテキストと呼ばれる形式で送られてくるので、それをエンコードしておかないといけないのです。

それを行なっているのが、qsオブジェクトの「parse」です。qs.parse(body)により、受け取ったデータ(body)をエンコードし、それぞれのパラメーターの値を整理したオブジェクトに変換してくれます。後は、このオブジェクトから必要な値を取り出して利用するだけです。

細かく整理して理解しよう

——というわけで、ようやく「フォームの送信」の処理ができました。どうです、本当に面倒くさいでしょう？

最初にソースコードをずらっと眺めたとき、「長い……」と思ったはずです。それまでに比べると、何かよくわからない処理を延々と行なっている感じがしたことでしょう。

この章の最初に、「無理して全部理解しようとするな」といいましたが、どうしてもある程度はわかっておきたい、と思う人もいるでしょう。そうした人は、「全部を見ないで、細かく分けて見る」ようにしてください。

長いけれど、実は1つ1つの関数などはそれぞれ「これはこの働きのもの」というように役割が決まっています。ですから、1つ1つに分けて、「これはどういう役割のものか。どういう処理をしてそれを実現しているのか」をじっくり考えていきましょう。

複雑な情報を整理する

　ここまで、さまざまな形で値をやり取りする方法について説明してきましたが、送られる値は基本的に「ただのテキスト」でした。ですが、実際の開発では、もっと複雑な値をやり取りすることもあります。

　特に、プログラムからテンプレートへ値を渡して表示するような場合には、非常に込み入った構造のオブジェクトを受け渡すこともあります。こうした場合には、単純に「受け取った変数を<%= %>で出力する」というだけでは済まないでしょう。

　こうした場合は、テンプレート側で「受け取ったデータを処理する」仕組みを用意することができます。EJSには、テンプレート内でJavaScriptのコードを実行するためのタグも用意されています。このようなものです。

```
<% ……実行するスクリプト…… %>
```

　EJSのこうしたタグ類は、全体で1つのスクリプトのように働きます。つまり、こうしたタグをテンプレートのあちこちで使った場合、上にあるものから順に実行されていくわけですね。あちこちにスクリプトを埋め込んだ場合も、それらの間で変数などは共有され、1つの処理として動くようになるのです。

　必要に応じて、<% %>で処理を実行し、<%= %>で結果を表示する。この2つのタグを組み合わせることで、複雑なオブジェクトなどをテンプレート内で処理していくことができるようになります。

オブジェクトの内容をテーブル表示する

　では、実際に簡単なサンプルを挙げておきましょう。ここでは、データをオブジェクトにまとめておき、その内容をテーブルの形にまとめて表示する、ということをやってみましょう。

　まずは、スクリプトを修正します。今回は、index.ejsを読み込んで表示することにしましょう。修正するのは、トップページを作成する部分(前回作成スクリプトのresponse_index関数)です。app.jsのresponse_index関数を以下のように書き換えてください。

リスト3-4

```
// 追加するデータ用変数
var data = {
  'Taro': '09-999-999',
  'Hanako': '080-888-888',
  'Sachiko': '070-777-777',
  'Ichiro': '060-666-666'
```

```javascript
};

// indexのアクセス処理
function response_index(request, response) {
  var msg = "これはIndexページです。"
  var content = ejs.render(index_page, {
    title: "Index",
    content: msg,
    data: data,
  });
  response.writeHead(200, { 'Content-Type': 'text/html' });
  response.write(content);
  response.end();
}
```

ここでは、response_index関数の他、dataという変数も用意してあります。このdataにまとめたデータをテンプレート側できれいにレイアウトし表示しよう、というわけです。

テンプレートを修正する

では、テンプレート側を修正しましょう。今回は、Node.js側から渡された「data」というオブジェクトの中から順に値を取り出してテーブルを作ることにします。index.ejsの<body>部分を以下のように修正してください。

リスト3-5
```html
<body class="container">
  <header>
    <h1 class="display-4"><%=title %></h1>
  </header>
  <div role="main">
    <p><%=content %></p>
    <table class="table">
      <% for(var key in data) { %>
      <tr>
        <th><%= key %></th>
        <td><%= data[key] %></td>
      </tr>
      <% } %>
    </table>
  </div>
</body>
```

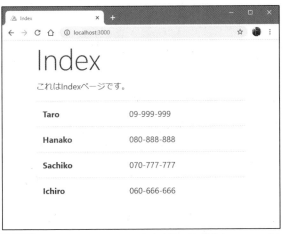

図3-7　実行すると、dataの中身を順に取り出してテーブルタグとして出力していく。

　修正したら実行して表示を確かめましょう。data変数にまとめてあるものがテーブルに出力されていることがわかるでしょう。

テーブルの生成

　では、テーブルの生成部分を見てみましょう。今回は、以下のようにテーブルの生成が書かれています。

```
<table class="table">
  <% for(var key in data) { %>
      ……内容の出力……
  <% } %>
</table>
```

　<% for(var key in data) { %>は、forによる繰り返しの開始、最後の<% } %>は繰り返しの終了部分であることがわかるでしょう。<% %>は、中に書かれているスクリプトはつながって解釈されます。ですから、こんな具合に構文の最初と最後を別々の<% %>タグにして書いても問題ないのです。

　その間では、<%= %>を使って必要な値を出力しています。

```
<tr>
<th><%= key %></th>
<td><%= data[key] %></td>
</tr>
```

　<tr>タグの中に<th>と<td>を用意していますね。<%= %>で、変数keyと、data[key]の

値が出力されています。

　この部分は、forの繰り返しの中に書かれています。つまり、これらのタグは、何度も繰り返し書き出されるのです。変数dataに用意されているプロパティの数だけ<tr>タグが書き出されていくことになります。こうして、データの数がいくつあってもそれらすべてをテーブルにまとめることができるのです。

Chapter 3　Webアプリケーションの基本をマスターしよう！

Section
3-2
パーシャル、アプリケーション、クッキー

includeとパーシャル

　Webページの表示には、まだまだ覚えておきたいテクニックがいろいろとあります。まずは、テンプレートの一部を部品化する「パーシャル」という機能についてです。

　先ほど、データをテーブルに整理して表示をしてみましたね。テーブルの表示というのは、けっこう汎用性のあるものです。配列などのデータを用意し、forを使ってテーブルを表示する、といったことは割と多くのWebアプリケーションで行なわれるでしょう。
　こういう場合、「テーブルの内容を汎用的に入れ替えできる」ともっと便利になります。つまり、<table>内の<tr>〜</tr>の部分のテンプレートを別に用意して、必要に応じてそれを読み込んで表示できるようにするわけですね。
　こういう、テンプレート内から更に読み込んで使われる、テンプレート内の小さな部品を「パーシャル」と呼びます。このパーシャルを使って、テーブルの表示をカスタマイズしやすくしてみましょう。

パーシャルの作成

　まずは、ファイルを作成しましょう。VS Codeのエクスプローラーから「NODE-APP」にある「新しいファイル」アイコンをクリックし、「data_item.ejs」とファイル名を入力してください。

Chapter-3 Webアプリケーションの基本をマスターしよう！

図3-8 新たに「data_item.ejs」というファイルを作る。

このファイルに、テーブル内の表示を記述しましょう。ここでは、通し番号とデータのキー、値を表示するテーブル内容を用意しておくことにします。

リスト3-6

```
<tr>
  <th><%= id %></th>
  <td><%= key %></td>
  <td><%= val[0] %></td>
</tr>
```

includeでパーシャルを読み込む

今回は、keyとvalという変数として表示する値をパーシャルに渡すようにしてあります（valは配列になっています）。では、このパーシャルを使ってテーブルの表示を行なうように、index.ejsを書き換えましょう。<body>部分を以下のように修正してください。

リスト3-7

```
<body class="container">
  <header>
    <h1 class="display-4"><%=title %></h1>
  </header>
  <div role="main">
    <p><%=content %></p>
    <table class="table">
      <% var id = 0; %>
      <% for(var key in data) { %>
        <%- include('data_item',
```

```
            {id:++id, key:key, val:[data[key]]}) %>
      <% } %>
    </table>
  </div>
</body>
```

　ここでは、パーシャルを読み込んで組み込むために「include」というものを使っています。これは、以下のような形で記述します。

<%- include(ファイル名 , {……受け渡す値……}) %>

　includeは、<%- %>というタグを使って呼び出します。これは、<%= %>と同じように内容を出力するものですが、出力内容をエスケープ処理しないようになっています。
　<%= %>は、出力するテキストにHTMLのタグなどが含まれていると、自動的にエスケープ処理して「HTMLタグのテキスト」として表示されるようになっています。が、<%- %>はタグをそのままタグとして出力する（つまり、HTMLのタグとしてちゃんと使える）ようにします。
　include関数は、第1引数にパーシャルのファイル名を指定します。第2引数には、パーシャル側に渡す値をまとめたオブジェクトを用意します。ここでは、{id:++id, key:key, val:[data[key]]} という値を用意していますね。これで、id, key, valという値が渡されていたのですね（valは配列の形にしていますが、これは後で説明します）。

filenameでパーシャルファイルを指定する

　最後に、app.jsのresponse_index関数を修正します。以下のリストのように書き換えてください（1行、追加しているだけです）。

リスト3-8
```
function response_index(request, response) {
  var msg = "これはIndexページです。"
  var content = ejs.render(index_page, {
    title: "Index",
    content: msg,
    data: data,
    filename: 'data_item' //☆追記
  });
  response.writeHead(200, { 'Content-Type': 'text/html' });
  response.write(content);
  response.end();
}
```

わかりますか？ ☆のfilenameという値でパーシャルファイルの名前を渡すようにしているだけです。これを忘れると、テンプレート側でうまくパーシャルを利用できないので注意しましょう。

一通りできたら、実際にアクセスしてテーブルがちゃんと表示されることを確認しましょう。

図3-9　パーシャルを使って表示したテーブル。

パーシャルを書き換える

これでパーシャルを使ってテーブルの内容を表示できるようになりました。では、動作を確認したところで、パーシャルの内容を書き換えてみましょう。data_item.ejsを以下のように変更してみてください。

リスト3-9

```
<table class="table table-dark">
  <tr>
    <th><%= id %>:
      <%= key %></th>
  </tr>
  <% for(var i in val){ %>
  <tr>
    <td><%= val[i] %></td>
  </tr>
  <% } %>
</table>
```

各データを<table>にまとめるようにしました。これを表示するように、index.ejsの

<body>部分を書き換えてみましょう。

リスト3-10
```
<body class="container">
  <header>
    <h1 class="display-4"><%=title %></h1>
  </header>
  <div role="main">
    <p><%=content %></p>
    <% var id = 0; %>
    <% for(var key in data) { %>
    <%- include('data_item',
         {id:++id, key:key, val:[data[key]]}) %>
    <% } %>
  </div>
</body>
```

アクセスすると、1つ1つのデータがテーブルの形にまとめられて表示されます。パーシャルを利用すれば、こんな具合にテーブル内の表示部分だけを修正すれば、各項目の表示を変更することも簡単に行なえます。

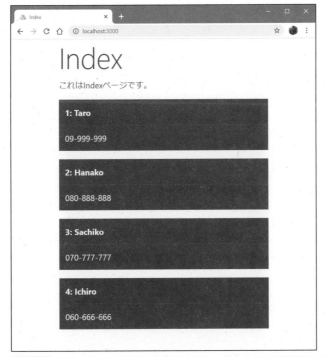

図3-10 テーブルの表示部分を修正すると、こんなものも簡単にできる。

Chapter-3 | Webアプリケーションの基本をマスターしよう！

別のデータを表示させる

パーシャルは、書き方を工夫すれば、さまざまなデータの表示にも利用できるようになります。先ほどのdata_item.ejsを使って別のデータを表示させてみましょう。

今回は、other.ejsを利用します。まず、app.jsのresponse_other関数を修正しましょう。以下のように関数を書き換えてください。なおdata2という変数も追記しておいてください。

リスト3-11
```
var data2 = {
  'Taro': ['taro@yamada', '09-999-999', 'Tokyo'],
  'Hanako': ['hanako@flower', '080-888-888', 'Yokohama'],
  'Sachiko': ['sachi@happy', '070-777-777', 'Nagoya'],
  'Ichiro': ['ichi@baseball', '060-666-666', 'USA'],
}

// otherのアクセス処理
function response_other(request, response) {
  var msg = "これはOtherページです。"
  var content = ejs.render(other_page, {
    title: "Other",
    content: msg,
    data: data2,
    filename: 'data_item'
  });
  response.writeHead(200, { 'Content-Type': 'text/html' });
  response.write(content);
  response.end();
}
```

テンプレートを修正する

続いて、other.ejsのテンプレートを修正します。<body>タグの部分を以下のように書き換えてみましょう。

リスト3-12
```
<body class="container">
  <header>
    <h1 class="display-4"><%=title %></h1>
  </header>
  <div role="main">
```

```
    <p><%=content %></p>
    <% var id = 0; %>
    <% for(var key in data) { %>
    <%- include('data_item',
        {id:++id, key:key, val:[data[key]]}) %>
    <% } %>
  </div>
</body>
```

これで、data2の内容をテーブルに表示する/otherが作成できました。では、実際にアクセスして表示を確かめてみましょう。先ほどと同様に、1つ1つのデータがテーブルにまとめられた形で表示されます。

図3-11 /otherにアクセスすると、data2のデータがテーブルにまとめられて表示される。

アプリケーション変数

Webで使われるデータというのは、大まかにいって2つのものがあります。それは「アクセスしている人それぞれに固有のデータ」と、「すべての人に共通のデータ」です。

Chapter-3 | Webアプリケーションの基本をマスターしよう！

まずは、「すべての人に共通するデータ」からです。これは、実はすでに皆さんは使っています。先に、データの表示をテーブルにまとめて表示しましたね。あれは、dataという変数をグローバル変数として用意していました。

Node.jsでは、サーバーをプログラム内で作成して実行し、待ち受けして動いています。つまり、サーバーが起動している間は、常にプログラムが実行中の状態になっているのです。ということは、グローバル変数として用意してあるものは、常にその値が保持されていることになります。つまり、いつ誰がアクセスしても、グローバル変数にアクセスすれば同じ値が得られるわけです。

このことがわかっていれば、「すべての人に共通するデータ」というのは案外簡単に作れます。データをグローバル変数として用意し、それを表示すればいいのですから。

メッセージの伝言ページを作る

その簡単な例として、メッセージを置いておく簡易伝言ページを作ってみましょう。フォームを用意し、テキストを送信すると、それがグローバル変数に保管され、誰がアクセスしてもそのメッセージを見ることができるようになる、といったものです。

まずは、テンプレートを作成しましょう。今回はindex.ejsを修正して使うことにしましょう。

リスト3-13

```html
<body class="container">
  <header>
    <h1 class="display-4"><%=title %></h1>
  </header>
  <div role="main">
    <p><%=content %></p>
    <table class="table">
      <tr>
        <th>伝言です！</th>
      </tr>
      <tr>
        <td><%=data.msg %></td>
      </tr>
    </table>
    <form method="post" action="/">
      <div class="form-group">
        <label for="msg">MESSAGE</label>
        <input type="text" name="msg" id="msg"
          class="form-control">
      </div>
      <input type="submit" value="送信"
```

```
            class="btn btn-primary">
    </div>
</body>
```

例によって、<body>タグの部分だけ掲載しておきました。ここでは、<%=data.msg %>というようにして、保管しているメッセージを表示しています。app.js側で、dataにフォームから送信されたデータを保管しておけばいいわけですね。

response_indexを修正する

では、app.jsの修正を行ないましょう。今回は、response_index関数の修正を行ないます。以下のように関数とグローバル変数dataを書き換えてください。

リスト3-14
```
var data = { msg: 'no message...' };

function response_index(request, response) {
  // POSTアクセス時の処理
  if (request.method == 'POST') {
    var body = '';

    // データ受信のイベント処理
    request.on('data', (data) => {
      body += data;
    });

    // データ受信終了のイベント処理
    request.on('end', () => {
      data = qs.parse(body);  // ★データのパース
      write_index(request, response);
    });
  } else {
    write_index(request, response);
  }
}

// indexの表示の作成
function write_index(request, response) {
  var msg = "※伝言を表示します。"
  var content = ejs.render(index_page, {
    title: "Index",
```

```
    content: msg,
    data: data,
  });
  response.writeHead(200, { 'Content-Type': 'text/html' });
  response.write(content);
  response.end();
}
```

図3-12 メッセージを書いて送信すると、それがサーバーに保管され、誰がアクセスしても表示されるようになる。

　今回は、indexにアクセスした際の処理を更に分けて、indexの表示の作成をwrite_indexという関数に切り離しておきました。

　修正ができたら、実際にhttp://localhost:3000/にアクセスしてみましょう。メッセージ

を書いて送信すると、それが伝言として表示されます。このメッセージは、ブラウザを終了したり、別のブラウザでアクセスした場合も常に保たれ同じものが表示されます。
　ここでは、グローバル変数dataをこのように用意してあります。

```
var data = {msg:'no message...'};
```

　dataはオブジェクトとして値を用意し、その中にmsgという値を用意しています。これは、POST送信のendイベントの部分で——

```
data = qs.parse(body);
```

　——このようにbodyの値をパースしdataに保管していることから、常にフォームの送信内容が保管されるようになることがわかるでしょう。フォームには、<input type="text" name="msg">というようにして入力フィールドが用意してあり、この値がオブジェクトのmsgプロパティとして送られ利用されるわけですね。

クッキーの利用

　もう1つの「アクセスするそれぞれの他人ごとに保管されるデータ」としては、もっとも基本となるのは「クッキー」でしょう。クッキーは、Webブラウザに用意されているもので、サーバーから送られた値を保管しておくための仕組みです。
　このクッキーを利用するためには、クッキーの仕組みについて理解しておかないといけません。クッキーというのは、Webブラウザに保管しておく値ですが、これはどうやってサーバーとの間でやり取りするのでしょうか？
　実は、「ヘッダー情報」として値をやり取りしているのです。ヘッダーというのは、前に説明しましたね？ 画面に表示されない、そのコンテンツに関する情報などを送るのに用いられるものです。ここでクッキーの情報がやり取りされているのです。
　サーバーからヘッダー情報としてクライアントにクッキーの情報が送られると、Webブラウザはそれをブラウザの中に保管します。そしてサーバーにアクセスする際には、そのクッキー情報をヘッダーに追加して送ります。受け取ったサーバー側は、そのクッキーの情報を使って必要な処理を行ない、またヘッダー情報として送り返す……といったことを繰り返しているのです。
　ですから、クッキーを利用するためには、ヘッダー情報のやり取りをしないといけません。

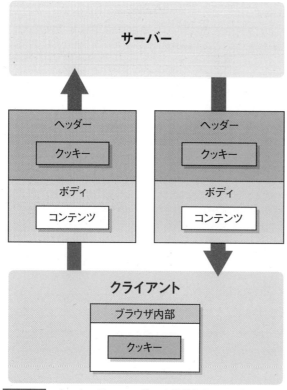

図3-13 クッキーは、ヘッダーの情報としてやり取りされる。サーバーから送られたクッキーの情報は、Webブラウザの内部に保管される。

　それにもう1つ、ちょっと面倒なことがあります。クッキーには、日本語などを直接保管できないのです。クッキーは保管できる値の種類が限られているので、特殊な形式に変換して保管し、取り出したらまた変換して元のテキストに戻してやらないといけません。
　クッキーは、こういう面倒くさいことがいろいろとあります。ですから、Node.jsでクッキーを利用するのはちょっと大変です。が、面倒な部分は、一度作ってしまえば、後はそれほど大変でもないはずです。とにかく試してみることにしましょう。

テンプレートを修正する

　では、先ほどのメッセージを表示するサンプルにクッキー表示の機能を追加してみることにしましょう。まずは、テンプレートの修正です。index.ejsの<body>部分を以下のように書き換えてください。

リスト3-15
```
<body class="container">
  <header>
```

```
    <h1 class="display-4"><%=title %></h1>
  </header>
  <div role="main">
    <p><%=content %></p>
    <table class="table">
      <tr>
        <th>伝言です！</th>
      </tr>
      <tr>
        <td><%=data.msg %></td>
      </tr>
    </table>
    <p>your last message:<%= cookie_data %></p>
    <form method="post" action="/">
      <div class="form-group">
        <label for="msg">MESSAGE</label>
        <input type="text" name="msg" id="msg"
          class="form-control">
      </div>
      <input type="submit" value="送信"
        class="btn btn-primary">
  </div>
</body>
```

今回は、フォームの手前に、<%= cookie_data %>というタグを追加して、cookie_dataという値を表示するようにしておきました。app.js側では、このcookie_dataにクッキーの値を入れるようにすればいいわけですね。

クッキー利用の処理を作成する

では、app.jsのプログラムを作成しましょう。index.ejsを利用する、response_index関数とdata変数を修正します。

今回は、response_indexの他に、ページの表示作成のwrite_index、クッキーの値を読み書きするsetCookie、getCookieといった関数が用意してあります。けっこう長いので間違えないようにしてください。

リスト3-16
```
// データ
var data = { msg: 'no message...' };
```

```javascript
// indexのアクセス処理
function response_index(request, response) {
  // POSTアクセス時の処理
  if (request.method == 'POST') {
    var body = '';

    // データ受信のイベント処理
    request.on('data', (data) => {
      body += data;
    });

    // データ受信終了のイベント処理
    request.on('end', () => {
      data = qs.parse(body);
      // クッキーの保存
      setCookie('msg', data.msg, response);
      write_index(request, response);
    });
  } else {
    write_index(request, response);
  }
}

// indexのページ作成
function write_index(request, response) {
  var msg = "※伝言を表示します。"
  var cookie_data = getCookie('msg', request);
  var content = ejs.render(index_page, {
    title: "Index",
    content: msg,
    data: data,
    cookie_data: cookie_data,
  });
  response.writeHead(200, { 'Content-Type': 'text/html' });
  response.write(content);
  response.end();
}

// クッキーの値を設定
function setCookie(key, value, response) {
  var cookie = escape(value);
  response.setHeader('Set-Cookie', [key + '=' + cookie]);
}
// クッキーの値を取得
function getCookie(key, request) {
```

```
  var cookie_data = request.headers.cookie != undefined ?
    request.headers.cookie : '';
  var data = cookie_data.split(';');
  for (var i in data) {
    if (data[i].trim().startsWith(key + '=')) {
      var result = data[i].trim().substring(key.length + 1);
      return unescape(result);
    }
  }
  return '';
}
```

図3-14 アクセスしてフォームからテキストを送信すると、メッセージとして表示される。ページをリロードすると、最後に送信したメッセージが「your last message:」として表示される。

　修正ができたら、実際にアクセスしてみましょう。先ほどと同様に、フォームからテキストを送信すると、それがメッセージとして表示されます。この段階では、まだ「your last message:」のところには何も表示されません。

そのまま、ページをリロードしてみましょう。すると、今度はyour last message:のところに、先ほど送信したメッセージが表示されます。メッセージは、他のクライアントから送られるとそちらに更新されて変わってしまいますが、your last message:の部分は、自分が最後に送信したメッセージが常に保管されています。他のクライアントでは、そのクライアントのメッセージが保管されます。

もし、現在使っているWebブラウザとは別のブラウザを持っているなら、それを起動して、2つのブラウザで同じようにアクセスしてみてください。これで、サーバーは「2つのクライアントがアクセスしている」と判断します。それぞれのブラウザでメッセージを送信し、どのように表示されるかを調べてみると、今回のサンプルの働きがよくわかります。それぞれのクライアントに別々の値が保管されているのがよくわかるでしょう。

クッキーに値を保存する

今回は、クッキーの保存とクッキーからの値の読み込みをそれぞれ関数にして用意しています。まずは、クッキーへの保存から見てみましょう。

これは、setCookieという関数として用意してあります。この関数は、クッキーのキーと値、そしてresponseを引数に持ちます。

```
function setCookie(key, value, response) {……
```

どうしてresponseが？ と思った人。クッキーはヘッダー情報として送信するんでしたよね？ だから、responseのsetHeaderを利用するのです。そのためにresponseを引数で渡すようにしているのですね。

クッキーに値を保存するには、まず保存する値を「エスケープ処理」します。これは、要するに「クッキーに保存できる形式に変換する」処理のことです。

```
var cookie = escape(value);
```

この「escape」が、引数の値をエスケープ処理する関数です。これで変換された値が用意できたら、それを指定のキーの値に設定して保存します。なお、キーの値は、今回は特にエスケープ処理していません。

```
response.setHeader('Set-Cookie',[key + '=' + cookie]);
```

クッキーのヘッダー情報は、「Set-Cookie」という名前で設定されます。第2引数には値が用意されますが、これは配列になっています。この配列は、以下のようなテキストとして値

を用意します。

```
[ 'キー＝値' , 'キー＝値', ……]
```

　クッキーは、それぞれ名前(キー)とそれに設定される値がセットになっています。これらは、「キー＝値」というように、イコールでつなげたテキストとして用意されます。こうして用意した配列をSet-Cookieの値に用意し、setHeaderすれば、それがクッキーとしてヘッダー情報に追加されてクライアントへと送られるのです。

クッキーから値を取り出す

　クッキーへの保存は、実は割と簡単なのです。問題は、値を取り出す場合です。Set-Cookieの値は、['キー＝値','キー＝値', ……] といった形になっていました。これは実際には、'キー＝値; キー＝値; ……'というようにセミコロンでつなげた1つのテキストの形でクッキーに保管されています。

　クッキーの値を取り出すためには、まずこれらの値を1つ1つ切り離し、取り出したいキーを探して、その値だけを取り出さないといけません。これはけっこう面倒くさい処理が必要です。

　クッキーから値を取り出すのは、getCookieという関数になっています。これは以下のような形になっています。

```
function getCookie(key, request) {……
```

　クライアントから送られてくるクッキー情報は、requestから取り出します。そこで、取り出すキーとrequestを引数で渡すようにしてあります。

三項演算子でcookieを得る

　関数では、まずクッキーの値を変数に取り出します。これは、今まで見たことのないような形の式を使っています。

```
var cookie_data = request.headers.cookie != undefined ? request.headers.cookie : '';
```

　ちょっとわかりにくいですが、これは「三項演算子」というものです。三項演算子は条件と2つの値の、計3個の要素で構成されています。最初の条件がtrueならば1つ目の値、falseなら2つ目の値が得られます。

```
変数 = 条件 ? 値1 : 値2 ;
```

こういう形ですね。ここでは、request.headers.cookieという値をチェックしています。requestの「headers」というのは、ヘッダー情報がまとめられているプロパティで、その中の「cookie」というプロパティにクッキーの値が保管されています。ただし！ 場合によっては、クッキーがまだないこともあるので、このcookieの値がundefinedでないならクッキーのテキストを取り出し、そうでない場合は空のテキストを返すようにしておきました。

クッキーを分解する

では、取り出したクッキーの値から、指定のキーの値を取り出しましょう。これには、まずクッキーのテキストをセミコロンで分割します。

```
var data = cookie_data.split(';');
```

splitは、引数でテキストを分割するメソッドです。これで、cookie_dataのテキストをセミコロンで分割し配列にまとめたものが得られます。後は、繰り返しを使い、ここから順にテキストを取り出して、その値が取り出したいキーかどうかを調べるだけです。

```
for(var i in data){
  if (data[i].trim().startsWith(key + '=')){
    var result = data[i].trim().substring(key.length + 1);
    return unescape(result);
  }
}
```

data[i].trim().startsWith(key + '=')というのは、data[i]のテキストをトリム（前後の余白を取り除く）し、startsWithでkey + '='というテキストで始まっているかどうかをチェックするものです。これで始まっているなら、それが指定のキーの値だと判断できます。

後は、substringを使って、'キー ='の後のテキスト部分を取り出し、それを「unescape」という関数を使ってアンエスケープ（クッキーの形式から普通のテキストに戻す処理）してreturnするだけです。

これ以上は「セッション」

以上でクッキーの読み書きができるようになりました。「なんだか全然わからない！」という人もいることでしょう。それでもかまいません。そうだろうと思って、クッキーの読み書きを関数にしておいたのですから。

これらの関数をコピー＆ペーストして利用すれば、内容はわからなくても、誰でもクッキーを読み書きできるようになります。とりあえず、使うことさえできれば、今は十分でしょう。中の仕組みなどは深く考えないでください。

　簡単な値を保管する程度ならば、クッキーで十分です。ただし、もっと複雑で大きなデータになると、クッキーではちょっと心もとないでしょう。
　そのような場合には、「セッション」と呼ばれるものが用いられます。ただし、このセッションは、Node.jsには標準では用意されていません。次の章では、Node.jsで使うフレームワークを導入して、より本格的な開発を目指す予定ですが、そこでセッションが登場するはずです。それまでは、クッキーで我慢！

Chapter 3　Webアプリケーションの基本をマスターしよう！

Section 3-3　超簡単メッセージボードを作ろう

メッセージをやり取りしよう！

　さて、ここまでだいぶいろんなことを覚えてきました。そろそろ、それなりにちゃんと動くアプリケーションを作ってみることにしましょう。……えっ？「まだ、そんな難しいことなんて無理！」ですって？　いえいえ、アプリケーションなんて、必要最小限の知識があれば作れるものですよ。

　最初からいきなり「Googleマップみたいなアプリケーションを作りたい」なんていわれても無理ですが、ごく簡単なものならば、それなりに使える機能のアプリケーションを作ることはできるはずです。それに、1つ1つの機能を覚えることも大切ですが、「アプリケーションを作る上で必要なノウハウ」というのは、実際に作ってみないとなかなか身につかないものです。

　今回作ってみるのは、Webアプリケーションの基本ともいえる「メッセージボード（掲示板）」です。何かのメッセージを送信するとそれを保管して表示する、というものですね。本格的なメッセージボードは、サーバーにデータベースなどを設置して動かしますが、ここではもっと簡単に、「送信したデータを配列にまとめておく」という形で作ろうと思います。

　アプリケーションそのものはとてもシンプル。メッセージのフィールドが1つあるだけです。ここに何か書いて送信すれば、それが保存されます。メッセージは、最大10個まで保存され、それ以上になると古いものから順に消えていきます。また初めてアクセスしたときにはIDを入力するような仕組みも用意しましょう。

148

図3-15 完成した超簡易メッセージボード。メッセージを書いて送信すると、送ったクライアントのIDとメッセージが追加され表示される。

メッセージボードに必要なものは？

とりあえず、ここまで覚えたことだけでも簡単なメッセージボードは作れると思いますが、いくつか新しい機能を使ってより使えるものにしましょう。ここで初めて登場するのは、以下のような技術です。

●投稿データをファイルに保存する

変数にデータを保管しているだけだと、サーバーをリスタートしたりするとすべて消えてしまいます。きちんとデータを保管し、常にその内容が表示できるようにするには、どこかにデータを保管しておかないといけません。

今回は、テキストファイルにデータを保存して、それを読み込んで使うような方法をとることにします。ファイルアクセスは、覚えておくといろいろ応用ができますよ。

●自分のIDをローカルストレージに保管する

それぞれのクライアントにデータを保存するものとして「クッキー」を使いましたが、実はその他にももっと手軽な機能があるのです。それは「ローカルストレージ」というものです。これもブラウザにデータを保存するための機能で、かなり手軽に利用できます。

「じゃあ、なんでクッキーの代わりにそっちを教えなかったんだ！」と思うかもしれませんが、これには1つ、問題があるのです。それは、「クライアント側でしか動かない」というこ

と。つまり、ブラウザに表示されるWebページの中でしか使えないのです。

　Node.jsは、サーバー側で実行されるプログラムです（というか、Node.jsでサーバーそのものを作って動かすわけですから）。だから、Node.jsのプログラムの中からは、ローカルストレージは使えません。クライアント側とサーバー側でうまく連携して動くようなプログラムを考えないといけません。

　この2つの技術を身につければ、特に「データの保管」という点ではずいぶんと利用範囲が広がってきます。では、実際にアプリケーションを作成してみましょう。プログラムの説明などは、すべて完成した後で行なうことにしましょう。

必要なファイルを整理する

　では、今回のアプリケーションではどのようなものを作成する必要があるでしょうか。必要になるファイル類をざっと整理してみましょう。

app.js	メインプログラムのファイルです。
index.ejs	これがメッセージボードの表示ページのテンプレートになります。
login.ejs	ログインページ(IDの入力ページ)のテンプレートです。
data_item.ejs	テーブル表示のパーシャル用テンプレートです。
mydata.txt	データを保管しておくテキストファイルです。

　これらのファイルを作成すれば、アプリケーションは完成です。思ったよりも簡単そうでしょう？　では、作成していきましょう。

フォルダーを用意する

　まずは、適当な場所に、アプリケーションのフォルダーを用意しましょう。サンプルでは、デスクトップに「mini_board」という名前で用意しておきました。このフォルダーの中にファイルを作成していきます。

図3-16　デスクトップに「mini_board」という名前でフォルダーを作っておく。

150

フォルダーを作ったら、VS Codeのウインドウにドラッグ＆ドロップして、フォルダーを開いておきましょう。ただし、すでに「node-app」フォルダーを開いていますから、新しいウインドウで開くことにしましょう。

VS Codeの「ファイル」メニューから「新しいウインドウ」メニューを選ぶと、新しいウインドウが現れます。そこに「mini_board」フォルダーをドラッグ＆ドロップすれば、このウインドウでフォルダーが開けます。

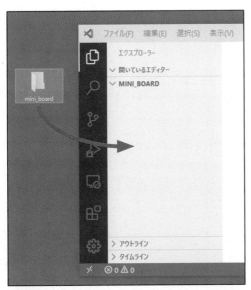

図3-17 ウインドウにフォルダーをドロップすると、フォルダーが開かれる。

index.ejsテンプレートを作成する

ではWebアプリケーションを作成しましょう。最初にテンプレート関係から作成していきます。テンプレートは全部で3つ作成します。順に作成していきましょう。

最初に、トップページのテンプレートを作ります。VS Codeのエクスプローラーから「MINI_BOARD」の右側にある「新しいファイル」アイコンをクリックしてファイルを作り、「index.ejs」と名前を入力します。そして下のリストのように記述をします。

図3-18 新しいファイルを作成し、「index.ejs」と名前をつけておく。

リスト3-17

```html
<!DOCTYPE html>
<html lang="ja">

<head>
  <meta http-equiv="content-type"
    content="text/html; charset=UTF-8">
  <title>ミニメッセージボード</title>
  <link rel="stylesheet"
    href="https://stackpath.bootstrapcdn.com/bootstrap/4.4.1/css/
    bootstrap.min.css"
    crossorigin="anonymous">
  <script>
    function init() {
      var id = localStorage.getItem('id');
      if (id == null) {
        location.href = './login';
      }
      document.querySelector('#id').textContent = 'ID:' + id;
      document.querySelector('#id_input').value = id;
    }
  </script>
</head>

<body class="container" onload="init();">
  <header>
    <h1 class="display-4">メッセージボード</h1>
  </header>
  <div role="main">
    <p>※メッセージは最大10個まで保管されます。</p>
    <form method="post" action="/">
      <p id="id"></p>
      <input type="hidden" id="id_input" name="id">
      <div class="form-group">
        <label for="msg">Message</label>
        <input type="text" name="msg" id="msg"
          class="form-control">
      </div>
      <input type="submit" value="送信"
        class="btn btn-primary">
    </form>

    <table class="table">
      <% for(var i in data) { %>
      <%- include('data_item', {val:data[i]}) %>
```

```
            <% } %>
        </table>
    </div>
</body>

</html>
```

今回は、JavaScriptのスクリプトの他、フォームとテーブルまであるので少々複雑です。いくつかの部分に区切って働きを見てみましょう。

ローカルストレージの値の取得

ここでは、<script>タグで「ローカルストレージからIDの値を取り出し、それに応じて処理をする」というスクリプトを書いています。initという関数の部分ですね。ここで、まずローカルストレージから値を取り出します。

```
var id = localStorage.getItem('id');
```

やっているのは、たったこれだけです。「localStorage」というのが、ローカルストレージを扱うために用意されているオブジェクトです。この「getItem」で値を取り出します。このメソッドは──

```
変数 = localStorage.getItem( キー );
```

──このように、引数に「キー」を指定して呼び出します。このキーというのは、要するに値につけてある「名前」のことだ、と考えてください。ローカルストレージは、さまざまな値に名前をつけて保存します。そして、取り出すときは「この名前の値を下さい」と要求すれば、指定の値が取り出せるようになっているのです。

IDがなければログインページに移動

今回のスクリプトでは、getItem('id')で「id」というキーの値を取り出しています。そして、値がまだなければ、IDが未登録と判断し、ログインページに移動しています。

```
if (id == null){
    location.href = './login';
}
```

現在開いているページは、locationオブジェクトの「href」という値で設定されています。この値を書き換えれば、表示するページも変わるようになっています。ここでは、'./login' に変更し、ログインページに移動しています。

IDを非表示フィールドに設定する

IDの値が取り出せたなら、この値を2箇所に設定しています。画面にIDを表示するための<span>タグと、非表示フィールドのvalueです。

```
document.querySelector('#id').textContent = 'ID:' + id;
document.querySelector('#id_input').value = id;
```

1行目は、<span id="id">のタグに「ID:○○」という形でテキストを表示させるものです。重要なのは2行目の部分です。これは、<form>内にある――

```
<input type="hidden" id="id_input" name="id" value="">
```

――このタグのvalueに値を設定しているのです。この非表示フィールドは、フォームを送信するときに、IDの値を一緒に送るために用意してあるものです。ローカルストレージはクライアント側の機能で、サーバー側では使えません。そこで、メッセージを送信する際、IDの値も一緒に送ることで、「なんというIDのクライアントが送信してきたか」をサーバー側に伝えるようにしていたのですね。

テーブルのパーシャル・テンプレート

続いて、メッセージをテーブル表示する際に使うパーシャルのテンプレートファイルを作りましょう。VS Codeのエクスプローラーから「MINI_BOARD」右側の「新しいファイル」アイコンをクリックし、「data_item.ejs」と名前を入力してください。そして下のリストを記述します。

図3-19 「data_item.ejs」ファイルを新たに作成する。

リスト3-18
```
<% if (val != ''){ %>
<% var obj = JSON.parse(val); %>
<tr>
  <th><%= obj.id %></th>
  <td><%= obj.msg %></td>
</tr>
<% } %>
```

メッセージをテーブルで表示する

メッセージをテーブルで表示する部分は、index.ejsではこのようになっていました。

```
<table class="table">
  <% for(var i in data) { %>
  <%- include('data_item', {val:data[i]}) %>
  <% } %>
</table>
```

dataという変数が、メッセージのデータをまとめて保管している変数です。これは、各データを配列としてまとめています。ここから順に値を取り出し、includeを使ってdata_item.ejsによる項目を作成しよう、というわけです。ここでは、valという名前でデータの値を渡しています。

パーシャル側の処理

ただし、このdata_item.ejsを見ると、それほど単純ではないことがわかります。最初に、こんなif文のタグが用意されていますね。

```
<% if (val != ''){ %>
```

index.ejs側でdataという変数にまとめられているデータは、各データをテキストの形にして保管しています。ですから、まずはこのテキストの値が空でないかをチェックし、ちゃんと値が保管されていれば表示のための処理を行なうようにしています。

JSONオブジェクトの生成

ただし、表示の処理は、ただvalで渡されたテキストを表示すればいいというわけではありません。実は、後述しますがこのデータのテキストは、「JSON形式で書かれた値」なのです。

JSONというのは、巻末の「JavaScript超入門」をやった人はすでに知っているはずですね。これは「JavaScript Object Notation」の略で、JavaScriptのオブジェクトをテキストの形で記述するためのフォーマットです。

このJSONは、JavaScriptのオブジェクトをテキストとしてやり取りするのによく利用されます。JSON形式のテキストは、簡単にJavaScriptのオブジェクトに変換できるのです。オブジェクトにできれば、そこから必要な値を取り出して使うことができますね。

```
<% var obj = JSON.parse(val); %>
```

これが、JSON形式のテキストを元にオブジェクトを生成している文です。JSON関連の機能は、その名の通り「JSON」というオブジェクトにまとめられています。このJSONオブジェクトの「parse」は、引数のテキストをパース処理してオブジェクトを生成し返します。

後は、このオブジェクトobjから必要な値を取り出して出力するだけです。

```
<th><%= obj.id %></th>
<td><%= obj.msg %></td>
```

ここにはidとmsgの値が用意されています。これらをテーブルの項目として出力すれば、メッセージとIDがテーブルの形で表示できます。

login.ejsを作る

残るテンプレートは、/loginにアクセスした際に表示されるログインページのテンプレートです。これもVS Codeで「新しいファイル」アイコンを使い、「login.ejs」という名前で作成しましょう。そして、下のリストの内容を記述しておきましょう。

図3-20 「新しいファイル」アイコンを使い、「login.ejs」というファイルを作成する。

リスト3-19

```html
<!DOCTYPE html>
<html lang="ja">

<head>
  <meta http-equiv="content-type"
    content="text/html; charset=UTF-8">
  <title>ミニメッセージボード</title>
  <link rel="stylesheet"
    href="https://stackpath.bootstrapcdn.com/bootstrap/4.4.1/css/
    bootstrap.min.css"
  crossorigin="anonymous">
  <script>
    function setId() {
      var id = document.querySelector('#id_input').value;
      localStorage.setItem('id', id);
      location.href = '/';
    }
  </script>
</head>

<body class="container" onload="init();">

  <header>
    <h1 class="display-4">メッセージボード</h1>
  </header>
  <div role="main">
    <p>あなたのログインネームを入力ください。</p>
    <div class="form-group">
      <label for="id_input">Login name:</label>
      <input type="text" id="id_input"
        class="form-control">
    </div>
    <button onclick="setId();"
      class="btn btn-primary">送信</button>
  </div>
</body>

</html>
```

ローカルストレージに値を保存する

このログインページで行なうのは、「IDを入力してもらい、それを保存すること」です。保存先は、ローカルストレージです。つまり、クライアント(Webブラウザ)に保存することになります。

ということは、このフォームはサーバーに送信しても意味ありません。サーバーで処理するのではないのですから。クライアントの中で、値の保存処理を用意しないといけません。

フォームを見ると、こんな具合に書かれているのがわかります。

```
<button onclick="setId();"
    class="btn btn-primary">送信</button>
```

`<button>`タグのonclickに「setId」という関数が指定されています。この関数で、保存の処理をしているのですね。関数を見ると、こうなっています。

```
function setId(){
  var id = document.querySelector('#id_input').value;
  localStorage.setItem('id', id);
  location.href = '/';
}
```

「id_input」というIDのDOMオブジェクトからvalueの値を取り出し、それをローカルストレージに保存しています。ローカルストレージへの保存は──

```
localStorage.setItem( キー , 値 );
```

──こんな具合に記述します。ここでは、setItem('id', id) と実行して、「id」というキーに送信されたidの値を設定していた、というわけです。

データファイルの用意

テンプレート以外のものとして、データを保管するファイルを作成しておきましょう。今回は「mydata.txt」という名前で用意しておきます。

これは、送られてきたメッセージをまとめて保存しておくためのものです。これも、「新しいファイル」アイコンで作成し、ファイル名を記入しておいてください。

ファイルの中身は、空のままにしておきます。これは、プログラムの中から利用するので、データなどをユーザーが書いておく必要はありません。ファイルを作っておくだけでOKです。

図3-21 mydata.txtファイルを追加する。

app.jsでメインプログラムを作る

これで、スクリプトファイル以外はできました。残るは、メインプログラム部分です。「app.js」という名前で作成し、以下のリストを記述しましょう。今回は、けっこう長くなっているので、間違えないように注意してくださいね。

図3-22 最後にスクリプトファイル「app.js」を作成する。

リスト3-20

```
const http = require('http');
const fs = require('fs');
const ejs = require('ejs');
const url = require('url');
const qs = require('querystring');

const index_page = fs.readFileSync('./index.ejs', 'utf8');
const login_page = fs.readFileSync('./login.ejs', 'utf8');

const max_num = 10; // 最大保管数
const filename = 'mydata.txt'; // データファイル名
var message_data; // データ
readFromFile(filename);

var server = http.createServer(getFromClient);

server.listen(3000);
console.log('Server start!');
```

```javascript
// ここまでメインプログラム=========

// createServerの処理
function getFromClient(request, response) {

  var url_parts = url.parse(request.url, true);
  switch (url_parts.pathname) {

    case '/': // トップページ(メッセージボード)
      response_index(request, response);
      break;

    case '/login': // ログインページ
      response_login(request, response);
      break;

    default:
      response.writeHead(200, { 'Content-Type': 'text/plain' });
      response.end('no page...');
      break;
  }
}

// loginのアクセス処理
function response_login(request, response) {
  var content = ejs.render(login_page, {});
  response.writeHead(200, { 'Content-Type': 'text/html' });
  response.write(content);
  response.end();
}

// indexのアクセス処理
function response_index(request, response) {
  // POSTアクセス時の処理
  if (request.method == 'POST') {
    var body = '';

    // データ受信のイベント処理
    request.on('data', function (data) {
      body += data;
    });

    // データ受信終了のイベント処理
    request.on('end', function () {
      data = qs.parse(body);
```

```javascript
        addToData(data.id, data.msg, filename, request);
        write_index(request, response);
      });
    } else {
      write_index(request, response);
    }
  }

// indexのページ作成
function write_index(request, response) {
  var msg = "※何かメッセージを書いてください。";
  var content = ejs.render(index_page, {
    title: 'Index',
    content: msg,
    data: message_data,
    filename: 'data_item',
  });
  response.writeHead(200, { 'Content-Type': 'text/html' });
  response.write(content);
  response.end();
}

// テキストファイルをロード
function readFromFile(fname) {
  fs.readFile(fname, 'utf8', (err, data) => {
    message_data = data.split('\n');
  })
}

// データを更新
function addToData(id, msg, fname, request) {
  var obj = { 'id': id, 'msg': msg };
  var obj_str = JSON.stringify(obj);
  console.log('add data: ' + obj_str);
  message_data.unshift(obj_str);
  if (message_data.length > max_num) {
    message_data.pop();
  }
  saveToFile(fname);
}

// データを保存
function saveToFile(fname) {
  var data_str = message_data.join('\n');
  fs.writeFile( fname, data_str, (err) => {
```

```
      if (err) { throw err; }
  });
}
```

ejsをインストール

このWebアプリケーションでもejsを利用しますので、npmコマンドでインストールしておきましょう。VS Codeの「ターミナル」から「新規ターミナル」メニューを選びます。そして現れたターミナルから、以下のようにコマンドを実行します。

```
npm install ejs
```

これで、mini_boardにejsがインストールされました。これでアプリケーションはすべて完成です。お疲れさま！

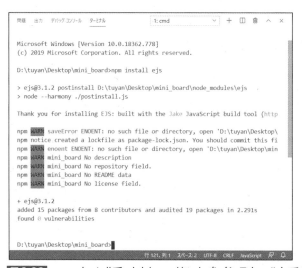

図3-23　npm installでmini_boardにejsをインストールしておく。

メッセージボードの使い方

完成したら、プログラムを実行して動作を確認しましょう。VS Codeのターミナルから以下のように実行してください。

```
node app.js
```

図3-24　VS CodeのターミナルからnodeAapp.jsを実行する。

ログインページの利用

　では、Webブラウザからhttp://localhost:3000にアクセスしてみましょう。すると、初めてアクセスしたときには自動的にログインページ（/login）に移動します。ここで、自分のID（メッセージボードに表示されるニックネーム）を記入し、ボタンを押してください。自動的にメッセージボードのページに移動します。

図3-25　ログインページ。ここでIDとなるニックネームを記入する。

メッセージボードページの利用

　メッセージボードのページは、メッセージを書いて送信するフォームがあるだけのシンプルなものです。フォームの上には、先ほど入力したIDが表示されているはずです。ここでメッセージを記入し送信すれば、それがサーバーに送られ保存されます。

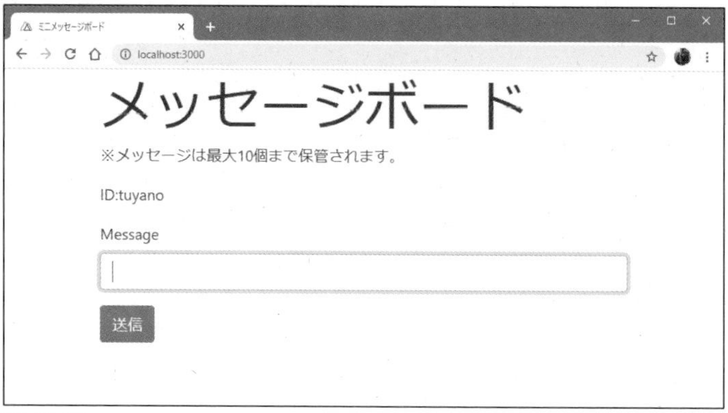

図3-26　メッセージボードのページ。メッセージを書いて送信する。

送信メッセージの表示

　メッセージが送信されると、それはサーバーに保管されます。そして次にメッセージボードにアクセスをすると、その一覧がフォームの下に表示されるようになります。

　複数のブラウザから送信すると、それぞれ固有のIDでメッセージが表示されることがわかるでしょう。なお、IDを変更したいときは、手動で/loginにアクセスしてIDを再入力すれば、以後、新しいIDで投稿されるようになります。

　投稿したメッセージは、10以上になると古いものから削除され、常に10個以内のみ保管されるようになっています(最大数は簡単に変更できます)。

図3-27　実際にメッセージを送信したところ。それぞれメッセージを送った人のID付きで表示されるのがわかる。

データファイルの処理について

　では、スクリプトについて説明しましょう。今回は、かなり長いスクリプトになりましたから、全部説明しようとするととんでもなく長くなってしまいます。スクリプトの多くはすでにやった処理の使いまわしですから、大事なポイントだけ説明しておくことにしましょう。

　今回のポイントは、「データファイルへのデータの読み書き」です。ここでは送信されたデータを最大10個まで保存しています。が、実は送られたメッセージだけでなく、送った人間のIDも合わせて、オブジェクトとしてデータを保存しているのです。

　ですから、ただ読み書きするだけでなく、「オブジェクトをテキストに変換したり、テキストからオブジェクトに戻したり」といった操作も考えておく必要があります。前にindex.ejsのところで触れた「JSON」というものを利用するのですね。

ファイルの最大数

　では、順にポイントをチェックしていきましょう。スクリプトの最初のところで以下のような変数が用意されています。

```
const max_num = 10;
const filename = 'mydata.txt';
```

　max_numは、保管するデータの最大数を示す変数(正しくは定数)です。この値を変更すれば、保管するデータ数を変更できます。filenameは、保存するファイルの名前ですね。これらの値を書き換えることで、表示項目や保管ファイルを変更することができます。

ファイルのロード

　その後にあるmessage_dataというのが、データを保管しておくための変数です。これは値が何も設定されていませんが、すぐその後で呼び出しているreadFromFileという関数によってデータがロードされています。

　この関数は、以下のように定義されています。

```
function readFromFile(fname) {
  fs.readFile(fname, 'utf8', (err, data) => {
    message_data = data.split('\n');
  })
}
```

　fs.readFileで、指定の名前のファイルを読み込んでいるのがわかります。そのコールバッ

ク関数では、読み込んだデータ(data)のあとに「split」というものをつけて実行しています。これはテキスト(String)オブジェクトのメソッドで、そのテキストを引数の文字で分割し配列にしたものを返します。

　split('\n')により、fs.readFileSyncで読み込んだテキストを「\n」という記号で分割し配列にしていたのです。この\nという記号は、改行コードの1つです。つまり、これで行ごとにテキストを分割して配列にしていた、というわけです。

データの更新

　続いて、フォームが送信され、その値をデータに追加する処理についてです。response_indexのrequestに追加されているendイベントでは、全部のデータを受け取ったら「addToData」というメソッドを呼び出しています。これは、以下のように定義されています。

```
function addToData(id, msg, fname, request) {……}
```

　ID、メッセージ、ファイル名、そしてrequestといったものが引数として渡されているのがわかるでしょう。ここでは、まず送信されてきたデータをオブジェクトにまとめています。

```
var obj = { 'id': id, 'msg': msg };
```

　そして、作成されたオブジェクトをJSON形式のテキストに変換します。これは以下のように行ないます。

```
var obj_str = JSON.stringify(obj);
```

　JSONオブジェクトの「stringify」というメソッドは、先に使ったparseと反対の働きをします。すなわち、引数に指定したJavaScriptのオブジェクトをテキストに変換したものを返します。

　これで、objをテキストとして取り出せました。後は、これをmessage_dataに追加します。

```
message_data.unshift(obj_str);
```

　ここでは、「unshift」というメソッドを使っています。これは、配列の最初に値を追加するものです。こうすることで、「最後に追加したものが最初に位置する」ようにしてあるわけですね。

　追加したら、message_dataのデータ数がmax_num以上になっているかチェックし、もしそれ以上ならmessage_dataの最後のデータを削除します。

```
if (message_data.length > max_num) {
  message_data.pop();
}
```

これで、message_dataにデータを追加する処理はできました。後は、これをファイルに保存するだけです。

配列を保存する

message_dataは、テキストの配列です。これを保存するには、配列を1つのテキストにまとめて、それを保存することになります。これを行なっているのが、saveToFile関数です。これは、保存するファイル名を引数に持つシンプルな関数です。

関数では、まずmessage_dataを1つのテキストに変換します。

```
var data_str = message_data.join('\n');
```

「join」は、配列を1つのテキストにまとめるものです。引数には、1つ1つの値の区切りとなるテキストを指定します。ここでは「\n」を指定していますね。これは、改行コードでした。これを使って、配列の1つ1つの値を改行して1つのテキストにまとめたものがdata_strに設定されます。

後は、これをファイルに保存します。これを行なうのが、fsオブジェクトの「writeFile」というメソッドです。これは以下のようになっています。

```
fs.writeFile( fname, data_str, (err) => {……保存後の処理……} );
```

第1引数には保存するファイルの名前、第2引数に保存するテキストをそれぞれ指定します。

第3引数は、保存後の処理になります。このwriteFileも非同期で実行されるので、保存が完了したら第3引数のコールバック関数が実行されます。この関数では、引数にERRORが発生したときの状況を表すオブジェクトが渡されます。この引数がnullなら、エラーは起こらなかったと考えて良いでしょう。オブジェクトが渡されていたら、エラーが発生したと判断して必要な処置を取ればいい、というわけです。

Chapter-3 Webアプリケーションの基本をマスターしよう！

 ## この章のまとめ

　というわけで、この章でだいぶWebアプリケーションっぽい機能が使えるようになってきました。ただし、最初に述べたように、かなりコードも長くわかりにくくなっていて、理解するのが「面倒くさい」感じになっています。途中で、「なんだかよくわからない！」と投げ出したくなった人もいたことでしょう。

　この章の内容をすべて、今すぐ覚えなくても大丈夫です。まずは「ポイントだけ頭にしっかり入れておく」ということを考えましょう。それさえわかっていれば、後は、これらの機能が必要になったところでもう一度読み返して、掲載されているコードをコピー＆ペーストするなどして動かせば、なんとかなるはずです。そうやって、何度も使っていくうちに、本章で取り上げた機能も使えるようになってくるのですから。

　では、本章のポイントを整理しておきましょう。

フォームの送信とイベント処理

　フォームの送信は、この章で取り上げた項目の中でも「最重要」部分といえます。フォーム送信は、ユーザーとのやり取りの基本ですから、これだけはしっかりと使えるようになっておきたいものですね。

　この処理では、onを使ったイベント処理の設定が重要な役割を果たしていました。dataとendイベントの処理ですね。これらのイベントの使い方もさることながら、「イベント処理の組み込みと使い方」についてしっかりと理解しておくようにしてください。これは、これから先、いろいろと応用していくことになるものですから。

ローカルストレージと、クライアント機能の利用

　今回、サンプルを作成するところで、IDの値をローカルストレージというものに保存しました。ローカルストレージの機能は非常に簡単に使えますから是非覚えておきたいところですが、それ以上に重要なのが「クライアントにある機能との連携」です。

　Node.jsは、サーバー側で動くプログラムです。が、一般にJavaScriptといえば、クライアント側で動く言語として使われています。どちらも同じJavaScriptですが、「どこで動くか」が違うのです。ですから、例えばNode.jsのプログラム内から、クライアントの機能を直接利用することはできません。

　クライアントにある機能を利用した結果をどうやってサーバー側に送るか、あるいはサーバー側で用意した値をどうやってクライアント側に送って利用するか。こうした両者の連携についても、少しずつ身につけていくようにしたいものですね。

ファイルの読み書きはデータ保存の基本！

　今までも、fs.readFileなどでファイルを読み込む処理は使ってきましたが、「データの保管場所」としてファイルを意識したことはありませんでした。が、ファイルはデータ保存の基本中の基本です。

　ここで作成したサンプルでは、JavaScriptのオブジェクトをJSON形式のテキストにして保管し、それをもとにオブジェクトを生成して利用する、ということをやっていました。この「オブジェクト＝テキストの変換」と「テキストファイルの読み書き」を使いこなせるようになれば、JavaScriptのどんなオブジェクトでもファイルに保存し、読み込んで使えるようになります。

　——この章で、Webアプリケーションに必要な機能をいろいろと説明しました。が、正直、どれも難しそうに感じたことでしょう。それもそのはず、ここまでは、「素のNode.js」を使ってきたのですから。

　どんなプログラミング言語でも、素の状態では使いにくいものです。そこで、多くの言語では、開発効率をアップするフレームワークを導入するようになっているのですね。

　これは、Node.jsでもまったく同じです。Node.jsでも、開発をぐっとやりやすくしてくれるフレームワークがいろいろと登場しています。次章では、それらの中から、もっとも広く使われている「Express」というフレームワークを導入していきます。

Chapter 4

フレームワーク「Express」を使おう！

開発の効率を格段にアップしてくれる「Express」フレームワークを導入し使ってみましょう。Express Generatorで作成されたプロジェクトについて学び、フォーム送信やセッションなどのWeb機能の使い方を覚えましょう。

Chapter 4 フレームワーク「Express」を使おう！

Section 4-1 Expressを利用しよう

Node.jsは「面倒くさい」！

　……さて。皆さんは、ここまでWebアプリケーションに関する基本的な機能の使い方をいろいろと覚えてきました。ここまでの学習を通じて、どんな感想を持ちましたか。これはもちろん、ひとそれぞれでしょうが、きっと多くの人はこんな感想を持ったことでしょう。

　「面倒くさい！」

　Node.jsのプログラムは、本当に面倒くさいのです。これは、Webアプリケーション開発に用いられているその他の言語(PHP、Ruby、Python、Java、C#、等など……)と比べても、かなり面倒くさいといえます。
　その最大の理由は、Node.js以外のほとんどの言語が「サーバープログラムが別に用意されていて、そこに設置するプログラムの処理だけ書けばいい」というのに比べ、Node.jsでは「サーバープログラムそのものから全部作らないといけない」という点にあります。が、それだけでなく、他にも理由はあります。
　それは、「便利に使える機能が少ない」という点です。例えば前章で使ったクッキーにしても、「キーを指定したらその値が得られる」というような便利な機能が最初から用意されていれば、もっと簡単に誰もが使うようになるでしょう。ルーティングにしたところで、簡単にルート情報を追加設定できれば、もっと複雑なページ構成のアプリケーションを作ろうと思えます。そういう、「これ、もうちょっと便利にならないの？」ということがNode.jsでは多いのです。
　このことは、皆さんだけが感じていたわけではありません。Node.jsを利用する多くの開発者も感じていたのでしょう。「Node.js自体はとてもいいソフトウェアだ、だけどこのままじゃ不便だから、もっと便利に使えるためのプログラムを作ろう」と考えました。そうして、多くのライブラリやフレームワークが開発され、配布されるようになっているのです。

アプリケーションフレームワークと「Express」

　そうしたNode.js用のソフトウェアの中でも、もっとも注目度の高いものが「アプリケーションフレームワーク」と呼ばれるものです。

　これは、その名の通り「アプリケーションを作るための仕組みと機能をまとめたソフトウェア」です。アプリケーションの基本的な仕組みを設計し、そこに簡単なプログラムを追加するだけで本格的なアプリケーションが作れるようにしたものなのです。

　このアプリケーションフレームワークの中で、もっとも多くのユーザーに使われ支持されているのが「Express（エクスプレス）」と呼ばれるフレームワークです。

Expressとは？

　Expressは、Node.jsに独自の機能を組み込み、アプリケーション開発をより簡単に行なえるようにします。こうしたものはExpressの他にも数多くありますが、Expressの利点は、「素のNode.jsに比較的近い使い心地」にあるといえます。

　ゴリゴリにカスタマイズしてしまうようなフレームワークは、また一から使い方を覚えないといけません。また、フレームワークの機能が巨大化すればそれだけコードも巨大化し、動作も重くなるし、プログラムも複雑化してきます。

　Expressは、比較的軽い（小さい）フレームワークでありながら、Node.jsの開発効率を劇的にアップしてくれます。しかも、Node.js本来の機能を比較的残しているため、Expressに応用できる知識も多く、ごく自然にExpressに移行できるでしょう。

　もっと強力なフレームワークは他にもありますが、「小さくてパワフル」というのはExpressが一番！です。

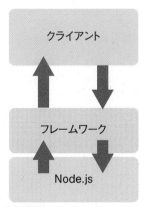

図4-1　フレームワークは、Node.jsの上に独自のシステムを構築し、より簡単にクライアントとやり取りできるようにする。

Chapter-4 | フレームワーク「Express」を使おう！

Expressのアプリケーション作成

　これは、Node.jsのパッケージとして流通していますので、npmを使って簡単にインストールできます。ただし！ 今すぐインストールはしません。Expressは、これまで使ってきたEJSのようなパッケージとはちょっとだけ使い方が違うのです。

Express Generatorでプロジェクトを作る

　Expressには、「Express Generator」という専用プログラムが用意されています。これは、Express利用のためのツールのようなものです。このExpress Generatorを利用し、Expressの「プロジェクト」を作成します。

　プロジェクトというのは、Webアプリケーションに必要なファイルやライブラリ、設定情報などを1つのフォルダーにまとめたものです。これまで作成してきたWebアプリケーションとほぼ同等のものをイメージすればいいでしょう。「Webアプリケーションを構成するファイルやフォルダー全体のことをプロジェクトって呼んでるんだ」と理解してください。

　Expressは非常に便利なフレームワークですが、プロジェクトを一からすべて手作業で作成しようとするとそれなりに大変です。Expressはいくつものスクリプトファイルを作成して呼び出したり、内部で各種のライブラリを呼び出し利用しているため、すべて自分でセットアップし、必要なファイルを用意するのは少々面倒なのです。

　そこで、ExpressのWebアプリケーション開発を支援するツールとしてExpress Generatorというものが用意されているのですね。Express Generatorを使う利点を整理すると、以下のようになるでしょう。

●1. アプリケーションの基本部分を自動生成する

　Express Generatorでは、1枚のWebページによるWebアプリケーションのプロジェクトを自動生成します。プログラム、テンプレート、スタイルシート、パッケージ関係などすべて一式揃ったプロジェクトが作られるので、後はそれらをエディターで開いて編集していけば、簡単にカスタマイズしてオリジナルのアプリケーションにすることができます。これは、全ファイルを手作業で作っていくよりもかなり楽です。

●2. 必要なパッケージは最初から揃っている

　Express Generatorで作成されたアプリケーションでは、Expressで利用される基本的なパッケージがすべて最初から組み込み済みになっています。あとから別途インストールする必要がありません。

●**3. スクリプトがモジュール方式になっている**

　Express Generatorで作成されるプログラムは、これまで説明してきたExpressのものとは違っています。必要に応じて、それぞれのWebページごとに独立したスクリプトファイル（モジュール）を用意してプログラムを書くようになっているのです。

　最初のうちは、いくつもスクリプトファイルがあって複雑そうに見えるかもしれませんが、ある程度以上複雑なプログラムになってくると、このモジュール方式のほうがプログラムが整理しやすくて便利なのです。

　このように、Expressを使っているなら、Express Generatorを使わないと損！　といっていいでしょう。Express Generatorを使って作られたプロジェクトの基本がわかれば、後々プログラムの拡張も非常に楽になり、本格的な開発にも十分耐えられるようなコードを書けるようになるはずです。

Express Generatorをインストールする

　Express Generatorを利用するには、まずnpmでExpress Generatorのソフトウェアをインストールしておく必要があります。
　コマンドプロンプトまたはターミナルを起動し、以下のようにコマンドを実行してください。なお、VS Codeのターミナルから実行してももちろんかまいません。

```
npm install -g express-generator
```

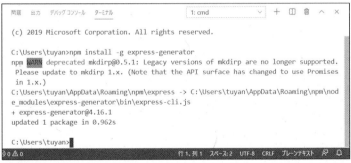

図4-2　「npm install -g express-generator」でExpress Generatorをインストールする。

　これまでと違い、コマンドには「-g」というオプションを付けます。これは、グローバル環境にインストールするためのものです。つまり、使っているアプリケーションではなく、Node.js環境全体でいつでも使えるようにインストールするものなのです。

Column｜macOSでインストールできない！

macOSでExpress Generatorがうまくインストール出来ない場合は、「npm install」の前に「sudo」をつけて実行して下さい。つまり、「sudo npm install ……」と記述するわけですね。

これは管理者モードでコマンドを実行するためのものです。実行後、管理者のパスワードを入力するとコマンドが実行されます。

Express Generatorでアプリケーションを作成する

では、Express Generatorでアプリケーションを作ってみましょう。まだVS Codeは開いていますか？ それならそのターミナルを使えばいいでしょう。あるいは、コマンドプロンプトまたはターミナルを開いて使ってもかまいません。

まず、アプリケーションを作成する場所に移動します。ここでは、デスクトップに移動しておくことにしましょう。VS Codeのターミナルなら、「cd ..」とすれば、これまで使っていた「node-app」フォルダーの外側(つまり、デスクトップ)に移動できます。コマンドプロンプトなどを起動して使う場合は、「cd Desktop」としてデスクトップに移動します。

デスクトップに移動したら、以下のようにコマンドを実行してください。

```
express --view=ejs ex-gen-app
```

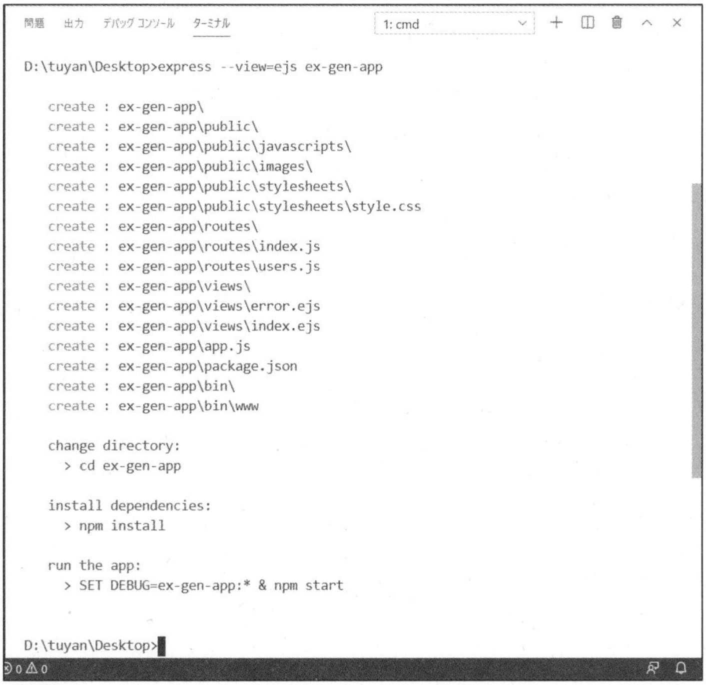
問題 出力 デバッグ コンソール ターミナル
1: cmd
D:\tuyan\Desktop>express --view=ejs ex-gen-app
create : ex-gen-app\
create : ex-gen-app\public\
create : ex-gen-app\public\javascripts\
create : ex-gen-app\public\images\
create : ex-gen-app\public\stylesheets\
create : ex-gen-app\public\stylesheets\style.css
create : ex-gen-app\routes\
create : ex-gen-app\routes\index.js
create : ex-gen-app\routes\users.js
create : ex-gen-app\views\
create : ex-gen-app\views\error.ejs
create : ex-gen-app\views\index.ejs
create : ex-gen-app\app.js
create : ex-gen-app\package.json
create : ex-gen-app\bin\
create : ex-gen-app\bin\www
change directory:
> cd ex-gen-app
install dependencies:
> npm install
run the app:
> SET DEBUG=ex-gen-app:* & npm start
D:\tuyan\Desktop>

図4-3 expressコマンドでアプリケーションを生成する。

expressコマンドについて

これで、デスクトップに「ex-gen-app」というフォルダーが作成され、その中にアプリケーションのファイル類が自動生成されます。驚くほど簡単にアプリケーションができてしまいました。

この「express」というコマンドは、以下のように実行します。

```
express --view=ejs アプリケーション名
```

これで、指定のアプリケーションフォルダーを作って必要なファイルを生成します。なお、ここでは「--view=ejs」というオプションを付けていますが、これは「テンプレートエンジンにEJSを指定する」ためのものです。EJS利用の場合は必ずこのオプションを付けて実行しましょう。

> **コラム** --view=ejs しないとどうなるの？ **Column**
>
> 　中には、--view=ejs を付けるのを忘れて、「express ○○」と実行してしまった人もいることでしょう。この場合も、ちゃんと問題なくアプリケーションの基本ファイルは作成されます。実行すればちゃんと動きます。
>
> 　では、なにが違うのか？ テンプレートファイルが「○○.jade」というファイルになっているはずです。これは、「Jade」というテンプレートエンジンのテンプレートファイルなのです。
>
> 　Jade は、非常によくできたテンプレートエンジンなのですが、EJSのようにHTMLを使っていません。独自仕様の言語で記述をします。ですので、中身を見てもよくわからないかもしれません。
>
> 　Express では、おそらくEJSより広く使われていると思いますので、興味のある人は別途勉強してみるといいですよ！

VS Codeでプロジェクトを開く

　「ex-gen-app」フォルダーが作成されたら、VS Codeの「ファイル」メニューから「新しいウインドウ」メニューを選んで新しいウインドウを開き、そこにフォルダーをドラッグ＆ドロップして開きましょう。これで、「ex-gen-app」の中身をVS Codeで編集できるようになります。
　あわせて、「ターミナル」メニューから「新しいターミナル」メニューを選んでターミナルを使えるようにしておきましょう。

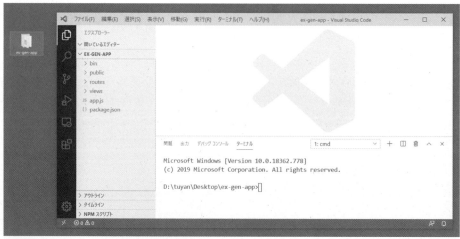

図4-4　「ex-gen-app」をVS Codeで開く。

必要なパッケージをインストールする

これでアプリケーション開発の準備は整いました。が、実はこのままではWebアプリケーションとして実行することはできません。なぜなら、まだ必要なパッケージ類が用意されていないからです。

VS Codeのターミナルから以下のコマンドを実行してください。

```
npm install
```

この「npm install」は、プロジェクトに必要なパッケージなどを検索してすべてインストールします。いちいち、何をインストールして、なんてことは考えなくていいのです。

後述しますが、Express Generatorでは、標準で必要なパッケージ類をpackage.jsonというファイルに記述しています。npm installというコマンドを使えば、このpackage.jsonファイルの内容を元に一発で必要なものがすべて組み込めるようになっているのです。

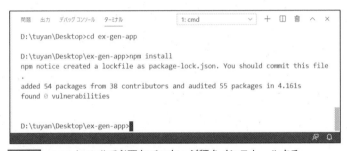

図4-5 npm installで必要なパッケージ類をインストールする。

アプリケーションを実行する

では、アプリケーションを実行しましょう。先ほど、ファイルをすべて自作した場合は、「node ○○.js」というようにスクリプトファイルを直接指定してnodeコマンドを実行すればよかったのですが、Express Generatorを利用してアプリケーションを作成した場合、少しやり方が変わってきます。

後述しますが、Express Generatorで作成されたアプリケーションでは、起動スクリプトは「bin」フォルダーの中に「www」という名前で作られています。これを実行すれば、アプリケーションを起動できます。したがって、ターミナルから以下のように実行すれば起動できます。

●Windowsの場合

```
node bin\www
```

Chapter-4 フレームワーク「Express」を使おう！

●macOSの場合

```
node bin/www
```

ただし、実はこれよりもっといい方法があります。それは、npmコマンドを使った方法です。実は、Express Generatorで作成したアプリケーションでは、npmのパッケージ情報を記述したpackage.jsonに、アプリケーションを起動する「start」というスクリプトが定義されているのです。これを利用するのがよいでしょう。

やはりアプリケーションのフォルダーにカレントディレクトリがあることを確認してから、以下のように実行してみましょう。

```
npm start
```

図4-6　npm startでApplicationが起動する。

これで、wwwが実行されアプリケーションが起動します。起動したら、Webブラウザからアプリケーションのトップページにアクセスして表示を確認してみましょう。Expressのデフォルトページが表示されますよ。

```
http://localhost:3000/
```

図4-7　localhost:3000にアクセスすると、トップページが表示される。

180

コラム マウスクリックでコマンド実行！ **Column**

　npm startのようにnpmのコマンドとして用意されているものは、実はもっと簡単に実行することができます。package.jsonが用意されているフォルダーをVS Codeで開くと、エクスプローラーの下の方に「NPMスクリプト」という表示が追加されます。これをクリックして開くと、そこにpackage.jsonに用意されているコマンド（ここでは「start」）がリスト表示されるようになります。この項目の右端にある再生アイコンをクリックすれば、そのコマンドが実行されるのです。

　まぁ、「npm start」ぐらいタイプしても大した手間ではありませんが、「用意されているコマンドをいつでもマウスクリックで実行できる」というのは、覚えておきたいですね！

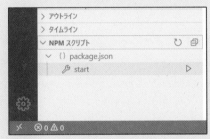

図4-8 「NPMスクリプト」からコマンドを実行できる。

アプリケーションのファイル構成

　では、Express Generatorで生成されるアプリケーションはどのような構成になっているのでしょうか。アプリケーションフォルダーの中身を見てみましょう。

●「bin」フォルダー

　アプリケーションを実行するためのコマンドとなるファイルが保管されているところです。この中には「www」というファイルが用意されており、これがアプリケーションを実行するためのコマンドとなります。

●「public」フォルダー

　公開ディレクトリです。ここにあるものはURLを指定して直接アクセスすることができます。この中には「images」「javascripts」「stylesheets」といったフォルダーが用意されてい

て、ここにそれぞれイメージ、スクリプトファイル、スタイルシートファイルを保管します。

例えば、「stylesheets」にはデフォルトでstyle.cssというファイルが用意されています。Webブラウザから、http://localhost:3000/stylesheets/style.css というアドレスを入力してアクセスしてみましょう。すると、style.cssの中身が表示されます。「stylesheets」フォルダーのstyle.cssが、入力したアドレスで公開されているのがわかるでしょう。

図4-9 http://localhost:3000/stylesheets/style.cssにアクセスするとstyle.cssの中身が表示される。

● 「routes」フォルダー

各アドレスの処理が用意されます。用意されているページのアドレスごとにスクリプトファイルが作成されており、ここにファイルを追加することで、ルーティング（アドレスと実行するスクリプトの関連付け）を追加していくことができます。

● 「views」フォルダー

これはテンプレートファイルをまとめておくところです。ここにはデフォルトで「index.ejs」「users.ejs」という2つのファイルが用意されています。

● 「node_modules」フォルダー

これは前にも登場しましたね。Node.jsのパッケージ類がまとめて保管されているところでしたね。Express Generatorで利用する全パッケージがここにまとめられています。

● app.js

これがメインプログラムとなるものです。ここにメインプログラムが書かれています。ただし、それぞれのアドレスにアクセスした際の処理は別ファイルに切り離されていますので、ここにあるのは、アプリケーション本体部分だけになります。

● package.json

npmのパッケージに関する情報を記述したものです。ここには、必要なライブラリの情報なども書かれています。これを元に、先ほど「npm install」で必要なパッケージ類をインストールしていたのです。

（なお、package-lock.jsonというファイルも見つかった人もいるでしょうが、これもnpmのパッケージに関するファイルです）

図4-10　作成されたフォルダーの中身。

package.jsonについて

　アプリケーションのスクリプトについて説明する前に、プロジェクトに特有の「package.json」ファイルについて説明しておきましょう。

　Expressアプリケーションに限ったことではありませんが、Node.jsのアプリケーションは、「npm」というプログラムを利用して必要なプログラムなどを管理しています。このnpmは、Node.jsの「パッケージ管理ツール」というものです。npmは、Node.jsで利用されるさまざまなライブラリを「パッケージ」と呼ばれるソフトウェアの形で管理します。

　アプリケーションを作成するとき、そのアプリケーションで必要となるパッケージがあれば、このnpmを使ってインストールしていきます。これは、1つ1つのパッケージを直接指定して組み込むこともできます（実際、これまでEJSやExpress Generatorなどをこれでインストールしましたね）。

　が、アプリケーションによっては多数のパッケージを組み合わせて動いているものもあります。こうしたものでは、1つ1つ手作業でインストールしていくのは大変ですし、それでは見落としなども生じてしまいます。また、パッケージによっては「これとこれを使うときは、このバージョンを使わないとダメ」というような組み合わせの問題などもあったりするため、それらを手作業で組み込んでいくのはかなり大変なのです。

　そこで登場するのが、package.jsonです。このpackage.jsonは、npmで使用するパッケージ情報が記述されています。このファイルの中身を見てみると、こんな内容になっていることがわかるでしょう（書かれている項目や数字はバージョンなどにより若干変わることがあ

リスト4-1
```json
{
  "name": "ex-gen-app",
  "version": "0.0.0",
  "private": true,
  "scripts": {
    "start": "node ./bin/www"
  },
  "dependencies": {
    "cookie-parser": "~1.4.4",
    "debug": "~2.6.9",
    "ejs": "~2.6.1",
    "express": "~4.16.1",
    "http-errors": "~1.6.3",
    "morgan": "~1.9.1"
  }
}
```

これは、JavaScriptのJSON形式のテキストです。JSONは、JavaScriptのオブジェクトをテキストとして記述するためのものです。つまりこれは、npmのパッケージ情報のオブジェクトを記述したものだったのです。

1つ1つの項目を見ると、このプロジェクトに関する情報と、必要なパッケージに関する情報が記述されていることがわかります。ざっと内容を整理しておきましょう。

●プロジェクトの設定

name	パッケージの名前です。
version	バージョン番号です。
private	プライベート（公開していない）なパッケージか、公開されたパッケージかを指定するものです。
scripts	実行するスクリプトの設定です。startというプログラム実行のためのスクリプトが指定されています。

●使用パッケージの指定

dependencies	ここに、使用しているパッケージの情報がまとめられます。上のリストでは、expressの4.16.1以降が指定されています。またcookie-parserやejsなど、アプリケーションで必要になるソフトウェアも最初から用意されていることがわかります。

Expressやnpmのバージョンなどにより、この他の項目が追加されている場合もあるかもしれませんが、だいたい上記にまとめたようなものが記述されていることでしょう。

これらのうち、重要なのは「dependencies」です。dependenciesは必要なパッケージの情報で、ここに必要なものが書かれていないとプログラムが正常に動かなくなります。また、アプリケーションにパッケージを追加する場合は、このdependenciesに必要なパッケージ情報を追記してインストールを行なうこともあります。

現段階では、このpackage.jsonを直接利用することはありませんが、これから先、これを利用して必要なライブラリをインストールするような作業を行なうことになるでしょう。今の段階で、「package.jsonというのはどういうもので、中身はどうなっているか」という大まかなところぐらいは頭に入れておきたいですね！

もう1つのExpress開発法

作成したExpressアプリケーションのプログラミングに進む前に、もう1つだけ説明をしておきたいことがあります。それは、「Express Generatorを使わないExpressアプリケーションの作り方」です。

Express Generatorは大変便利なのですが、環境によってはインストールされていなかったり、何らかの理由で使えなかったりすることもあるでしょう。そんなとき、「自力でExpressのアプリケーションを構築できる」というのは非常に大きな力になります。

また、Express Generatorは最初から結構な量のファイルを生成するので、自分で「一番シンプルなExpressアプリケーション」を作ってみたほうがExpressの基本を理解しやすいのです。

コマンドプロンプトまたはターミナル(VS Codeのターミナルでもかまいません)を起動し、アプリケーションを作る場所にカレントディレクトリを移動してください。そしてアプリケーションのフォルダーを作成します。

```
mkdir express-app
```

ここでは「express-app」という名前でフォルダーを作成しました。フォルダーを作成したら、「cd express-app」でフォルダー内に移動します。

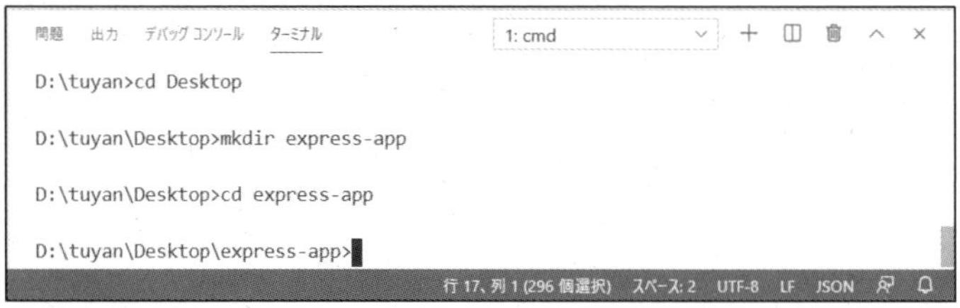

Chapter-4 フレームワーク「Express」を使おう！

図4-11 express-appというフォルダーを作り、その中に移動する。

npmの初期化をする

次に行なうのは、「npmの初期化」です。これは、コマンドラインから以下のように実行をします。

```
npm init
```

アプリケーション名の入力

これを実行すると、初期化のために必要な情報を順に尋ねてきます。まず最初に、以下のようなメッセージが現れます。

```
name: (express-app)
```

これは、アプリケーションの名前です。デフォルトで「express-app」とフォルダーの名前が設定されています。この名前でよければそのままEnterまたはReturnキーを押します。

図4-12 npm initを実行すると、まず名前を尋ねてくる。

その他の項目を設定する

その後も、次々に設定の内容を尋ねてきます。設定する項目はざっと以下のようになります。

version: (1.0.0)	バージョン番号です。
description:	説明文です。
entry point: (index.js)	起動用のスクリプトファイル名です。
test command:	テスト実行のコマンドです。
git repository:	Gitというバージョン管理システムのリポジトリ名です。
keywords:	関連するキーワードです。
author:	作者名です。
license: (ISC)	ライセンスの種類です。

　たくさんあって、中にはわかりにくいものもありますが、基本的に「すべてそのままEnterまたはReturnキーを押せばいい」と考えてください。中には、自分で値を入力した方がいいものもありますが、初めてのアプリケーション作りですから、そのあたりは省略しましょう。

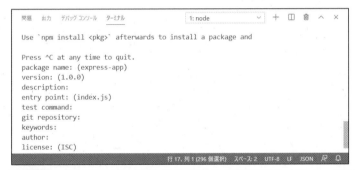

図4-13　さまざまな項目が現れるが、基本的にすべてEnter/ReturnすればOKだ。

内容を確認し初期化完了！

　すべてEnterすると、設定した内容が表示され、「Is this ok? (yes)」と表示されます。そのままEnter/Returnキーを押せば、npmの初期化が完了します。

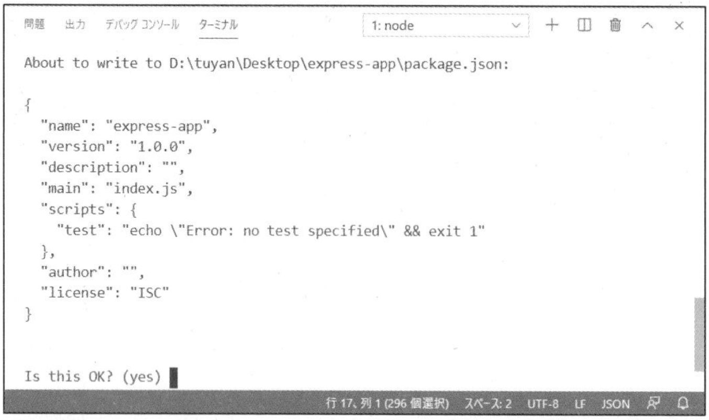

Chapter-4 フレームワーク「Express」を使おう！

図4-14 内容を確認し、Enter/Returnすれば作業完了だ。

　初期化すると、フォルダーの中に「package.json」というファイルが作成されます。これは、npmのパッケージに関する情報が記述されたものでしたね。

　作成できたら、VS Codeで新しいウインドウを開き、「express-app」フォルダーをドラッグ＆ドロップしてフォルダーを開いておきましょう。またターミナルを開き、コマンドを実行できるようにしておきます。

図4-15 VS Codeでフォルダーを開き、ターミナルを表示する。

Expressをインストールする

　npmの初期化が終わったら、続いてExpressをインストールします。VS Codeのターミナルから以下のように実行してください。

```
npm install express
```

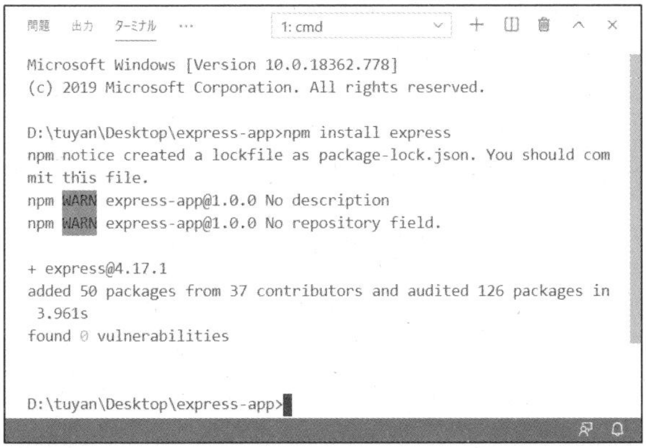

図4-16 npm install expressを実行する。結構たくさんのパッケージがインストールされる。

アプリケーションを作成する

さあ、これで下準備はできました。いよいよExpressアプリケーションのプログラムを作成しましょう。VS Codeのエクスプローラーから「EXPRESS-APP」の右側の「新しいファイル」アイコンをクリックし、「index.js」という名前でファイルを作成してください。これが、いわばメインプログラムになります。

図4-17 index.jsという名前のファイルを作成する。

ソースコードを書く

ファイルができたら、プログラムを記述しましょう。以下のリストがプログラムです。間違えないように書いてください。

リスト4-2

```
const express = require('express')
var app = express()
```

```
app.get('/', (req, res) => {
  res.send('Welcome to Express!')
})

app.listen(3000, () => {
  console.log('Start server port:3000')
})
```

図4-18 Webブラウザでアクセスすると「Welcome to Express!」と表示される。

　記述できたら、ターミナルから「node index.js」を実行し、http://localhost:3000にアクセスしてみましょう。「Welcome to Express!」とテキストが表示されますよ。
　とりあえず、これで「Express Generatorを使わないでExpressのアプリケーションを作って動かす」ということはできました。まだ内容などまったくわからないでしょうし、EJSも何も使っていない状態ですが、「こういう手順で作業すればアプリケーションを作れるんだ」ということはわかったことでしょう。

Chapter 4 フレームワーク「Express」を使おう！

Section 4-2 Expressの基本コードをマスターする

◆ Expressのもっともシンプルなスクリプト

では、Expressのスクリプトを調べていきましょう。Express Generatorで作成したプロジェクトを見る前に、先ほど手作業で作ったExpressアプリケーションのスクリプトを見てみましょう。こういうものでしたね。

リスト4-3
```
const express = require('express')
var app = express()

app.get('/', (req, res) => {
  res.send('Welcome to Express!')
})

app.listen(3000, () => {
  console.log('Start server port:3000')
})
```

内容はわからなくとも、「非常にシンプルな処理しか用意されていない」ということはわかるでしょう。このスクリプトでは、以下のような作業を行なっています。

1. expressオブジェクトの用意
2. アプリケーション（appオブジェクト）の作成
3. ルーティングの設定
4. 待ち受け開始

これが、Expressのプログラムを動かす上で必要な最小限の作業なのです。つまり、先ほど手作業で作成したのは、「Expressのもっともシンプルなアプリケーションのスクリプト」だったのです。これは、Expressの基本中の基本となるものです。その考え方がわかれば、

Chapter-4 | フレームワーク「Express」を使おう！

Express Generatorの長くわかりにくいスクリプトを理解する助けになるでしょう。

では、順に説明しましょう。

expressオブジェクトの用意

まず最初に行なうのは、expressオブジェクトの用意です。これは、requireでモジュールをロードするだけです。

```
const express = require('express')
```

ここでロードしている「express」というのが、Express本体のモジュールです。ここでロードしたexpressオブジェクトから、アプリケーションのオブジェクトを作成します。

Applicationオブジェクトの作成

expressを用意して最初に行なうのは、「アプリケーション（Application）オブジェクトの作成」です。このApplicationというのが、Expressのアプリケーション本体となるオブジェクトなのです。これは以下のように行ないます。

```
var app = express()
```

expressオブジェクトは、そのまま関数として実行できるようになっています。これで生成されるのがApplicationオブジェクトです。これを設定した変数appを使って、アプリケーションの処理を行なっていきます。

ルーティングの設定

Applicationには、まだ何もルーティングの設定がされていません。Webアプリケーションのトップページにアクセスできるようにルーティングの設定を作成します。

```
app.get('/', (req, res) => {
  res.send('Welcome to Express!')
})
```

ここでは、appオブジェクトの「get」というメソッドを呼び出しています。これは、GETアクセスの設定を行なうためのものです。これは以下のようになっています。

```
app.get( パス , 実行する関数 );
```

第1引数には、割り当てるパスを指定します。ここでは、'/'としていますね。そして第2引数には、呼び出される関数を用意します。これで、第1引数のパスにクライアントがアクセスしたら、第2引数の関数が実行されるようになります。

第2引数に用意する関数は、以下のような形で定義します。

```
(req, res) => {……実行する処理……}
```
※ function(req, res){……} でも同じ

引数のreq、resは、requestとresponseのことです。これらは、Node.jsアプリケーションでもおなじみでしたね。Expressのreqとresは、Node.jsにあったrequest, responseとは違うもの（Express独自のオブジェクト）なのですが、基本的に「リクエストとレスポンスの機能や情報をまとめたもの」という点は同じです。

ここでは、「send」というメソッドを使っています。これは、クライアントに送信するボディ部分（実際に画面に表示されるコンテンツの部分）の値を設定するもので——

```
res.send( 表示するテキスト );
```

——このように実行します。これで、引数に設定したテキストがそのままクライアントに送られ表示される、というわけです。

待ち受けの開始

最後に、待ち受けを開始します。これはappオブジェクトの「listen」というメソッドを使います。この部分ですね。

```
app.listen(3000, () => {
  console.log('Start server port:3000')
})
```

このlistenは、第1引数にポート番号、第2引数に待ち受け開始後に実行されるコールバック関数を指定しておきます。これはNode.jsのhttp.Serverにあったlistenと同じ働きをするもの、と考えてよいでしょう。

——いかがですか。だいたいの流れはつかめたでしょうか。Expressは独自の機能を搭載したフレームワークですが、ポイントポイントで、Node.jsでおなじみだったものが見え隠れしているのに気づきます。リクエストにレスポンス、そしてlistenによる待ち受け。Node.jsのときの知識が、ある程度通用するのです。この「Node.jsとの絶妙な距離感」が、Express人気の秘訣なのかもしれませんね。

| Chapter-4 | フレームワーク「Express」を使おう！|

Express Generatorのスクリプトを読む

　Expressの基本的な処理がわかったところで、再びExpress Generatorで作成した「ex-gen-app」に戻って、Expressの説明を続けましょう（以後は、すべて「ex-gen-app」を使います）。

　Express Generatorによって生成されたスクリプトがどうなっているか見ていくことにしましょう。こちらは、先ほどの基本スクリプトからガラリと変わって、かなり長くわかりにくいものになっています。

　まずは、「app.js」から見ていきましょう。これが、本来のメインプログラムに相当するものとなります。この中身はこうなっています。

リスト4-4

```
var createError = require('http-errors');
var express = require('express');
var path = require('path');
var cookieParser = require('cookie-parser');
var logger = require('morgan');

var indexRouter = require('./routes/index');
var usersRouter = require('./routes/users');

var app = express();

// view engine setup
app.set('views', path.join(__dirname, 'views'));
app.set('view engine', 'ejs');

app.use(logger('dev'));
app.use(express.json());
app.use(express.urlencoded({ extended: false }));
app.use(cookieParser());
app.use(express.static(path.join(__dirname, 'public')));

app.use('/', indexRouter);
app.use('/users', usersRouter);

// catch 404 and forward to error handler
app.use(function(req, res, next) {
  next(createError(404));
});

// error handler
app.use(function(err, req, res, next) {
  // set locals, only providing error in development
```

```
    res.locals.message = err.message;
    res.locals.error = req.app.get('env') === 'development' ? err : {};

    // render the error page
    res.status(err.status || 500);
    res.render('error');
});

module.exports = app;
```

プログラムの流れを整理する

　Expressの基本スクリプトとはだいぶ感じが変わっていますね。では、プログラムがどのようになっているのか順を追って説明していきましょう。
　ここで行なっているのは、ざっと以下のような作業になります。

1. 要なモジュールのロード。
2. ルート用モジュールのロード。
3. Expressオブジェクトの作成と基本設定。
4. app.useによる関数組み込み。
5. アクセスするルートとエラー用のapp.use作成。
6. module.expressの設定。

　これがExpress Generatorを使ってアプリケーションを作成した場合に生成されるコードです。基本スクリプトに比べ内容がずいぶん変わっていますが、これは「プログラムをより柔軟に改良できるように設計した」ための変化なのです。
　では、それぞれについて説明しましょう。

モジュールのロード

　まず最初に、requireで必要なモジュールをロードしています。これが、かなりたくさんあります。ざっと見てみましょう。

'http-errors'	HTTPエラーの対処を行なうためのものです。
'express'	これは、Express本体です。これはわかりますね。
'path'	ファイルパスを扱うためのものです。
'cookie-parser'	クッキーのパース（値を変換する処理）に関するものです。
'morgan'	HTTPリクエストのログ出力に関するものです。

ルート用モジュールのロード

次に行なうのは、ルートごとに用意されているスクリプトをモジュールとしてロードする作業です。これは以下の部分になります。

```
var indexRouter = require('./routes/index');
var usersRouter = require('./routes/users');
```

「routes」フォルダーの中にindex.jsとusers.jsというスクリプトファイルがありましたが、これらをモジュールとしてロードしていたのですね。このスクリプトについては後で説明しますが、例えばindex.jsならば、/indexにアクセスしたときの処理をまとめてあります。

今まで作成したプログラムでは、1つのスクリプトファイルにすべてを記述していました。が、Express Generatorでは、アプリケーションで利用するアドレスごとに、そのアドレスにアクセスした際に実行するスクリプトをファイルとして用意するようになっています。そして、そのファイルをrequireでロードし、それぞれ割り当てるアドレスごとに呼び出されるように設定しておくのです。

これらのスクリプトファイルは、app.js内にロードして使われることになります。つまり、app.jsと、「routes」内のindex.jsやusers.jsは1つのスクリプトファイルに書かれたのと同じように働くようになります。このことはとても重要なので忘れないでください。

Expressオブジェクトの作成と基本設定

Expressのオブジェクトを作成し、基本的な設定を行ないます。それを行なっているのが以下の部分です。

```
var app = express();

app.set('views', path.join(__dirname, 'views'));
app.set('view engine', 'ejs');
```

app.setは、アプリケーションで必要とする各種の設定情報をセットするためのものです。ここでは「views」と「view engine」という値を設定しています。これは、それぞれ「テンプレートファイルが保管される場所」「テンプレートエンジンの種類」を示すものです。これでテンプレート関係の設定を行なっていたのです。

app.useによる関数組み込み

続いて、app.useを使い、アプリケーションに必要な処理の組み込みを行なっていきます。これらは、先ほどrequireでロードしたモジュールの機能を呼び出すようにしてあります。

```
app.use(logger('dev'));
app.use(express.json());
app.use(express.urlencoded({ extended: false }));
app.use(cookieParser());
app.use(express.static(path.join(__dirname, 'public')));
```

このapp.useは、アプリケーションで利用する関数を設定するためのものです。このapp.useは既に使ったことがありましたね。アプリケーションにアクセスした際に実行される処理を組み込むためのものです。

ここでは、requireでロードした各種のモジュールの機能を組み込んでいます。これらを組み込むことで、Webページにアクセスした際の基本的な処理が行なわれるようになっている、と考えてください。

アクセスのためのapp.use作成

app.useは、特定のアドレスにアクセスしたときの処理も設定できます。第1引数に、割り当てるパスを指定し、関数を設定すれば、そのアドレスにアクセスした際に指定の関数が実行されるようになります。

```
app.use('/', indexRouter);
app.use('/users', usersRouter);
```

ここでは、'/'と'/users'に、それぞれindexRouterとusersRouterを割り当てています。これらは、先ほどrequireでロードしたものですね。「routes」フォルダー内のindex.jsとusers.jsの内容をロードし保管している変数でした。これら「routes」フォルダーから読み込んだモジュールを、app.useで指定のアドレスに割り当てることで、「そのアドレスにアクセスしたら、設定されたモジュールにある処理を呼び出す」という関連付けがされるのですね。

その他のアクセス処理

その後にある2つは、エラーなどが発生したときの処理を担当する関数の設定になります。

```
app.use(function(req, res, next) {
    ……略……
```

```
});
app.use(function(err, req, res, next) {
    ……略……
});
```

これらは、ここまでのapp.useで設定されたアドレス以外のところにアクセスした際に呼び出されます。また、何らかの理由でアクセス時にHTTPエラーが発生した際もこれらが処理します。

module.expressの設定

最後に、moduleオブジェクトの「exports」というプロパティに、appオブジェクトを設定します。

```
module.exports = app;
```

appは、expressオブジェクトが入った変数でしたね。これを、moduleというモジュール管理のオブジェクトの「exports」というプロパティに設定します。このexportsというのは、外部からのアクセスに関するもので、こうすることで設定したオブジェクトが外部からアクセスできるようになります。まぁ、これは「Express Generatorのスクリプトで最後に必ずやっておくおまじない」のようなものと考えておきましょう。

これで、app.jsについては、すべての作業が完了です！

index.jsについて

では、「routes」フォルダー内に作成されているモジュールのスクリプトを見てみましょう。これは、既に触れましたが、ルーティングして割り当てられたアドレスへの処理を記述するものです。

ここでは、サンプルとしてindex.jsの内容を見てみましょう。このindex.jsは、先ほどapp.jsの中で、app.use('/', indexRouter);というようにして、'/'にアクセスしたら実行されるように設定されていましたね。

リスト4-5
```
var express = require('express');
var router = express.Router();

/* GET home page. */
router.get('/',(req, res, next) => {
```

```
    res.render('index', { title: 'Express' });
});

module.exports = router;
```

　require('express');でExpressをロードした後、「Router」というメソッドを呼び出しています。これは、Routerオブジェクトを生成するもので、ルーティングに関する機能をまとめたものです。
　ここでは、router.getというメソッドで、'/'にアクセスした際の表示(res.renderでレンダリングする)を行なっています。先に書いた基本スクリプトでは、app.getというものを使っていました。

```
app.get('/', (req, res) => {
  res.send('Welcome to Express!')
})
```

　こういうものですね。あるいは、(req, res) => {……} ではなく、function(req, res, next) {……} となっているかもしれませんが、既に説明したようにどちらも全く同じものです。
　このindex.jsにあるrouter.getも、これと同様のものです。Expressでは、Routerオブジェクトの「get」メソッドで、GETアクセスの処理を設定するのです。
　使い方はapp.getのときと同様で――

```
router.get( アドレス , 関数 );
```

　――このような形になります。ここでは使っていませんが、同様にPOST処理を行なう「post」メソッドも用意されています。ここでは、(req, res) => {……} という形で関数を書いてありますが、これは function(req, res) {……} と同じものになります。
　関数内で行なっているのは、requestの「render」でレンダリングを行なう作業です。この部分ですね。

```
res.render('index', { title: 'Express' });
```

　先にNode.js単体でEJSを利用した際は、ejsオブジェクトのrenderを呼び出してレンダリングをしましたが、あれとほとんど働きは同じです。ただし、第1引数には、読み込んだテンプレートではなく、単に「テンプレートファイルの名前」を指定するだけです。
　'index' は、「views」フォルダー内にあるindex.ejsテンプレートファイルを示します。renderでは、このようにテンプレートを「名前」で指定できます。'index.ejs'ではなく、'index'でいいのですね。これは、ExpressがEJS以外のテンプレートエンジンも対応しているためです。

例えば、デフォルトで使われるJadeというエンジンでは、index.jadeといったファイル名になりますし、Pugというテンプレートエンジンではindex.pugになります。テンプレートエンジンによって使われる拡張子は変わりますが、それに関係なくテンプレートファイルが読み込まれるように、拡張子を取り除いた名前だけで読み込めるようになっているのですね。

最後に、module.exportsにrouterを設定して作業完了です。オブジェクトを生成し、変更を加えたら、こうして最後にmodule.exportsを実行します。例の「おまじない」ですね。

index.ejs

このindex.jsで利用されるテンプレートが、「views」内の「index.ejs」になります。こちらのソースコードも見ておきましょう。

リスト4-6

```
<!DOCTYPE html>
<html>
  <head>
    <title><%= title %></title>
    <link rel='stylesheet' href='/stylesheets/style.css' />
  </head>
  <body>
    <h1><%= title %></h1>
    <p>Welcome to <%= title %></p>
  </body>
</html>
```

ここでは、「title」という変数が使われています。これは、index.jsでres.renderを実行する際に、{ title: 'Express' }というように引数に指定して渡していましたね。この値が使われていたわけです。

wwwコマンドについて

最後に、「bin」内にある「www」というファイルについてです。これは、プログラムを実行するためのコマンドのような役割を果たしています。では、その中身がどうなっているか見てみましょう。といっても、かなり長いものなので、重要な部分だけ掲載しておきます。

リスト4-7

```
#!/usr/bin/env node
```

```
var app = require('../app');
var debug = require('debug')('ex-gen-app:server');
var http = require('http');

var port = normalizePort(process.env.PORT || '3000');
app.set('port', port);

var server = http.createServer(app);

server.listen(port);
server.on('error', onError);
server.on('listening', onListening);

……以下略……
```

　app.jsと、ex-gen-app:server、httpといったモジュールをロードしています。そしてportというポート番号を示す値を設定し、createServerでサーバーを実行します。引数にappという変数が指定されていますが、これは「createServerでサーバーを作り、appを実行する」という働きをします。

　後は、listenで待ち受け状態にしておき、serverの「on」を使ってイベントの処理を設定します。ここではerrorとlisteningという2つのイベントを設定していますね。これでエラー時と待ち受け状態のときの処理を行なうようにしていたわけです。

　基本的な処理の流れは、Expressを使わない、素のNode.jsでアプリケーションを作ったときに書いたので見覚えがあるでしょう(onによるイベント処理は別ですが)。まあ、この部分は、実際に何か修正したりすることはないので、「そんなものがあるらしい」という程度に考えておけば十分です。よくわからなくても全然問題ありませんよ。

app.jsと「routes」内モジュールの役割分担

　ざっと全体の流れを説明しましたが、いかがでしたか。頭が混乱している人もきっと多いことでしょう。最大の問題は、「wwwとapp.jsと、『routes』内のモジュール、それぞれがどういう役割を果たしているのか」ということでしょう。

　3つの役割を整理するとこうなります。

www	ただ「プログラムを実行する」ためのもの。実際にサーバーが起動したあとのことは何もしていない。
app.js	Webアプリケーション本体の設定に関するもの。実行するアプリケーションの基本的な設定などを行なう。

| 実際に特定のアドレスに
アクセスしたときの処理 | 「routes」内に用意したスクリプト(モジュール)の中に用意する。 |

wwwについては、私たちが編集したりすることはまずないので、忘れてください。重要なのは、app.jsと、「routes」内に用意するスクリプトファイルだけです。

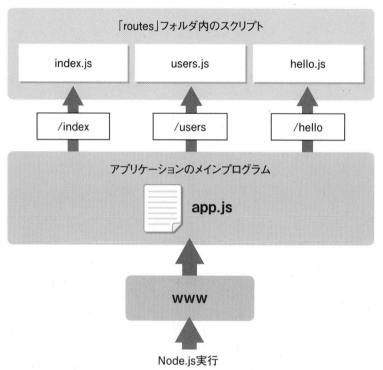

図4-19 Express Generatorのスクリプトの流れ。wwwでプログラムを起動し、app.jsでアプリケーションの設定を行ない、「routes」内のスクリプトで各アドレスにアクセスした際の処理を用意する。

Webページを追加してみる

基本的な流れがわかったところで、ちゃんと理解できたか、確認のために、「新しいWebページ」を作成してみましょう。

Express Generatorによるアプリケーションでは、Webページは2つのファイルで構成されます。テンプレートと、スクリプトです。ここでは、/helloというアドレスで表示するWebページを作ってみます。

テンプレートを作成する

まずは、テンプレートファイルから作成しましょう。「views」フォルダーの中に作成をします。VS Codeのエクスプローラーで「views」フォルダーを選択し、「EX-GEN-APP」の右側にある「新しいファイル」アイコンをクリックしてファイルを作成します。名前は「hello.ejs」としておきましょう。

図4-20　「views」フォルダー内に「hello.ejs」というファイルを作成する。

ソースコードを記述する

では、hello.ejsのソースコードを記述しましょう。今回は以下のように記述をしておくことにします。

リスト4-8

```
<!DOCTYPE html>
<html lang="ja">
  <head>
    <meta http-equiv="content-type"
      content="text/html; charset=UTF-8">
    <title><%= title %></title>
    <link rel="stylesheet"
      href="https://stackpath.bootstrapcdn.com/bootstrap/4.4.1/css/
      bootstrap.min.css"
      crossorigin="anonymous">
    <link rel='stylesheet' href='/stylesheets/style.css' />
  </head>
  <body class="container">
    <header>
        <h1><%= title %></h1>
```

Chapter-4 フレームワーク「Express」を使おう！

```
        </header>
        <div role="main">
            <p><%- content %></p>
        </div>
    </body>
</html>
```

　タイトルとコンテンツを表示するだけのものです。サンプルで作成されていたindex.ejsは必要最小限の内容だったので、多少タグを追加し、Bootstrapのクラスを使うようにしています。既にexpress-appなどで作成したページと内容は同じですから、やっていることはおわかりですね。

ルーティング用スクリプトを作る

　では、/helloにアクセスした際の処理を行なうスクリプトファイルを作成しましょう。これは「routes」フォルダーの中に用意をします。VS Codeのエクスプローラーで「routes」フォルダーを選択し、「EX-GEN-APP」の右側の「新しいファイル」アイコンをクリックしてファイルを作ります。名前は「hello.js」とします。

図4-21　「routes」フォルダー内に「hello.js」ファイルを作成する。

ソースコードを記述する

　では、ソースコードを記述しましょう。今回は、簡単なコンテンツをテンプレート側に渡すようにします。基本的なコードの内容はindex.jsとほとんど同じです。

リスト4-9
```js
const express = require('express');
const router = express.Router();

router.get('/', (req, res, next) => {
  var data = {
    title: 'Hello!',
    content: 'これは、サンプルのコンテンツです。<br>this is sample content.'
  };
  res.render('hello', data);
});

module.exports = router;
```

app.jsの修正

　もう1つ、修正すべき点があります。それは、app.jsです。ここに、hello.jsをモジュールとしてロードし、アドレスへ割り当てる処理を追加しておかなければいけません。app.jsを開き、適当な場所に以下の2文を追記しましょう。

リスト4-10
```js
var hello = require('./routes/hello');
app.use('/hello', hello);
```

　これらは続けて書く必要はありません。1行目は、他のrequire文が書かれているところに記述しておくとよいでしょう。2行目は、app.use('/users', usersRouter); の次行あたりに書いておきましょう。
　ここまですべて記述できたら、一度「npm start」を実行して、動作を確認しておきましょう。http://localhost:3000/hello にアクセスして、表示されるWebページがどうなっているか見てください。

図4-22　localhost:3000/helloにアクセスすると、こんな表示がされる。

| Chapter-4 | フレームワーク「Express」を使おう！|

 # router.getと相対アドレス

今回作成したindex.jsについて少し補足しておきましょう。基本的なコードはindex.jsと同じですから、改めて説明するまでもないでしょう。res.renderの第2引数には、titleとcontentの2つの値を渡すので、わかりやすいように変数dataというものにデータを用意し、それをrenderの引数に指定するようにしてあります。

app.useとrouter.getの役割

今回、注意しておきたいのは、router.getの第1引数です。ここでは、'/'としてありますね。これを見て、「あれ、/helloにアクセスするのだから、'/hello'じゃないのか？」と思った人もいることでしょう。

まず、「アドレスと、呼び出されるスクリプトの設定は、app.jsで既に行なわれている」ということを思い出してください。app.jsでは──

```
app.use('/hello', hello);
```

──このように設定を追記していました。これで、'/hello'にアクセスされたらhelloが呼び出されるようになっています。

では、hello.js内にあるrouter.get('/',……);というメソッドの'/'は何なのか？ これは、app.jsで設定された'/hello'以降のアドレスを設定するものなのです。つまり、router.get('/',……);は、/hello/にアクセスした際の処理なのです。

router.getでは、/hello以下の相対アドレスを設定するのです。例えば──

```
router.get('/ok, ……);  →  '/hello/ok の GET処理
```

──こんな具合ですね。「/helloアドレス下の処理は、hello.jsですべて対応する」ということなのです。app.jsのapp.useと、「routes」内のスクリプトのrouterは、こんな具合に役割を担当しているのですね。

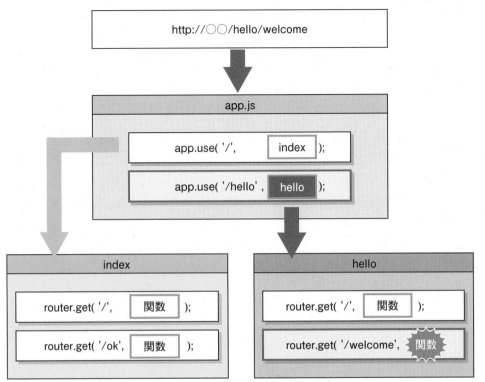

図4-23 Expressでは、app.useでアドレスごとの基本的な処理の分岐を行ない、更に「routes」内のそれぞれのスクリプト内で、分岐したアドレスより先の細かな分岐を行なう。

Chapter 4 フレームワーク「Express」を使おう！

Section 4-3 データを扱うための機能

パラメーターを使おう

　さて、Expressの基本的な使い方はわかってきました。後は、ひたすら「アプリケーションで使えるさまざまな機能」を覚えていくだけです。使える機能が増えていけば、作れるアプリケーションの幅も広がります。

　最初に覚えるべきは、「アプリケーションの中で、値をやり取りするためのさまざまな方法」でしょう。「値のやり取り」といっても、それにはいろいろなものがあります。パラメーターやフォームを使った「クライアントからサーバーへ値を渡す」という方法もそうですし、「セッション」といって、アクセスしているクライアントが常に必要な情報を保持し続ける仕組みなどもあります。こうした「値の利用」全般について考えていきましょう。

クエリーパラメーターはNode.jsと同じ！

　まずは、クエリーパラメーターの利用についてです。クエリーパラメーターについては、基本的に「素のNode.js」で行なっていたのとまったく同じです。すなわち、requestのqueryから値を取り出し利用するのです。

　では、先ほど作成した/helloのWebページを使って実際にクエリーパラメーターを使ってみましょう。「routes」フォルダーのhello.jsを以下のように修正します。

リスト4-11
```javascript
const express = require('express');
const router = express.Router();

router.get('/', (req, res, next) => {
  var name = req.query.name;
  var mail = req.query.mail;
  var data = {
    title: 'Hello!',
    content: 'あなたの名前は、' + name + '。<br>' +
```

```
        'メールアドレスは、' + mail + 'です。'
  };
  res.render('hello', data);
});

module.exports = router;
```

修正したら、npm startでアプリケーションを実行してみてください。そして以下のような形でアドレスを入力し、アクセスをしてみましょう。

http://localhost:3000/hello?name=hanako&mail=hanako@flower.com

これで、Webページには「あなたの名前は、hanako。」「メールアドレスは、hanako@flowerです。」といったメッセージが表示されます。

図4-24 /hello?name=○○&mail=○○ といった具合にアクセスすると、名前とメールアドレスが表示される。

クエリーとqueryオブジェクト

ここでは、クエリーパラメーターとして「name=○○&mail=○○」というように、nameとmailという2つの値を送っています。そしてhello.jsでは、router.getのところで──

```
var name = req.query.name;
var mail = req.query.mail;
```

──このように値が取り出されています。reqオブジェクトのquery内からnameとmailの値を取り出していることがわかります。Node.jsとまったく同様に、request（ここではreqという名前ですが）のqueryからすべてのパラメーターが取り出せるようになっています。

Chapter-4 フレームワーク「Express」を使おう！

フォームの送信について

続いて、フォームの送信を行なってみましょう。フォームの送信は、Node.jsではえらく面倒くさいものでしたね。

が、Expressでは違います。Expressでは、「Body Parser」というパッケージをインストールして利用するのが基本です。といっても、Express Generatorのプロジェクトでは標準でBody Parserが組み込み済みになっているため、「別途パッケージをインストール」などといった作業は不要です。

Expressの本体プログラム（「node_modules」フォルダ内の「express」フォルダにある「lib」内のexpress.jsというファイル）で、以下のような処理が用意されています。

リスト4-12
```
exports.json = bodyParser.json
exports.query = require('./middleware/query');
exports.static = require('serve-static');
exports.urlencoded = bodyParser.urlencoded
```

これでフォームの送信内容がそのまま取り出せるようにしています。古いExpressなどでは、これらの処理が用意されていない場合もあります。その場合は別途インストールが必要になるので注意して下さい。

フォームを作成する

では、実際にフォームの送信を試してみましょう。まずはhello.ejsにフォームを設置します。「views」内のhello.ejsを開き、<body>タグを以下のように修正しましょう。

リスト4-13
```html
<body class="container">
  <header>
    <h1 class="display-4">
      <%= title %></h1>
  </header>
  <div role="main">
    <p class="h6"><%- content %></p>
    <form method="post" action="/hello/post">
      <div class="form-group">
        <label for="msg">Message:</label>
        <input type="text" name="message" id="msg"
          class="form-control">
      </div>
```

```html
      <input type="submit" value="送信"
        class="btn btn-primary">
    </form>
  </div>
</body>
```

　name="message"という入力フィールドを1つ用意しただけのシンプルなフォームです。送信先は、/hello/postにしてあります。ということは、hello.js内に、/postにPOST送信したときの処理を用意すればいいわけですね。

hello.jsを修正する

　では、スクリプトを記述しましょう。「routes」フォルダー内のhello.jsを開き、以下のようにソースコードを修正してください。

リスト4-14
```javascript
const express = require('express');
const router = express.Router();

router.get('/', (req, res, next) => {
  var data = {
    title: 'Hello!',
    content: '※何か書いて送信してください。'
  };
  res.render('hello', data);
});

router.post('/post', (req, res, next) => {
  var msg = req.body['message'];
  var data = {
    title: 'Hello!',
    content: 'あなたは、「' + msg + '」と送信しました。'
  };
  res.render('hello', data);
});

module.exports = router;
```

Chapter-4 フレームワーク「Express」を使おう！

図4-25 メッセージを書いて送信すると、その内容が表示される。

　修正したら、npm startを実行して/helloにアクセスしましょう。入力フィールドが表示されるので、何か書いて送信してみてください。送ったテキストを使ってメッセージが表示されます。

req.bodyから値を取り出す

　ここでは、フォームを送信した先の処理を、router.post('/post',……); というメソッドを用意して処理しています。「post」メソッドは、POSTアクセスの処理を行なうためのものになります。ここで、以下のようにフォームの内容を取り出しています。

```
var msg = req.body['message'];
```

　POST送信された値は、req.body内にまとめられています。ここから値を取り出して処理を行なえばいいわけですね。
　この「req.bodyに送信データが全部まとめられている」というのが、Body Parserによって実現される機能です。ずいぶんと簡単にフォーム利用できるようになりますね！

> **コラム** あれ？フォントがBootstrapじゃない……？　**Column**
>
> 実際にアクセスしてみて、`<h1 class="display-4">`とクラスを指定しているのに、表示フォントがBootstrapのフォントに変わってないのに気づいた人もいるかもしれません。これは、Express Generatorで自動生成されるスタイルシートが原因です。
>
> ```
> <link rel='stylesheet' href='/stylesheets/style.css' />
> ```
>
> このようなタグが書かれていますね？これにより、「public」フォルダー内の「stylesheets」フォルダーにあるstyle.cssが読み込まれます。このファイルのbodyの指定に以下のような形で使用フォントが指定されているのです。
>
> ```
> font: 18px "Lucida Grande", Helvetica, Arial, sans-serif;
> ```
>
> これによりフォントが変更されていた、というわけです。この文を削除すれば、Bootstrapによるフォントが使われるようになります。

セッションについて

　値の利用というのは、クライアントとサーバーの間でのやり取りにだけ考えなければいけないものではありません。「クライアントの中で使い続けられる値」というものもあります。

　例えば、オンラインショップのようなものを想像してみてください。商品のページで購入のボタンを押すと、それがショッピングカードに保存される、というようなものですね。これ、考えてみると、「購入した商品の情報を常に保持し続けている」ことに気がつきます。購入ボタンを押し、次の商品ページに移動したら、前の商品のことは忘れちゃった、というのではオンラインショッピングのサイトは作れません。

　つまり、こうしたサイトでは、アクセスするクライアントを特定し、それぞれのクライアントごとに、購入した商品の情報をずっと保管し続けているのです。これは、先にNode.jsのところでやった「クッキー」だけではかなり難しいでしょう。クッキーはそれほど大きなデータを保管できません。またブラウザに保管しているので、利用者などが内容を改変できてしまいます。

　クライアントごとに情報を保管し続けるには、「セッション」と呼ばれる機能を使うのが一般的です。

Chapter-4 フレームワーク「Express」を使おう！

セッションとは？

　セッションは、クライアントごとに値を保管するための仕組みです。これは、クッキーの機能とサーバー側のプログラムを組み合わせたものです。サーバーにアクセスしたクライアントには、それぞれ固有のセッションIDがクッキーに保存されます。そして、各セッションIDごとに、サーバー側でデータを保管しておきます。こうすると、データそのものはサーバー側で保管しているので、どんなデータでも入れておくことができます。

　この仕組みそのものを自分で作るとなると大変ですが、Expressにはセッション機能実現するパッケージが用意されているので、それを利用すれば簡単にセッションを使えるようになります。

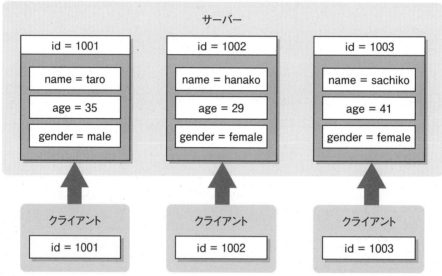

図4-26　セッションは、IDでクライアントを特定し、各クライアントごとに値を保持し続けることができる。

Express Sessionを利用する

　では、セッション機能を使ってみましょう。これには、「Express Session」というパッケージを用意します。これは、Express Generatorのアプリケーションにも標準では用意されていません。npmを使ってインストールする必要があります。

　コマンドプロンプトまたはターミナルを起動し、カレントディレクトリをアプリケーションのフォルダー（ここでは「ex-gen-app」フォルダー）に移動します。そして以下のようにコマンドを実行してください。

```
npm install express-session
```

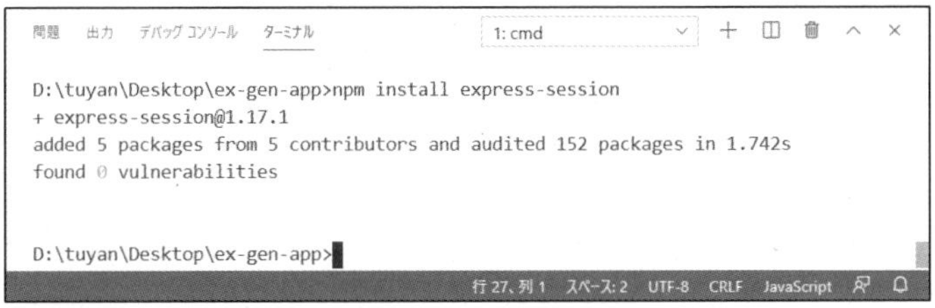

図4-27　npm installでexpress-sessionをインストールする。

hello.jsでセッションを利用する

では、Express Sessionの機能を使ってみましょう。先ほどのフォーム送信のテンプレートをそのまま利用して簡単な動作確認を行なってみましょう。

まず、Express Sessionを利用するための準備をします。app.jsを開き、以下の文を追記しましょう。

リスト4-15
```
const session = require('express-session'); //☆

var session_opt = {
  secret: 'keyboard cat',
  resave: false,
  saveUninitialized: false,
  cookie: { maxAge: 60 * 60 * 1000 }
};
app.use(session(session_opt));
```

最初の☆マークのrequire文は、その他のrequire文が書かれているところの最後尾に追記しておけばいいでしょう。問題は、それ以降のvar session_opt = { 〜 app.use(session(session_opt));の部分です。

この部分は、var app = express();の後、app.useが記述されているところに追加します。app.useは何行か書かれているはずですが、必ず「routes」フォルダーのスクリプトをルーティングするためのapp.useより前に記述します。つまり、こういうことです。

```
var app = express();
    ↑
     この間に記述
    ↓
app.use('/', indexRouter);
```

```
app.use('/users', usersRouter);
app.use('/hello', hello);
```

　Expressでは、さまざまなモジュールをロードして使いますが、こうしたモジュールをapp.useで利用するための文は、上記の範囲(var app = express();より後、「routes」フォルダーのスクリプトをルーティングするapp.useより前)に用意するように注意してください。これは、今回利用するexpress-sessionに限らず、モジュール全般にいえることです。

セッション利用のための処理

　ここでは、まず require('express-session'); でExpress Sessionのモジュールをロードしています。そして、セッションのオプション設定の値を変数session_optに用意しています。ここでは以下のような値を用意します。

secret: 'keyboard cat'	秘密キーとなるテキストです。セッションIDなどで「ハッシュ」と呼ばれる計算をするときのキーとなるものです。デフォルトで'keyboard cat'となっていますが、これはそれぞれで書き換えてください。
resave: false	セッションストアと呼ばれるところに強制的に値を保存するためのものです。
saveUninitialized: false,	初期化されていない値を強制的に保存するためのものです。
cookie: { maxAge: 60 * 60 * 1000 }	セッションIDを保管するクッキーに関する設定です。ここでは、maxAgeという値で、クッキーの保管時間を1時間に設定しています。つまり、最後のアクセスから1時間はセッションが保たれるというわけです。

　値が用意できたら、app.useでsession関数を設定します。これで、session関数が機能するようになり、セッションが使えるようになります。

Column コラム モジュール？ パッケージ？

「require('express-session');でExpress Sessionのモジュールをロードしている」という文を読んで、あれ？ と思った人はいませんか。その前に、「Express Session」というパッケージを用意する、と説明していました。パッケージ？ モジュール？ 一体、どっちなの？

「パッケージ」というのは、プログラムの配布形態のことです。npmでは、さまざまなプログラムを「パッケージ」という形にまとめて配布しているのです。ですから、npm installでインストールするのは「パッケージ」です。

モジュールは、Node.jsの中でロードされる「スクリプトのかたまり」です。Express Sessionパッケージには、express-sessionというモジュールが用意されていて、それをrequireでロードして使っている、ということなのです。

セッションに値を保存する

後は、実際にそれぞれのページにアクセスしたときにセッションを使って値を読み書きするだけです。では、「routes」フォルダー内のhello.jsを以下のように書き換えてください。

リスト4-16
```javascript
const express = require('express');
const router = express.Router();

router.get('/', (req, res, next) => {
  var msg = '※何か書いて送信してください。';
  if (req.session.message != undefined) {
    msg = "Last Message: " + req.session.message;
  }
  var data = {
    title: 'Hello!',
    content: msg
  };
  res.render('hello', data);
});

router.post('/post', (req, res, next) => {
  var msg = req.body['message'];
  req.session.message = msg;
```

```
  var data = {
    title: 'Hello!',
    content: "Last Message: " + req.session.message
  };
  res.render('hello', data);
});

module.exports = router;
```

修正したら、アプリケーションを再実行して動作を確かめてみましょう。/helloにアクセスし、フォームからテキストを送信すると、そのテキストがセッションに保管されます。他のサイトにアクセスしたりして、しばらく時間が経過してから、再度/helloにアクセスしてみましょう。最後に送信したメッセージが保管されていて、ちゃんと表示されるのがわかるでしょう。

図4-28　フォームからテキストを送信すると、それがセッションに保管される。しばらくしてから/helloにアクセスしても、値が保たれていて、表示されるのがわかる。

req.sessionへの値の読み書き

では、作成したソースコードを見てみましょう。ここでは、POST送信した処理(router.post)で、セッションに値を保存しています。

```
var msg = req.body['message'];
req.session.message = msg;
```

セッションは、reqオブジェクトの「session」というプロパティにオブジェクトが保管されています。ここに、保存したい名前のプロパティを指定して値を入れれば、そのまま保管されてしまいます。

ここでは、messageというプロパティに値を保管していますね。では、/helloのGET処理で値を取り出している部分を見てみましょう。

```
if (req.session.message != undefined) {
    msg = "Last Message: " + req.session.message;
}
```

req.session.messageがundefinedかどうかをチェックしています。まだセッションにmessageを保管していない場合は、req.session.messageはundefinedになりますから、値が保管されているときだけ、その値を取り出してメッセージを作成するようにしているのです。

セッションの利用は、たったこれだけ。「req.sessionに適当にプロパティを指定して値を保管し、それを取り出す」というだけなのです。

このセッションに保管された値は、自分だけに割り当てられているものです。他のクライアントに値の情報が漏れることはありません。また他のクライアントが保管している値を取り出すこともできません。完全に、それぞれのクライアントごとに分けられていて、自分だけの値として保管されます。

外部サイトにアクセスする

データの取得を考えるとき、サーバーとクライアントの間だけでなく、外部からデータを受け取るようなこともよくあるでしょう。こうした処理はどうすればいいのか、考えてみましょう。

外部のWebサイトなどからデータを取得する場合、注意したいのは「Webページから、いきなり外部サイトにアクセスすることはできない」という点です。JavaScriptなどを使えば、ネットワークアクセスの処理はできますが、外部のサイトへのアクセスには制限がかかっています。したがって、サーバー側で外部サイトにアクセスしてデータを取得し、それを必要に応じて加工するなどしてクライアントに表示する、ということになります。

また、外部のサイトのデータを利用する場合、アクセスの方法だけでなく、「取り出したデータをどう利用するか」も考えないといけません。普通のWebページはHTMLですから、アクセスしてもただHTMLのソースコードが得られるだけです。そこから必要な情報を取り出すのはかなり大変ですね。

外部サイトの中には、「データを配信しているサービス」を提供しているところもあります。例えば、ニュースや各種コンテンツを提供するWebサイトでは、「RSS」と呼ばれるものを使って更新情報などを公開しているところがあります。RSSは、XMLを使ってデータを配信するフォーマットです。決まった形式でデータが作られていますので、XMLのデータの扱い方さえわかれば、アクセスして必要なデータを取り出し利用することができます。

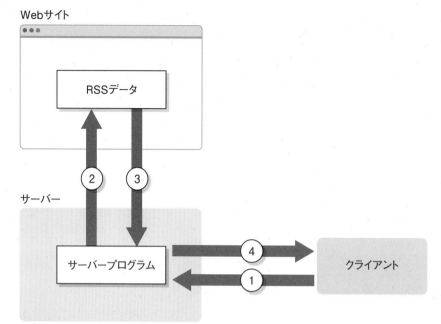

図4-29　クライアントからサーバーにアクセスし、サーバー内から別のサイトにアクセスしてRSSデータを受け取り、それをクライアントに返す。こうすることで、外部サイトのデータを利用できるようになる。

XML2JSモジュールを用意する

　では、外部サイトのRSSデータを利用するにはどのようなものが必要となるでしょうか。これは、以下の2つがあれば可能です。

●指定のWebサイトにアクセスしデータを取り出すネットワークアクセス機能

　これは、http、httpsといったモジュールがExpressには用意されているので、これらを利用します。

●XMLデータをパースしてJavaScriptのオブジェクトにする機能

　これは、「xml2js」というパッケージがあるので、これをインストールして使えばいいでしょう。

　HTTP、HTTPSは既に組み込まれているので、残るxml2jsだけインストールをしましょう。これももちろんnpmでインストールできます。VS Codeのターミナルから、以下のように実行してください。

```
npm install xml2js
```

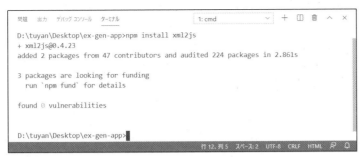

図4-30 npm installでxml2jsをインストールする。

　これで、xml2jsがプロジェクトに追加されます。後は、これを利用したスクリプトを作成するだけですね。

Googleのニュースを表示する

　では、実際に外部サイトのRSSにアクセスしてみましょう。今回は、GoogleニュースのRSSを取得して、ニュースの一覧を表示させてみることにします。Googleニュースでは、以下のようなアドレスにアクセスすることでRSSデータが得られるようになっています。

https://news.google.com/rss?hl=ja&gl=JP&ceid=JP:ja

　では、このアドレスにアクセスしてGoogleニュースのRSSデータを取得し、ここから必要な情報を取り出して表示するサンプルを作ってみましょう。
　では、スクリプトから作成します。「routes」フォルダー内のhello.jsを開き、以下のように内容を書き換えてください。

リスト4-17
```js
const express = require('express');
const router = express.Router();
const http = require('https');
const parseString = require('xml2js').parseString;

router.get('/', (req, res, next) => {
  var opt = {
    host: 'news.google.com',
    port: 443,
    path: '/rss?hl=ja&ie=UTF-8&oe=UTF-8&gl=JP&ceid=JP:ja'
  };
  http.get(opt, (res2) => {
```

```
      var body = '';
      res2.on('data', (data) => {
        body += data;
      });
      res2.on('end', () => {
        parseString(body.trim(), (err, result) => {
          console.log(result);
          var data = {
            title: 'Google News',
            content: result.rss.channel[0].item
          };
          res.render('hello', data);
        });
      })
    });
  });

module.exports = router;
```

テンプレートの修正

　スクリプトの説明は後にして、テンプレートも完成させてしまいましょう。hello.ejsを開いて、以下のように書き換えてください。

リスト4-18

```
<!DOCTYPE html>
<html lang="ja">

<head>
  <meta http-equiv="content-type"
    content="text/html; charset=UTF-8">
  <title><%= title %></title>
  <link rel="stylesheet"
   href="https://stackpath.bootstrapcdn.com/bootstrap/4.4.1/css/
     bootstrap.min.css"
   crossorigin="anonymous">
  <link rel='stylesheet'
    href='/stylesheets/style.css' />
</head>

<body class="container">
  <header>
```

```
      <h1 class="display-4">
        <%= title %></h1>
    </header>
    <div role="main">
      <% if (content != null) { %>
      <ol>
        <% for(var i in content) { %>
        <% var obj = content[i]; %>
        <li><a href="<%=obj.link %>">
          <%= obj.title %></a></li>
        </tr>
        <% } %>
      </ol>
      <% } %>
    </div>
</body>

</html>
```

図4-31 アクセスすると、Googleニュースの一覧リストが表示される。

Chapter-4 フレームワーク「Express」を使おう！

修正ができたら、http://localhost:3000/hello にアクセスをしてみましょう。Googleニュースのニュースのタイトルがリスト表示されます。

RSS取得の流れを整理する

では、スクリプトの流れを整理していきましょう。今回は、GoogleニュースのRSSページへのアクセスと、取得したデータのXMLパース処理の2つの重要な処理を中心に見ていきます。

まず最初に、必要なモジュールのロードを行ないます。

```
const http = require('https');
const parseString = require('xml2js').parseString
```

今まで、モジュールは基本的にapp.jsでロードしていました。ですから、「モジュールのロードは、app.jsで行なうのが基本じゃないか」と思っていた人も多いことでしょう。

これまでのモジュールは、セッションのようにアプリケーション全体で利用するものでしたから、app.jsに用意しておくのが自然です。今回は、この/hello内でのみ使うものなので、hello.jsに用意しておきます。

ここでは、「https」「xml2js」とモジュールを指定しています。Webサイトへのアクセスは、HTTPとHTTPSという2つのものが用意されています。今回は、HTTPSを使ってアクセスするので、httpsモジュールをロードします。普通にHTTPアクセスをする場合は、httpモジュールを使います。

サイトへのアクセス

サイトへのアクセスは、httpの「get」メソッドで行ないます。これは、以下のような形で呼び出します。

```
http.get( オプション設定 , コールバック関数 );
```

第1引数にはアクセスに関するオプション設定をまとめたオブジェクト、第2引数にはコールバック関数を引数に指定して実行します。getは、第1引数の情報を元にアクセスを開始し、GET終了時に第2引数のコールバック関数を呼び出します。

実際のコードを見ると、このようになっていることがわかるでしょう。

```
var opt = {
  host: 'news.google.com',
```

```
  port: 443,
  path: '/rss?hl=ja&ie=UTF-8&oe=UTF-8&gl=JP&ceid=JP:ja'
};
http.get(opt, (res2) => {……略……}
```

オプション設定には、「host」「port」「path」と3つの値が用意されています。これらはそれぞれ「アクセスするホスト(ドメイン)」「ポート番号」「パス(ドメイン以降の部分)」を指定します。

ポート番号は、普通のHTTPアクセスならば80番ですが、HTTPSの場合は443番になります。これを間違えるとアクセスに失敗するので注意しましょう。

ここでは、以下のアドレスにアクセスするようにhostとpathを設定してあります。

https://news.google.com/rss?hl=ja&ie=UTF-8&oe=UTF-8&gl=JP&ceid=JP:ja

これが、GoogleニュースのRSSページのURLです。HTTPではなく、HTTPSでアクセスしないとデータを得られないようになっているので注意しましょう。HTTPSでアクセスする場合、port: 443を指定しておくようにします。

responseのイベント処理

http.getのコールバック関数では、responseオブジェクトが引数に渡されます。このresponseに、データを取得した際のイベントを設定して、送られてきたデータを受け取れるようにします。それを行なっているのが以下の部分です。

```
var body = '';
res2.on('data',(data) => {
  body += data;
});
res2.on('end',() => {……略……})
```

このやり方、何か見覚えがありませんか？ そう、以前、Node.jsでPOST送信をしたとき、送信されたデータを取得するのにonを使いましたね。あれとまったく同じです。onを使い、'data'イベントでデータを受け取って変数bodyに蓄えていき、'end'イベントでデータ受信完了後の処理を用意しておく、というわけです。

XMLのパース処理

'end'イベントで実行しているのは、XMLデータをパースする（XMLのテキストをもとにXMLのオブジェクトを作る）処理です。これは、require('xml2js').parseStringでロードしたparseStringを使って行ないます。このparseStringは、以下のように呼び出します。

```
parseString( XMLのテキスト , コールバック関数 );
```

このparseStringも非同期で実行される関数です。第1引数にXMLのテキストデータを指定し、第2引数にはすべてのパース処理が完了した後で呼び出すコールバック関数を用意しておきます。コールバック関数では、第1引数にエラーに関するオブジェクトが、第2引数にはパースして作成されたオブジェクトがそれぞれ渡されます。

このコールバック関数の中で、res.renderを使ってWebページのレンダリングを実行しています。このときに、parseStringで生成されたオブジェクトから必要な値を取り出してテンプレート側に渡しています。この値ですね。

```
content: result.rss.channel[0].item
```

RSSのデータは、非常に複雑な形をしているので、必要なデータを適格に取り出すためにはRSSの構造をよく理解しておかないといけません。とりあえずここでは、「result.rss.channel[0].itemというところに、各記事の情報が配列にまとめられて入っている」ということだけ覚えておけばいいでしょう。

XMLとJSONがわかれば完璧！

今回、XMLデータをパース処理してJavaScriptのオブジェクトとして取り出し処理しました。Webのサービスなどで配信される情報は、そのほとんどがXMLかJSONです。この2つのデータの処理方法がわかれば、たいていの配信データは利用できるようになります。

JSONはJavaScriptのオブジェクトに簡単に変換できますが、XMLは専用のパース用モジュールを用意しないといけないのでわかりにくいでしょう。自分でさまざまなRSSをロードして処理の手順をよく頭に入れておきましょう。

この章のまとめ

　この章では、Expressアプリケーションの基本について説明しました。いよいよフレームワークを使って、本格的なアプリケーションの開発に進むことになります。

　Expressは、Node.jsによる開発のもっとも重要なフレームワークといえます。Node.js開発者の間でもっとも広く使われているものですし、なにより「Node.jsの素の状態とそれほど大きく変わっていない」ため、他のフレームワークのように「まるでNode.jsの知識が役に立たず、全部覚え直し」ということもありません。

　ごく簡単なアプリケーションを作ってみて、「これぐらいなら何とかなりそう」と思ったのではないでしょうか。ベースにNode.jsっぽい部分を残しているので、割とスムーズに移行できたはずです。

　とはいえ、Express特有の機能ももちろんあり、いろいろ覚えないといけないこともあります。まずは、Expressの基本として、以下の4点についてしっかり理解しておきましょう。

Expressの基本手順をしっかり理解する

　Expressでは、基本的な処理の流れは、4つの手続きに整理することができましたね。覚えていますか？ こういうものです。

1. expressオブジェクトの用意
2. appオブジェクトの作成
3. ルーティングの設定
4. 待ち受け開始

　requireでexpressオブジェクトをロードし、appオブジェクトを作り、app.getなどでルートを設定し、listenで待ち受け開始する。この基本手順をしっかり覚えておきましょう。

app.jsと「routes」の役割

　Expressを使うならば、「Express Generatorで生成したコードが基本だ」と考えてください。Express Generatorのコードがわかりにくいのは、スクリプトが2つの部分に分かれているからでしょう。

　もっとも重要なのは、app.jsと、「routes」内に用意したスクリプトファイルがどのように役割を分けて連携し動いているか、という「Expressの基本的な仕組み」を理解することです。この部分さえしっかり理解できれば、Express Generatorのコードはそれほど難しいということはありません。

「routes」スクリプトの書き方と追加の方法

最後に、/helloというページを作成しましたね。「routes」内にhello.jsを作成し、そこでrouterオブジェクトを使った処理を用意する。そして、app.jsで、hello.jsをロードし、/helloに割り当てる。この基本的な流れをよく頭に入れておいてください。

セッションは重要！

セッションは、サーバーとクライアントの間で値を共有するのに必須の機能です。これは、今はまだ使い方がよくわからないでしょうが、これから先、もう少し複雑なプログラムを作るようになると必要になります。今のうちに基本的な使い方は覚えておきましょう。

ざっとポイントを見ればわかるように、Expressを使いこなすには、1つ1つの細かなメソッドの使い方などよりも、「全体の仕組みや考え方」をまずはしっかりと理解することが大切です。メソッドの使い方などは、これから何度もコードを書いて編集していけば、自然と覚えるものです。が、「考え方」は、きちんと理解していなければ、これから先の学習の理解度に影響します。

フォーム送信やクエリーパラメーターなどは、覚えておいたほうがいいのは確かですが、req.bodyやreq.queryから値を取り出すだけですから、何度か使っていれば自然と身につくでしょう。また、外部サイトへのアクセスは、応用のようなものなので、いつかExpressの開発に慣れてきたら挑戦してみる、ぐらいに考えておけば十分です。

Expressは、基本的なルーティングなどの考え方はNode.js本体とそれほど大きく変わっているわけではありません。何回か読み返していけば、「だいたいこういうことなんだな」ということはきっとわかってきます。焦らず、着実に理解してから次に進みましょう。

Chapter

5

データベースを使おう！

Webアプリケーションで多量のデータを扱う際には、データベースの利用が必須となります。ここではSQLite3というデータベースを使い、基本的なアクセスの仕方、そして値のチェック（バリデーション）の方法などについて学びましょう。

Chapter 5 データベースを使おう！

Section 5-1 データベースを使おう！

SQLデータベースとは？

　データの扱いを考えたとき、外すことのできないものが「データベース」です。特に多量のデータを扱うときには、それらをデータベースに保存し利用するのが一番です。データベースを使うことで、必要に応じてデータを的確に取り出せるようになります。
　このデータベースにはさまざまな種類があります。これらはざっと以下のようなポイントで分類されるでしょう。

SQL言語対応か否か

　データベースの多くは「SQL」というものに対応しています。これは「データアクセス言語」と呼ばれるもので、プログラミングで記述するソースコードと同じように、外部のデータベースに命令を送り、必要なデータを送ってもらうことができます。非常に柔軟なデータアクセスが可能になります。
　これに対し、最近注目されてきているのが「非SQLデータベース」です。こちらは、SQLのように複雑な検索には向いていませんが、「圧倒的なスピード」を持っています。多量のデータから必要なものを検索するような場合には非SQLのほうが高速で簡単に行なえるでしょう。

サーバー型とローカル型

　もう1つ、重要なのが「サーバー型か、ローカル保存型か」という点です。サーバー型というのは、データベースサーバーを起動し、そこに(Webサーバーにアクセスするのと同じように)アクセスして情報を得るものです。
　これに対し、ローカル保存型は、ファイルにデータベースの内容を保存します。これはサーバーを用意する必要がないのでいつでも気軽に利用できます。ただし、常に「Webアプリケーションと同じ場所にデータベースファイルを保存していないといけない(他のサーバー内とかはダメ)」という点が面倒かもしれません。

ここでは、データベースの入門として「ローカル保存型のSQLデータベース」を使うことにします。SQLは、データベースの基本といってよいものなので、最初にデータベースを使うならばSQLデータベースにすべきです。

SQLデータベースであれば、サーバー型でもローカル型でも、だいたい同じようなやり方でデータベースアクセスの基本を学ぶことができるでしょう。以前であれば、「実際のWebアプリケーションで広く使われているのはサーバー型だから、これで学んだほうがいい」といえました。が、ビギナーにとっては、データベースのセットアップや運用などを一から自分で行なわないといけないのはけっこう負担でしょう。そこで、本書ではより扱いの簡単なローカル保存型のSQLデータベースを使って説明を行なうことにします。

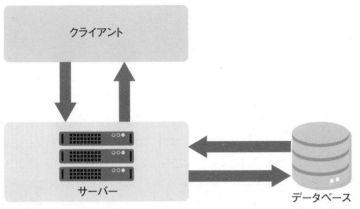

図5-1 データベースは、サーバーからデータベースにアクセスして利用する。そうして取得したデータを元に、クライアントへの表示を作成する。

では、データベースの準備をしましょう。ここでは、「SQLite3」というデータベースを使うことにします。

SQLite3は、オープンソースのデータベースプログラムです。比較的小さくて使い方も簡単。また非常に広範囲のOSやプラットフォームに対応しています。このSQLiteは、パソコンはもちろんですが、AndroidやiPhoneなどでも採用されています。AndroidやiPhoneでの住所録などのデータ管理は、内蔵のSQLiteを利用しているのです。

このSQLiteは、以下のアドレスで公開されています。

```
https://www.sqlite.org/
```

Chapter-5 データベースを使おう！

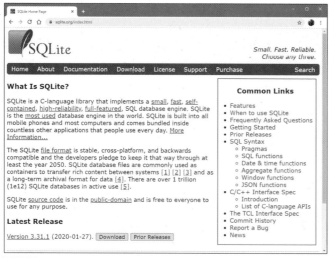

図5-2　SQLiteのサイト。

　ここからSQLite3のプログラムをダウンロードできます。が、実をいえばSQLite3のプログラムはインストールする必要はありません。Node.jsにはSQLite3データベースファイルにアクセスするパッケージが用意されているので、それを利用します。

DB Browser for SQLite

　このSQLiteは、データベースの機能だけしかありません。つまり、私たちがデータを作成したり編集したりするようなツールはついていないのです。別途、コマンドツールは用意されていますが、データベースをよく知らないビギナーがすべてSQLコマンドで作業するのはかなり大変でしょう。

　データベースを使う以上は、データベースを管理するための道具も用意しておきたいところですね。ここでは「DB Browser for SQLite」(以後、DB Browserと略)というフリーウェアを紹介しておきましょう。これは以下のアドレスで公開されています。

http://sqlitebrowser.org

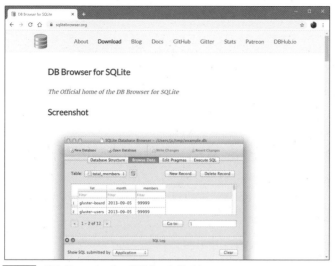

図5-3　DB Browser for SQLiteのサイト。

　上にある「Download」リンクをクリックすると、ダウンロードページに移動します。ここか自分のプラットフォーム（OSのこと）用のものをダウンロードしてください。Windowsの場合は、多数のファイルが用意されています。よくわからなければ「DB Browser for SQLite - Standard installer for 64-bit Windows」というものをクリックしてダウンロードしましょう。

図5-4　ダウンロードページ。ここから使いたいOS用のボタンをクリックしてダウンロードする。

Chapter-5　データベースを使おう！

DB Browserのインストール（Windows）

では、DB Browserをインストールしましょう。Windowsの場合、Zipファイルで圧縮されたものと、専用のインストーラが用意されています。Zipファイルをダウンロードした場合は、ファイルを展開し、適当な場所に配置するだけです。

専用インストーラをダウンロードした場合は、以下の手順でインストールしましょう。

● 1. Welcome to the DB Browser for SQLite Setup Wizard

起動すると、いわゆるウェルカムウインドウが現れます。そのまま次に進んでください。

図5-5　起動したインストーラのウインドウ。そのまま次に進む。

● 2. End-User License Agreement

ライセンス契約書の表示になります。下にある「I accept ……」チェックボックスをONにし、次に進みます。

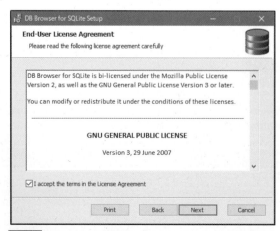

図5-6　ライセンス契約書。「I accept ……」をONにする。

●3. Shortcuts

ショートカットの作成を設定します。デスクトップとStartメニューそれぞれにショートカットを作成できます。DB Browser(SQLite)のProgram menuだけONにしておくとよいでしょう。これでStartメニューにのみショートカットが用意されます。

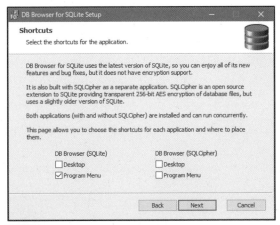

図5-7 ショートカットの作成を設定する。

●4. Custom Setup

インストールするプログラムとインストール場所を指定します。これは、特に必要がないならデフォルトのままでかまいません。

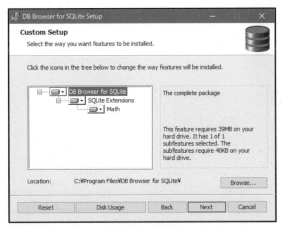

図5-8 インストール内容を設定する。

●5. Ready to Install DB Browser for SQLite

インストール準備が整いました。「Install」ボタンをクリックしてインストールを行ないます。完了したらインストーラを終了しておきましょう。

Chapter-5 データベースを使おう！

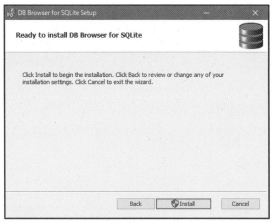

図5-9 「Install」ボタンを押してインストールを開始する。

macOSの場合

　macOSの場合、ディスクイメージファイルで配布されています。これをマウントすると、DB Browserのアプリケーションが現れます。これをそのまま「アプリケーション」フォルダーにドラッグ＆ドロップしてコピーすればインストール完了です。

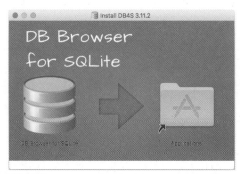

図5-10 マウントされたボリュームにあるDB Browserアイコンを「アプリケーション」フォルダーにドラッグ＆ドロップする。

データベースの構造

　データベースを設計していくためには、データベースがどういう構造になっているかをまず理解しておく必要があります。これは、SQLiteに限らず、SQLデータベース全般で共通する「基本の構造」です。これが頭に入っていないとデータベースをうまく使えませんから、ここでしっかり理解しておきましょう。

データベースは、「データベース」「テーブル」「カラム」「レコード」といったものでできています。これらは具体的にどういうものなのか、簡単に説明しましょう。

●データベース

これが、データを保管する場所になります。データベースを利用する場合は、まず新しいデータベースを用意します。この中に、具体的なデータの内容を作成していくのです。

このデータベースは、サーバー型のSQLデータベースの場合は、サーバー内にその場所を確保します。SQLite3の場合は、データベースのファイルを作成します。

●テーブル

テーブルは、保管するデータの内容を定義したものです。データというのは、ただ1つの値だけがぽつんとあるわけではありません。例えば住所録を作成しようと思ったら、氏名・住所・電話番号・メールアドレスといった値を保管しておくことになるでしょう。こうした「どういうデータを保管するのか」を定義したものがテーブルなのです。

データベースにデータを保管するためには、まず「どういう値を保管するか」を考え、それに基づいてテーブルを定義していきます。

●カラム

テーブルには、そこに保管される項目が定義されます。これが「カラム」と呼ばれるものです。例えば、「住所録」テーブルには、「氏名」「住所」「電話番号」「メールアドレス」といったカラムが用意されることになるでしょう。

●レコード

定義されたレコードに、実際に保存されるデータが「レコード」です。住所録テーブルには、「山田さんのレコード」「田中さんのレコード」というように、保管する一人ひとりのデータがレコードとして記録されていくわけですね。

「データベースを使う」というのは、このレコードを新たに追加したり、検索して必要なレコードを取り出したりすることなのです。

●フィールド

レコードには、テーブルに用意されている各カラムごとに値が用意されています。この値は「フィールド」と呼ばれます。例えば、あるレコードには、テーブルの「氏名」に保管する値として「山田」という値が用意されていたとしましょう。すると、この「山田」が「氏名フィールドの値」となります。

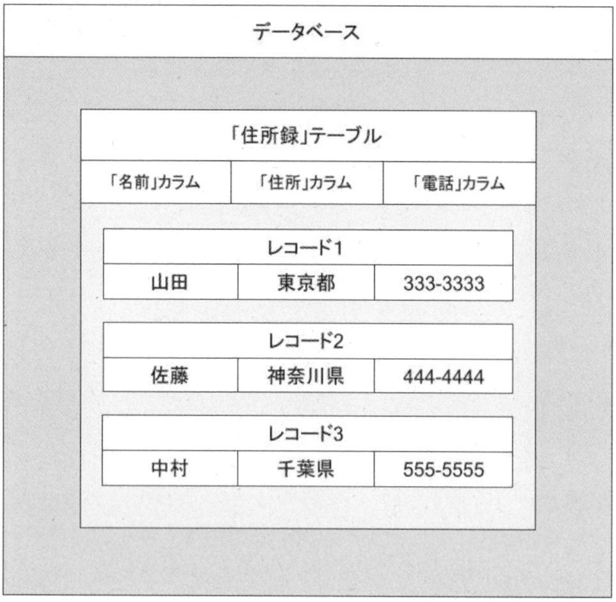

Chapter-5 データベースを使おう！

	「住所録」テーブル	
「名前」カラム	「住所」カラム	「電話」カラム

レコード1
| 山田 | 東京都 | 333-3333 |

レコード2
| 佐藤 | 神奈川県 | 444-4444 |

レコード3
| 中村 | 千葉県 | 555-5555 |

図5-11　データベースの構造。データベースでは、テーブルを設計し、そこに必要な値のフィールドを用意しておく。データの保存は、レコードとしてテーブルに必要なデータを記録する。

コラム　カラム？ フィールド？

　データベース関係の情報を調べると、テーブルの項目を「カラム」と呼ぶものや、「フィールド」と呼ぶものもあります。「これって何がどう違う？ 同じものなの？」と混乱していた人も多かったかもしれません。

　両者は正確には「テーブルの項目」か、「レコードの項目」かの違いがありますが、そこまで厳密に分けて考えないこともよくあります。

　カラムとフィールドは、厳密にいえば違いますが、「だいたい同じもの」といえば、確かにそうです。以前は両者をきっちり分けずに説明していることも多かったのです。ですから、慣れないうちは「カラムもフィールドも同じものだ」と考えてしまっても問題ありません。

　本書では、DB Browserを使ってテーブル設計をしますが、このDB Browserではカラムは全部「field」として表記されています。「Add fieldでカラムを作ります」ではかえって混乱してしまうでしょうから、ここでは「Add fieldでフィールドを作ります」と表現しておきます。

データベースを使おう！ 5-1

 ## データベースを作成する

　全体の構造がわかれば、どうやってデータベースを設計していくかわかってくるでしょう。まずは、自分が作るWebアプリケーションで利用するためのデータベースを作成し、その中に、テーブルを定義していけばいいんですね。
　では、データベースを作成しましょう。

　まずDB Browserを使ってデータベースを作ってみましょう。Windowsの場合、インストーラを終了するとそのままDB Browserが起動するはずです。もし起動しない場合は、スタートメニューから「DB Browser for SQLite」を探して起動しましょう。macOSの場合は「アプリケーション」フォルダーにコピーしたものを起動してください。
　起動すると、ウインドウが1枚現れます。これがDB Browserの画面です。

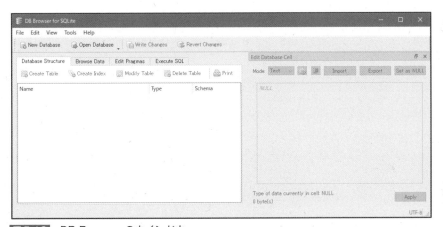

図5-12　DB Browserのウインドウ。

日本語で表示するには？　Column

　皆さんの中には、DB Browserをインストールすると日本語で表示された人もいるかもしれません。現在のDB Browserは各国語のリソースを持っており、設定を変更することで表示言語を変えられるようになっています。
　「Edit」メニューの「Preferences」メニューを選び、現れたウインドウの「Language」という項目を「Japanese(Japan)」に変更して下さい。次回起動時から日本語に表示が変わります。
　なお、本書ではデフォルトの英語をベースに説明します。

239

Chapter-5 | データベースを使おう！

新しいデータベースファイルを作る

データベースを使うには、まずデータベースファイルを作成します。ウインドウの左上にある「New Database」というボタンをクリックしてください。

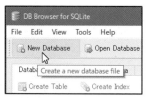

図5-13　「New Database」ボタンをクリックする。

ファイル名を入力

保存ダイアログが現れます。アプリケーションのフォルダー（「ex-gen-app」フォルダー）を選択し、その中に「mydb.sqlite3」という名前でファイルを保存します。

図5-14　名前を「mydb.sqlite3」としておく。

テーブル名の入力

新たにテーブルを作成するダイアログウインドウが現れます。テーブルというのは、データベースの中に用意するもので、保管するデータの内容などを定義したものです。

ウインドウの上部に「Table」という項目があるので、ここに「mydata」と名前を記入しておきましょう。

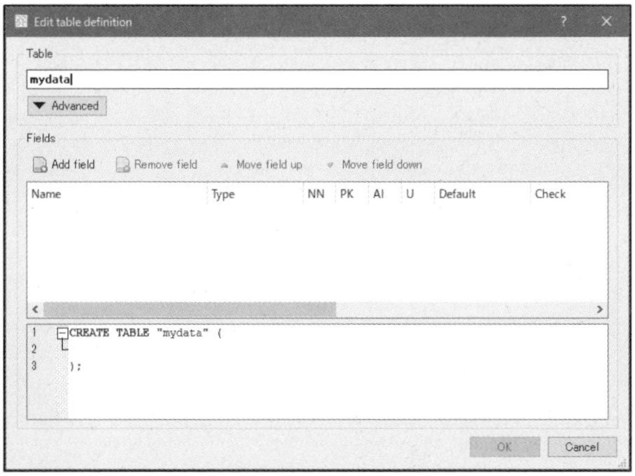

データベースを使おう！ 5-1

図5-15 テーブル名を「mydata」としておく。

新しいフィールド（カラム）を作る

　テーブルにフィールドを作成します。「フィールド」といってますが、厳密には「カラム」のことですね。「fields」というところに「Add field」というボタンがあるので、これをクリックしてください。その下に、新しいフィールドが作成されます。

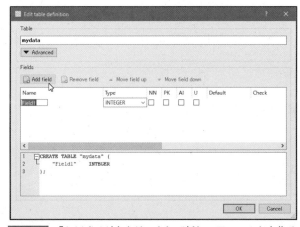

図5-16 「Add field」をクリックして新しいフィールドを作る。

フィールドを設定する

　作成されたフィールドの設定をしましょう。左端の名前の部分を「id」と変更してください。そしてTypeを「INTEGER」にします（デフォルトでそうなっているはずです）。その右側に見える4つのチェックボックスをすべてONにします。

241

Chapter-5 データベースを使おう！

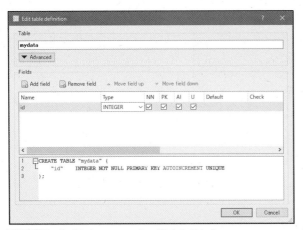

図5-17 作成したフィールドの設定を行なう。

nameフィールドを作る

これでidというフィールドができました。手順がわかったら、次々とフィールドを作っていきましょう。2つ目は「name」です。「Add field」ボタンを押して新しいフィールドを追加し、以下のように設定しましょう。

名前	name
Type	TEXT
チェックボックス	Not Null（一番左側のもの）だけONにする

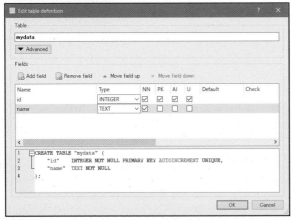

図5-18 nameフィールドを追加する。

mailフィールドを作る

3つ目のフィールドです。これはmailという名前で作ります。「Add field」ボタンでフィールドを追加し、以下のように設定してください。

名前	mail
Type	TEXT
チェックボックス	すべてOFF

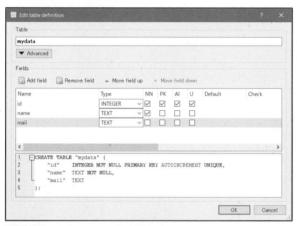

図5-19　mailフィールドを追加する。

ageフィールドを作る

4つ目のフィールドです。これはageという名前にします。「Add field」ボタンでフィールドを追加し、以下のように設定します。

名前	age
Type	INTEGER
チェックボックス	すべてOFF

図5-20 ageフィールドを追加する。

テーブルを保存する

　フィールドができたら、ダイアログの「OK」ボタンを押してダイアログを閉じましょう。これでテーブルの定義ができました。ただし、まだ保存されてはいません。DB BrowserのWindowに戻ったら、「Write Changes」ボタンをクリックしてください。これで変更内容が保存されます。

図5-21 「Write Changes」ボタンで変更内容を保存する。

 テーブルにデータを追加する

　では、サンプルのデータをいくつか保存しておきましょう。ウインドウにある「BrowseData」というタブをクリックして表示を切り替えてください。

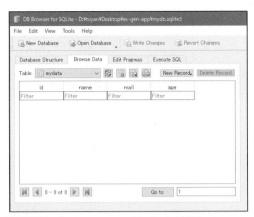

図5-22 「Browse Data」タブに切り替える。

New Recordボタンをクリック

画面に「New Record」というボタンが見えます。これをクリックして、新しいレコード（テーブルに保存するデータ）を作成しましょう。ボタンをクリックすると、未入力の状態のレコードが追加されます。

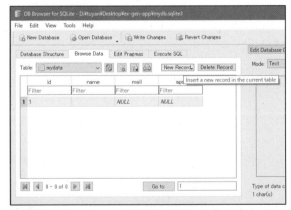

図5-23 「New Record」ボタンを押して新しいレコードを作る。

データを記入する

作成されたレコードの各フィールドに適当に値を記入してください。記入するのは、name, mail, ageの各項目です。最初のidには自動的に値が入るのでそのままにしておきましょう。

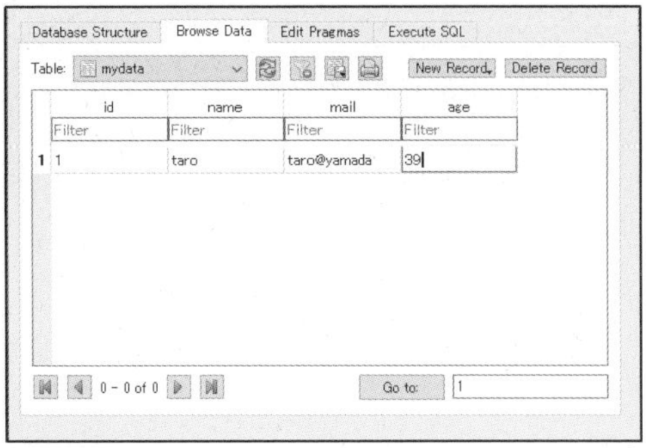

図5-24 フィールドに値を入力する。

ダミーのレコードをいくつか作る

　レコードの作り方がわかったら、いくつかのレコードをダミーとして作っておきましょう。内容などは自由に記入してかまいません。

図5-25 いくつかのレコードを作っていく。

変更を保存する

　レコードを作成したら、それらの変更内容をデータベースファイルに保存します。ウインドウの上部に見える「Write Changes」というボタンをクリックしてください。これで内容が保存されます。保存したら、DB Browserを終了しましょう。

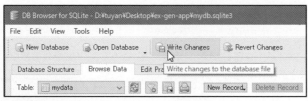

図5-26 「Write Changes」ボタンで保存する。

sqlite3パッケージについて

これでデータベースの準備はできました。後は、Express側でデータベース利用のためのプログラムを作成するだけです。

が、説明に入る前に、あらかじめ断っておきます。この部分は、はっきりいって、難しいです。単に「データベースアクセスの使い方」だけでなく、データベースのアクセスがどういう仕組みになっているのか、また使われるSQLはどういう役割を果たしているか、といったことが総合的に理解できないとわからないからです。

ですから、読んで「全然わからない！」という人も、気にしないでください。みんな、たいていはわからないので。心配しなくても、次の章では、もう少しわかりやすいデータベースの使い方について説明します。ここでの説明は「SQLデータベースの基本はこうなってるらしい」という程度に理解しておけば十分、と考えておきましょう。

sqlite3パッケージをインストールする

さて、ExpressからSQLiteにアクセスするためには、「sqlite3」というパッケージを使います。これは標準では組み込まれていないので、別途インストールする必要があります。

VS Codeで「ex-gen-app」フォルダーは開いていますか？ VS Codeのターミナルから以下のコマンドを実行してください。

```
npm install sqlite3
```

これでsqlite3パッケージがインストールされます。これは他にも多数のパッケージを利用しているため、けっこうインストールに時間がかかります。慌てず完了するまで待ちましょう。

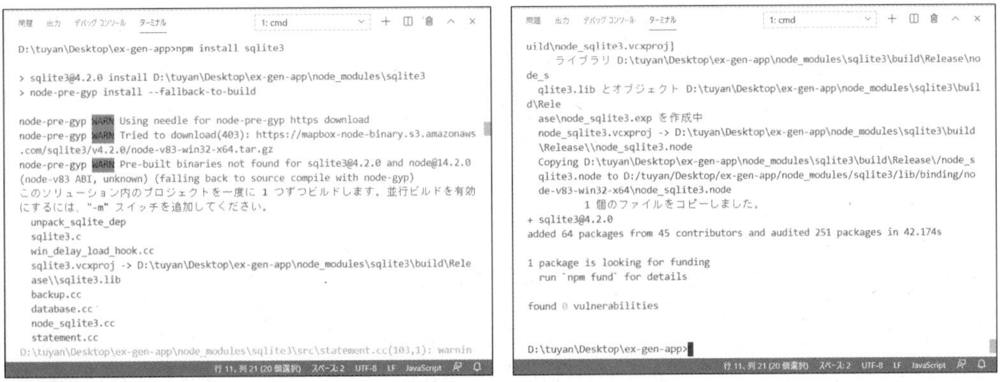

図5-27　npm installでsqlite3パッケージをインストールする。

Chapter-5 データベースを使おう！

> **コラム** sqlite3のインストールに失敗する！　**Column**
>
> 　Windowsの場合、sqlite3をインストールしようとすると「gyp ERR!」というエラーが発生してインストールに失敗することがあります。このような場合は、コマンドプロンプトあるいはPowerShellを管理者モードで起動（スタートボタンでアイコンを右クリックし「管理者で実行」を選ぶ）して、以下のコマンドを実行して下さい。
>
> ```
> npm install --global --production windows-build-tools
> ```
>
> これで再度sqlite3をインストールすればインストールできるはずです

データベースのデータを表示する

　では、データベースはどのように利用するのか、考えていきましょう。
　データベースの利用といっても、データを取り出したり作成したり編集したり削除したりとさまざまな操作が考えられます。まずは「データを取り出して表示する」ということから説明しましょう。
　これは実際にサンプルを動かしながら説明したほうがいいですね。ここでは、例によって/helloにアクセスしたらmydataテーブルのレコードを一覧表示するようなサンプルを作成してみましょう。
　まずは、テンプレートの準備です。「views」フォルダー内のhello.ejsを以下のように修正してください。ここでは<body>タグの部分だけ掲載しておきます。

リスト5-1

```
<body class="container">
  <header>
    <h1 class="display-4">
      <%= title %></h1>
  </header>
  <div role="main">
    <table class="table">
      <% for(var i in content) { %>
      <tr>
        <% var obj = content[i]; %>
        <th><%= obj.id %></th>
        <td><%= obj.name %></td>
```

```
            <td><%= obj.mail %></td>
            <td><%= obj.age %></td>
        </tr>
        <% } %>
      </table>
    </div>
</body>
```

　ここでは、テーブルを使ってデータを一覧表示しています。このテーブル部分で実行している処理を見てみると、こういう構造になっていることがわかるでしょう。

```
for(var i in content) {
    var obj = content[i];
    ……objの値を出力……
}
```

　contentに、データベースから取り出したレコードがまとめられている、と考えてください。ここからforで順にレコードのオブジェクトを変数objに取り出し、後はその中から各フィールドの値を取り出して処理をしていけばいいわけです。

　テンプレート側は、このように「オブジェクト配列を処理する」という形で考えればいいのです。データベース利用というと難しそうですが、テンプレートに渡されたところでは、ただのオブジェクト配列になっているのです。

データベースアクセスの処理を作る

　では、スクリプトを作成しましょう。「routes」フォルダーのhello.jsを以下のように書き換えてください。

リスト5-2
```
const express = require('express');
const router = express.Router();

const sqlite3 = require('sqlite3'); // 追加

// データベースオブジェクトの取得
const db = new sqlite3.Database('mydb.sqlite3');

// GETアクセスの処理
router.get('/',(req, res, next) => {
```

```
    // データベースのシリアライズ
    db.serialize(() => {
      //レコードをすべて取り出す
      db.all("select * from mydata",(err, rows) => {
        // データベースアクセス完了時の処理
        if (!err) {
          var data = {
            title: 'Hello!',
            content: rows // 取得したレコードデータ
          };
          res.render('hello', data);
        }
      });
    });
    
module.exports = router;
```

図5-28 /helloにアクセスすると、mydataのレコードが一覧表示される。

　完成したら、実際にアクセスして表示を確認しましょう。/helloにアクセスをすると、mydataに追加してあったダミーのレコードが一覧表示されます。データベースからデータを取り出して利用しているのがわかるでしょう。

sqlite3利用の処理を整理する

　では、作成したスクリプトがどのように処理を行なっていたのか、順に見ていきましょう。

sqlite3モジュールの取得

まず最初に行なうのは、sqlite3モジュールのロードです。これは以下のrequire文で行ないます。requireは既におなじみですから説明の必要はありませんね。

```
const sqlite3 = require('sqlite3');
```

Databaseオブジェクトの取得

データベースを扱うDatabaseオブジェクトを作成します。これは、sqlite3.Databaseというオブジェクトとして用意されています。

```
const db = new sqlite3.Database('mydb.sqlite3');
```

引数には、データベースファイル名を指定してあります。このmydb.sqlite3ファイルは、このアプリケーションのフォルダー内に作成してありましたね。アプリケーション内にあるファイルは、このように名前だけ指定すればOKです。

Databaseオブジェクトのシリアライズ

次に行なうのは、Databaseオブジェクトの「シリアライズ(直列化)」です。シリアライズというのは、用意された処理を順番に実行する(複数の処理が重なって実行されたりしない)ためのもので、データベース特有の機能です。まぁ、今のところは、「データベースを利用する処理は、serializeの引数に用意した関数の中に書いておけばいい」とだけ理解しておけばいいでしょう。

このシリアライズは、以下のように行ないます。

```
db.serialize( 関数 );
```

引数には関数が設定されています。この関数の中で、データベースを利用する処理を用意すればいいのですね。この関数は、引数などを持たないシンプルなものです。

レコードをすべて取り出す

レコードをまとめて取得するには、Databaseオブジェクトの「all」というメソッドを利用します。これは以下のように記述します。

```
db.all( クエリー文 , 関数 );
```

第1引数に、実行するSQLクエリーを指定します。SQLクエリーというのは、「SQLの命令文」です。SQLというのは、データベースにアクセスするための専用言語なのです。このSQLという言語を使ってデータベースにアクセスするのが「SQLデータベース」なのですね。このSQLの命令文（クエリー）を第1引数に指定をします。

では、第2引数の関数というのは？　これは、「データベースから結果が返ってきたら実行する処理」をまとめたものです。allなどのデータベースアクセスは、実行して結果が返ってくるのに少し時間がかかります。その間、処理が止まっていては困りますね。

そこで、「終わったら教えてね」といってそのまま先に処理を進めていくようになっているのです（「非同期処理」ですね）。で、「終わったよ」と連絡が来たら、あらかじめ用意しておいた処理を実行するようになっているんですね。その処理が、第2引数の関数です。既に登場しましたが「コールバック関数」というものですね。

では、ここで実行しているスクリプトを見てみましょう。こんな形になっていますね。

```
db.all("select * from mydata",(err, rows) => {
    ……実行後に呼び出される処理……
});
```

第1引数の"select * from mydata"というテキストが、実行するSQLクエリーです。このSQLクエリーをallで実行します。この処理が完了したら、第2引数の関数がコールバックとして呼び出されます。

このコールバック関数では、errとrowsという2つの引数が用意されていますね。「err」はエラーが発生したときにエラー情報を渡すためのものです。

そして第2引数の「rows」が、データベースから返されたレコードデータをまとめたものになります。このrowsは、各レコードのデータをJavaScriptオブジェクトにしたものを配列にまとめたものです。

ここで、ようやくrowsでデータベースのデータが取り出せました。後は、Webページの表示（レンダリング）を行なって作業完了！　というわけです。

シリアライズは必要？

データベースアクセスの処理の中で、わかりにくいのが「シリアライズ」というやつです。これ、「データベースへのアクセス処理を順に実行していくためのもの」と説明しましたね。ということは、これ自体は何かを実行するわけではないのですね。

だったら、「db.allを1回呼び出すだけなら、シリアライズなんて必要ないんじゃない？」と思った人もいるでしょう。実際、やってみましょう。

リスト5-3
```
router.get('/',(req, res, next) => {
  db.all("select * from mydata",(err, rows) => {
    if (!err) {
      var data = {
        title: 'Hello!',
        content: rows
      };
      res.render('hello', data);
    }
  });
});
```

router.get('/',……の部分をこのように修正して試してみましょう。やってみればわかりますが、これでも全く問題なくデータベースの内容が表示されます。つまり、シリアライズはしなくても問題ない、ということですね。

が、これは「データを1回読み込むだけ」の処理だからです。例えばデータを変更するような処理をいくつも実行するような場合、処理を順番に実行しなければ正しくデータを扱えなくなる危険があるでしょう。

シリアライズは、「1つデータを読み込むだけならなくても問題ない」ということであり、「してはいけない」わけでは全くありません。ですから、「データベースにアクセスするときは必ずシリアライズする」と覚えてしまったほうが、かえってわかりやすいんじゃないでしょうか。

db.eachで各レコードを処理する

db.allは、レコードすべてをまとめて取り出せます。後は、テンプレート側で順に処理をしていけばいいわけですね。

が、「Node.jsの側で各レコードを処理したい」という場合もあるでしょう。こういうときは、db.allではなく、「db.each」というメソッドが用意されています。これは、こんな形で記述します。

```
db.each( SQLクエリー , 関数1 , 関数2 );
```

第1引数には、実行するSQLクエリーを用意します。その後に、関数が2つ用意されていますね。

1つ目の関数1は、レコードが取り出されるごとに呼び出されます。eachは、レコードを1つずつ順に取り出していきます。これでレコードが取り出されるごとに、この関数1が実行されるのです。

そして、すべてのレコードを取り出し終わったら、2つ目の関数2が実行されます。つまり関数2は「後始末」の処理というわけです。

eachでレコードを順に取り出す

では、実際に試してみましょう。hello.jsを開いて、以下のように書き換えてみましょう。

リスト5-4
```js
const express = require('express');
const router = express.Router();

const sqlite3 = require('sqlite3');

// データベースオブジェクトの取得
const db = new sqlite3.Database('mydb.sqlite3');

// GETアクセスの処理
router.get('/',(req, res, next) => {
  db.serialize(() => {
    var rows = "";
    db.each("select * from mydata",(err, row) => {
      if (!err) {
        rows += "<tr><th>" + row.id + "</th><td>"
          + row.name + "</td><td></tr>";
      }
    }, (err, count) => {
      if (!err){
        var data = {
          title: 'Hello!',
          content: rows
        };
        res.render('hello', data);
      }
    });
  });
});

module.exports = router;
```

実行している処理の内容は後で説明するとして、テンプレート側の修正もやってしまいましょう。hello.ejsの<body>部分を以下のように修正しておきます。

データベースを使おう！ | 5-1

リスト5-5
```
<body class="container">
  <header>
    <h1 class="display-4">
      <%= title %></h1>
  </header>
  <div role="main">
    <table class="table">
      <%- content %>
    </table>
  </div>
</body>
```

図5-29 /helloにアクセスすると、ID番号と名前だけがテーブル表示される。

　/helloにアクセスをすると、各レコードのID番号とnameがテーブルにまとめられて表示されます。が、テンプレートの表示部分を見ると、こうなっていますね。

```
<table class="table">
    <%- content %>
</table>
```

　<table>タグ内には、<%- content %>があるだけです。つまり、テーブルの中身はすべて変数contentに用意されているわけですね。それを踏まえて、hello.js側の処理を見てみましょう。

db.eachの処理

　では、db.eachがどのように実行しているのか見てみましょう。関数の内部を省略すると、こういう形になっているのがわかりますね。

```
db.each("select * from mydata",(err, row) => {
    ……略……
}, (err, count) => {
    ……略……
});
```

"select * from mydata"が、実行するSQLクエリーです。これは、これの前に使ったdb.allで実行したのと全く同じものですね。そして1つ目の関数には、以下のようなものが用意されています。

```
(err, row) => {
  if (!err) {
    rows += "<tr><th>" + row.id + "</th><td>"
      + row.name + "</td><td></tr>";
  }
}
```

引数にerrとrowがありますね。errは、エラーが発生したときにその内容が渡されます。そしてrowには、SQLクエリーで取り出したレコードがJavaScriptのオブジェクトとして渡されます。これは、レコードが取り出される度に、1つずつオブジェクトとしてrowに渡されていきます。

ここでは、変数rowsにrow.idとrow.nameの値をテーブル関係のタグでまとめたものを追加しています。レコードが取り出される度にこの関数が実行されるわけですから、この変数rowsには、すべてのレコードのidとnameを表示する内容が追加されることになります。

そして、2つ目の関数で、すべてのレコードを取り出し終わった後の処理を用意します。

```
(err, count) => {
  if (!err){
    var data = {
      title: 'Hello!',
      content: rows
    };
    res.render('hello', data);
  }
}
```

ここでも2つの引数が用意されていますが、その内容は1つ目の関数と少し違います。errにエラー発生時の内容が渡される点は同じですが、その後のcountには取り出したレコード数が渡されます。

ここでは、変数dataに値を用意してres.renderでhello.ejsをレンダリングして表示する処理を用意しています。db.eachを使う場合には、この2つ目の関数(後処理の関数)でレンダリングを行なうのですね。

Databaseオブジェクトの使いこなしがポイント

　ざっと流れを見ればわかるように、dbオブジェクト（Database）を作成し、serializeの関数内でdb.allやdb.eachを呼び出し処理をしていますね。今回はレコードを取り出していますが、その他の処理にしても、「Databaseオブジェクトを用意し、その中のメソッドを呼び出して処理を行なう」という基本は変わりません。

　データベースアクセスは時間がかかる処理が多いため、大半が非同期で実行されます。このため、コールバック関数だらけになりがちです。「関数の中に関数、その中にまた関数」といった構造になってしまうと、訳がわからなくなってしまいますので、全体の構造がどうなっているのか常に把握しながらソースコードを読むように心がけましょう。

Chapter 5 データベースを使おう！

Section 5-2 データベースの基本をマスターする

データベースの基本「CRUD」とは？

データベースを使ったアプリケーションを作成するには、データベースに関するさまざまな処理の方法を理解していなければいけません。データベースの基本的な機能は、一般に「CRUD」と呼ばれています。これは以下の4つの機能のことです。

Create（新規保存）	新しいレコードを作成保存します。
Read（読み込み）	レコードをデータベースから取り出します。
Update（更新）	レコードの内容（フィールドの値）を書き換えます。
Delete（削除）	レコードを削除します。

これらは、データベースを管理する上で必要となる機能です。まずは、これらの基本的な作り方を説明していきましょう。

「hello」フォルダーの用意

今回は、/helloにプログラムを追加していくことにします。テンプレートなどが増えるとわかりにくいので、フォルダーを用意してまとめておくことにしましょう。

VS Codeのエクスプローラーで、「views」フォルダーを選択し、「EX-GEN-APP」の右側の「新しいフォルダー」アイコンをクリックしてください。これで「views」フォルダーの中に新しいフォルダーが作成されます。名前は「hello」としておきましょう。

データベースの基本をマスターする | 5-2

図5-30 「views」フォルダーの中に「hello」というフォルダーを作成する。

hello.ejsの移動

/helloで使っているテンプレート「hello.ejs」を、作成した「hello」フォルダーに移動しておきましょう。hello.ejsのアイコンを「hello」フォルダーにドラッグ＆ドロップすると、フォルダー内に移動できます。

図5-31 hello.ejsを「hello」内に移動する。

hello.ejsをindex.ejsに

このhello.ejsは、/helloにアクセスしたときのものです。今回は、/hello内に更にいくつ

259

かページを作っていきます。となると、このhello.ejsは、/hello/indexに相当するもの(/helloのデフォルトページ)と考えていいでしょう。わかりやすいように、ファイル名をindex.ejsに変更しておきましょう。

　hello.ejsを右クリックし、＜名前変更＞メニューを選びます。これでファイル名を編集できるようになるので、「index.ejs」と書き換えてください。

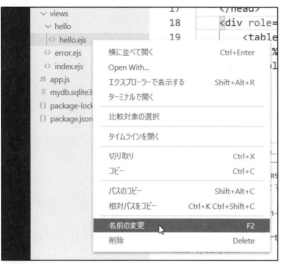

図5-32　hello.ejsを選択し、＜名前変更＞メニューを選んでファイル名を「index.ejs」にしておく。

hello.jsのrouter.get('/')を修正する

　hello.ejsを移動しファイル名を変更したので、hello.jsのプログラムを修正する必要があります。router.get('/'……);から、

```
res.render('hello', data);
```

この文を探して、以下のように書き換えておいてください。

```
res.render('hello/index', data);
```

　これで、「views」テンプレートフォルダーの中から、「hello」フォルダー内の「index.ejs」を読み込んでレンダリングするようになります。

データベースの基本をマスターする | 5-2

レコードの新規作成

まずは、レコードを新規作成する処理から作成しましょう。最初にサンプルを作成しておきます。ここでは、/hello/addというアドレスに処理を用意することにします。

ではテンプレートファイルから作成していきましょう。「views」フォルダー内の「hello」フォルダーを選択し、「EX-GEN-APP」アイコンの右側の「新しいファイル」アイコンをクリックして、「add.ejs」という名前でファイルを作成してください。

図5-33 「hello」内に「add.ejs」というファイルを作成する。

ソースコードを記述する

作成したadd.ejsのソースコードを記述しましょう。今回はmydataのレコードを作成するためのフォームを用意しておきます。といっても、IDはデータベース側で自動的に割り当てるので、name, mail, ageの3つの項目があればいいでしょう。

リスト5-6
```
<!DOCTYPE html>
<html lang="ja">

<head>
  <meta http-equiv="content-type"
    content="text/html; charset=UTF-8">
  <title><%= title %></title>
  <link rel="stylesheet"
  href="https://stackpath.bootstrapcdn.com/bootstrap/4.4.1/css/
```

261

```html
      bootstrap.min.css"
      crossorigin="anonymous">
  <link rel='stylesheet'
    href='/stylesheets/style.css' />
</head>

<body class="container">

  <header>
    <h1 class="display-4">
      <%= title %></h1>
  </header>
  <div role="main">
    <p><%- content %></p>
    <form method="post" action="/hello/add">
      <div class="form-group">
        <label for="name">NAME</label>
        <input type="text" name="name" id="name"
          class="form-control">
      </div>
      <div class="form-group">
        <label for="mail">MAIL</label>
        <td><input type="text" name="mail" id="mail"
          class="form-control">
      </div>
      <div class="form-group">
        <label for="age">AGE</label>
        <td><input type="number" name="age" id="age"
          class="form-control">
      </div>
      <input type="submit" value="作成"
        class="btn btn-primary">
    </form>
  </div>
</body>

</html>
```

　ここでは、<form method="post" action="/hello/add">というようにフォームを用意しています。hello.jsでは、router.postメソッドで'/add'への処理を割り当てるメソッドで、送信されたフォームを処理を用意すればいいわけですね。

/addの処理を作成する

続いて、スクリプトを作成しましょう。今回は、/hello/addというアドレスにアクセスした場合の処理です。hello.js内に、/addへのGETとPOSTの処理を用意して作成すればいいでしょう。

では、「routes」フォルダー内のhello.jsを開き、下のリスト（2つのrouter.get）を追加しましょう。記述する場所は、module.exports = router; の手前に書くようにしてください。

リスト5-7

```javascript
router.get('/add', (req, res, next) => {
  var data = {
      title: 'Hello/Add',
      content: '新しいレコードを入力：'
  }
  res.render('hello/add', data);
});

router.post('/add', (req, res, next) => {
  const nm = req.body.name;
  const ml = req.body.mail;
  const ag = req.body.age;
  db.serialize(() => {
    db.run('insert into mydata (name, mail, age) values (?, ?, ?)',
      nm, ml, ag);
  });
  res.redirect('/hello');
});
```

修正したら、動作を確認しておきましょう。/hello/addにアクセスし、現れたフォームに名前・メールアドレス・年齢を記入し送信してください。送信した内容でそのまま新しいレコードが作成されているのがわかります。

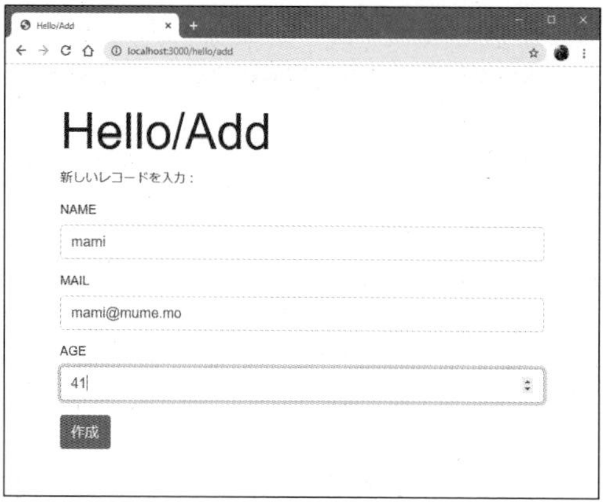

Chapter-5 データベースを使おう！

図5-34 /hello/addにアクセスし、フォームに名前、メールアドレス、年齢を記入し送信すると、その内容が新しいレコードとして追加保存される。

レコードの作成について

では、実際に実行している処理を見てみましょう。フォームを送信されたときの処理は、req.bodyから送られてきた値を取り出して行ないます。まずは、各入力フィールドの値をまとめておきましょう。

```
const nm = req.body.name;
const ml = req.body.mail;
const ag = req.body.age;
```

これで、送信されたフォームの値がそれぞれ変数に取り出せました。後は、これらの値を元に、serializeの中でレコード作成のSQLをデータベースに送ります。

```
db.run('insert into mydata (name, mail, age) values (?, ?, ?)',
  nm, ml, ag);
```

ここでは、dbオブジェクトの「run」というメソッドを使っています。これは、引数のSQL文を実行する役目を果たすものです。ただしdb.runでは、実行後コールバックが呼ばれるのを待って続きの処理を……といった面倒くさいところはありません。

db.runメソッドの処理

この「run」というのは、「データベース側からレコードを取り出す必要のない処理」を実行する場合に用いるものです。

例えば、ここでは新たにレコードを作成しデータベースに保存をしていますね。これは、

別に結果としてレコード情報を受け取る必要がありません。そういう処理は、runを使います。結果を受け取る必要がないので、コールバック関数も用意する必要はありません。

ここでは、以下のような形で引数を書いています。

```
db.run('……?, ?, ? ……', nm, ml, ag);
```

第1引数には、実行するSQL文のテキストを用意します。このテキストの中には3つの「?」があることに注目してください。これは「プレースホルダ」といって、値の場所を予約しておくものです。

その後にある3つの値(nm, ml, agの3つの変数)の値が、このプレースホルダである?のところにはめ込まれ、実行するSQL文が作成されるようになっているのです。

insert文について

ここで実行しているSQL文は、「insert」というものです。これが、レコードを新規追加するためのSQL文です。これは以下のように記述します。

```
insert into テーブル ( フィールド1, フィールド2, ……) values ( 値1, 値2, …… );
```

ここでは、テーブル名、フィールド名、値といったものを用意します。最初の()にフィールド名を記述し、valuesの後の()に、値を記述します。フィールドと値は並び順が同じになるようにしておきます。つまり、1つ目のフィールドに1つ目の値、2つ目のフィールドに2つ目の値……というようにフィールドと値を並べるわけですね。

こうしてinsert文のテキストを用意し、db.runで実行すれば、レコードがデータベースに追加保存されます。SQLクエリーの書き方さえわかれば、意外と簡単なのです。

リダイレクトについて

最後に、「/helloにリダイレクトする」という処理を行なっていますね。この文です。

```
res.redirect('/hello');
```

res内の「redirect」は、引数に指定したアドレスにリダイレクトします。このpostは、ただ処理を実行するだけで表示などは必要ありません。こういうものは、処理を実行した後、indexページなどにリダイレクトするようにしておきます。

Chapter-5 データベースを使おう！

レコードの表示

　続いて、レコードの表示(Read)についてです。既に「全レコードを取り出す」というのはやりましたが、特定のレコードだけを取り出して表示するというのはまた少しやり方が違ってきます。

　では、IDを指定してレコードの内容を表示する処理を作ってみましょう。今回は、/hello/showに処理を割り当てます。

　まずは、テンプレートファイルを用意しましょう。VS Codeのエクスプローラーで「views」フォルダー内の「hello」を選択し、「EX-GEN-APP」の右側にある「新しいファイル」アイコンをクリックして「show.ejs」というファイルを作成してください。

図5-35 「hello」フォルダー内に「show.ejs」というファイルを作る。

show.ejsを記述する

　作成したshow.ejsのソースコードを記述しましょう。今回は、レコードの内容をテーブルにまとめて表示することにします。

リスト5-8
```
<!DOCTYPE html>
<html lang="ja">

<head>
  <meta http-equiv="content-type"
    content="text/html; charset=UTF-8">
```

```html
    <title><%= title %></title>
    <link rel="stylesheet"
      href="https://stackpath.bootstrapcdn.com/bootstrap/4.4.1/css/
        bootstrap.min.css"
      crossorigin="anonymous">
    <link rel='stylesheet'
      href='/stylesheets/style.css' />
</head>

<body class="container">

  <header>
    <h1 class="display-4">
      <%= title %></h1>
  </header>
  <div role="main">
    <p><%= content %></p>
    <table class="table">
      <tr>
        <th>ID</th>
        <td><%= mydata.id %></td>
      </tr>
      <tr>
        <th>NAME</th>
        <td><%= mydata.name %></td>
      </tr>
      <tr>
        <th>MAIL</th>
        <td><%= mydata.mail %></td>
      </tr>
      <tr>
        <th>AGE</th>
        <td><%= mydata.age %></td>
      </tr>
    </table>
  </div>
</body>

</html>
```

　レコード内容の表示は、<%= mydata.id %>というように、mydataという変数から値を取り出しています。プログラム側で、取り出したレコードをmydataという変数に渡しておけばいいことがわかりますね。

Chapter-5 データベースを使おう！

/showの処理を作成する

では、プログラムを用意しましょう。hello.jsを開き、module.exports = router; より前に以下のリストの内容を追記してください。

リスト5-9
```
router.get('/show', (req, res, next) => {
    const id = req.query.id;
    db.serialize(() => {
        const q = "select * from mydata where id = ?";
        db.get(q, [id], (err, row) => {
            if (!err) {
                var data = {
                    title: 'Hello/show',
                    content: 'id = ' + id + ' のレコード：',
                    mydata: row
                }
                res.render('hello/show', data);
            }
        });
    });
});
```

作成したら実際にアクセスしてみましょう。ブラウザから、/hello/show?id=番号というようにクエリーパラメーターを使ってIDの値を指定してアクセスしてください。これで、そのIDのレコード内容が表示されます。

図5-36 /hello/show?id=1 というようにクエリーパラメーターでIDの値を指定してアクセスすると、そのレコード内容が表示される。

whereによる条件設定

　ここでは、req.query.idの値を取り出してID値を用意し、それを元にデータベースからレコードを取り出しています。レコード取得は、まず以下のような形でSQL文を作成します。

```
const q = "select * from mydata where id = ?";
```

　全レコードを取り出したときと同じくselectという文を使っていますが、ここでは「where」というものがつけられています。これは、条件を設定するのに使うものです。

```
select * テーブル where 条件
```

　こんな形で記述をします。whereの後に用意する「条件」というのは、if文などの条件と同じものをイメージするとよいでしょう。ここでは、「id = ?」という条件を用意していますね。?にはreq.query.idの値がはめ込まれますから、「id = 番号」という形で条件が設定されることになります。

getによるレコード取得

　クエリー文ができたら、それを実行します。先に、全レコードを取り出したときは、db.allというものを使いましたが、今回はdbの「get」を使います。これは、こんな形で呼び出しています。

```
db.get(q, [id], (err, row) => {
    ……略……
});
```

　第1引数にはSQLクエリーのテキスト、第2引数には?に渡す値を配列にまとめたもの、そして第3引数にはコールバック関数が用意されています。基本的な使い方はdb.allと同じです。違いは、「得られるのはレコード1つだけ」という点です。
　db.allは、レコードのオブジェクトを配列にまとめたものがコールバック関数の引数に渡されました。が、db.getの場合は、コールバック関数の引数に渡されるのはレコードのオブジェクト1つだけです。もし複数のレコードが見つかった場合は、最初のものだけが渡されます。
　IDを指定した場合は、複数のレコードが得られることはありませんから、getで取り出すのが一番です。このように「結果を1つだけ」というときにgetは役立ちます。

Chapter-5 データベースを使おう！

レコードの編集

次は、既にあるレコードを編集する処理を作りましょう。これは、編集のSQLをどうするか？ というだけでなく、もう少し考えないといけない問題があります。レコードの編集は、まず「どのレコードを編集するか」を指定し、その内容を表示するなどして編集できる状態を用意しないといけません。その上で、内容を変更して更新する処理をするわけです。このあたりをスムーズに行なえるようなやり方を考える必要があります。

ここでは、「/hello/editに、クエリーパラメーターでIDを指定してアクセスする」という方法をとりましょう。アクセスすると、そのIDのレコードの内容がフォームに表示されるようにするのです。そして、そのままフォームの内容を書き換えて送信すれば、そのレコードが更新される、というわけです。

では、テンプレートから作成しましょう。VS Codeのエクスプローラーで「hello」フォルダーを選択し、「EX-GEN-APP」の右側にある「新しいファイル」アイコンをクリックしてファイルを作成します。名前は「edit.ejs」としておきましょう。

図5-37 「views/hello」内に「edit.ejs」ファイルを作成する。

edit.ejsを記述する

ファイルを作成したら、edit.ejsのソースコードを記述しましょう。今回はレコードの内容を編集するためのフィールドを用意しておきます。

リスト5-10

```
<!DOCTYPE html>
```

```html
<html lang="ja">

<head>
  <meta http-equiv="content-type"
    content="text/html; charset=UTF-8">
  <title><%= title %></title>
  <link rel="stylesheet"
    href="https://stackpath.bootstrapcdn.com/bootstrap/4.4.1/css/
    bootstrap.min.css"
    crossorigin="anonymous">
  <link rel='stylesheet'
    href='/stylesheets/style.css' />
</head>

<body class="container">

  <header>
    <h1 class="display-4">
      <%= title %></h1>
  </header>
  <div role="main">
    <p><%= content %></p>
    <form method="post" action="/hello/edit">
      <input type="hidden" name="id"
        value="<%= mydata.id %>">
      <div class="form-group">
        <label for="name">NAME</label>
        <input type="text" name="name" id="name"
          class="form-control" value="<%= mydata.name %>">
      </div>
      <div class="form-group">
        <label for="mail">MAIL</label>
        <td><input type="text" name="mail" id="mail"
          class="form-control" value="<%= mydata.mail %>">
      </div>
      <div class="form-group">
        <label for="age">AGE</label>
        <td><input type="number" name="age" id="age"
          class="form-control" value="<%= mydata.age %>">
      </div>
      <input type="submit" value="更新"
        class="btn btn-primary">
    </form>
  </div>
</body>
```

```
        </html>
```

/editの処理を作成する

　後は、プログラムを用意するだけですね。hello.jsのmodule.exports = router;より前に、下のリストを追記しましょう。

リスト5-11
```
router.get('/edit', (req, res, next) => {
  const id = req.query.id;
  db.serialize(() => {
      const q = "select * from mydata where id = ?";
      db.get(q, [id], (err, row) => {
          if (!err) {
              var data = {
                  title: 'hello/edit',
                  content: 'id = ' + id + ' のレコードを編集:',
                  mydata: row
              }
              res.render('hello/edit', data);
          }
      });
  });
});

router.post('/edit', (req, res, next) => {
  const id = req.body.id;
  const nm = req.body.name;
  const ml = req.body.mail;
  const ag = req.body.age;
  const q = "update mydata set name = ?, mail = ?, age = ? where id = ?";
  db.serialize(() => {
    db.run(q, nm, ml, ag, id);
  });
  res.redirect('/hello');
});
```

　これでプログラムは完成です。/showのときと同じように/hello/edit?id=番号、というようにID番号をクエリーパラメーターで指定してアクセスをしてみてください。そのIDの

レコードがフォームに設定されて表示されます。そのまま内容を書き換えて送信すれば、レコードの内容が変更されます。

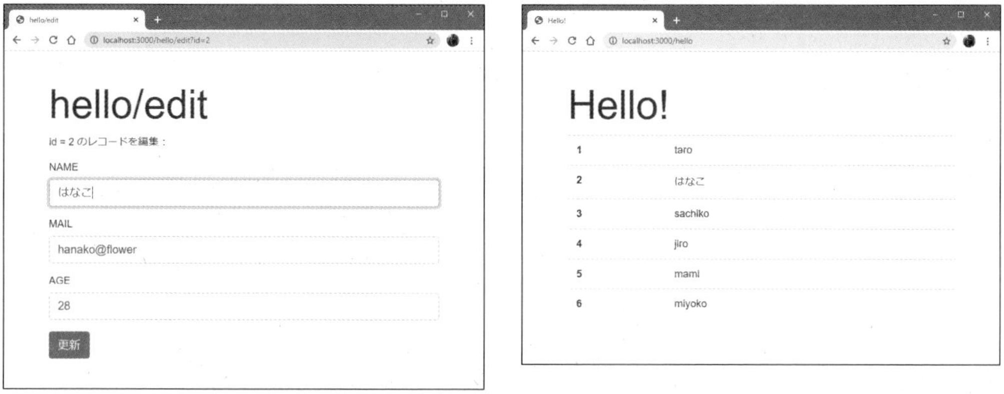

図5-38 /hello/edit?id=2でアクセスすると、ID＝2のレコードがフォームに表示される。このまま書き換えて送信すれば内容が変更される。

updateでデータを更新する

　では、行なっている処理の内容を見てみましょう。まず、router.getです。ここでは、クエリーパラメーターのIDを元にレコードを取得しています。これは、/showのrouter.getの処理と同じですから説明は無用ですね。

　router.postでは、送信されたレコードの内容を元に更新の処理を行なっています。これは、まず送信されたフォームの値を変数に保管しておいてから、実行するクエリー文のテキストを作成しておきます。

```
const q = "update mydata set name = ?, mail = ?, age = ? where id = ?";
```

　レコードの更新は、「update」というものを使います。これは以下のような書き方をします。

```
update テーブル set フィールド1 = 値1, フィールド2 = 値2, …… where 条件 ;
```

　これは大きく３つの部分に分けて考えることができるでしょう。ざっと以下のように整理するとわかりやすくなります。

```
update テーブル
```

　更新するレコードのあるテーブルを指定します。

```
set フィールド1 = 値1, フィールド2 = 値2, ……
```

更新する内容を指定します。setの後に、フィールド名とそれに設定する値を「フィールド = 値」というようにイコールでつないで記述します。複数のフィールドの値を変更する場合は、カンマで区切って続けて書きます。
これは、すべてのフィールドを用意する必要はありません。値を変更するものだけ記述すればOKです。

```
where 条件 ;
```

最後に、更新するレコードを設定するための条件を用意します。この条件に合うレコードの内容が、その前のset〜で指定した値に書き換えられます。もし、条件に合うレコードが複数あった場合は、それの内容がすべて変更されるので注意してください。
ここでは、idの値を指定しています。idはすべてのレコードに異なる値が設定されていますから、常に1つのレコードだけを選択できます。

こうしてクエリーテキストができたら、db.runで実行します。そう、新規作成のcreateのときに使ったdb.runです。結果のレコードを返さない処理は、全部db.runで実行すればOKなのです。
更新処理で絶対に忘れてはならないのが「whereによる条件の設定」です。これを忘れてupdateを実行してしまうと、テーブルのすべてのレコードを書き換えてしまいます。whereを使い、「このレコードを更新する」ということをきっちり指定して実行するようにしてください。

レコードの削除

残るは、レコードの削除です。これも、編集と同じようなインターフェイスで考えましょう。まず最初にIDを指定してアクセスするとそのレコードの内容が表示される、その内容を確認して削除のボタンを押すと、そのレコードが削除される、というやり方ですね。
ここでは、/deleteというアドレスに処理を用意することにします。まずは、テンプレートの作成ですね。VS Codeのエクスプローラーで「hello」フォルダーを選択し、「EX-GEN-APP」の右側にある「新しいファイル」アイコンをクリックして新しいファイルを作成します。名前は「delete.ejs」としておきましょう。

データベースの基本をマスターする | 5-2

図5-39 「hello」フォルダーに「delete.ejs」ファイルを作成する。

delete.ejsのソースコードを作成する

　作成した「delete.ejs」のソースコードを記述しましょう。ここでは、レコードの内容をテーブルにして表示するようにします。それとは別に、削除するレコードのID番号を送信する、ボタンだけのフォームも用意しておきます。

リスト5-12

```html
<!DOCTYPE html>
<html lang="ja">

<head>
  <meta http-equiv="content-type"
    content="text/html; charset=UTF-8">
  <title><%= title %></title>
  <link rel="stylesheet"
    href="https://stackpath.bootstrapcdn.com/bootstrap/4.4.1/css/
    bootstrap.min.css"
    crossorigin="anonymous">
  <link rel='stylesheet'
    href='/stylesheets/style.css' />
</head>

<body class="container">
```

275

```html
<header>
  <h1 class="display-4">
    <%- title %></h1>
</header>
<div role="main">
  <p><%= content %></p>
  <table class="table">
    <tr>
      <th>NAME</th>
      <td><%= mydata.name %></td>
    </tr>
    <tr>
      <th>MAIL</th>
      <td><%= mydata.mail %></td>
    </tr>
    <tr>
      <th>AGE</th>
      <td><%= mydata.age %></td>
    </tr>
    <tr>
      <th></th>
      <td></td>
    </tr>
  </table>
  <form method="post" action="/hello/delete">
    <input type="hidden" name="id"
      value="<%= mydata.id %>">
    <input type="submit" value="削除"
      class="btn btn-primary">
  </form>
</div>
</body>

</html>
```

/delete の処理を作成する

テンプレートができたら、プログラムを作りましょう。hello.jsを開き、module.exports = router;より手前に以下のリストを追記してください。

リスト5-13
```javascript
router.get('/delete', (req, res, next) => {
  const id = req.query.id;
  db.serialize(() => {
      const q = "select * from mydata where id = ?";
      db.get(q, [id], (err, row) => {
          if (!err) {
              var data = {
                title: 'Hello/Delete',
                content: 'id = ' + id + ' のレコードを削除：',
                mydata: row
              }
              res.render('hello/delete', data);
          }
      });
  });
});

router.post('/delete', (req, res, next) => {
  const id = req.body.id;
  db.serialize(() => {
    const q = "delete from mydata where id = ?";
    db.run(q, id);
  });
  res.redirect('/hello');
});
```

修正したら、/hello/delete?id=番号というようにID番号をクエリーパラメーターで指定してアクセスしてみましょう。そのID番号のレコードが表示されます。そのまま「削除」ボタンを押せば、そのレコードがデータベースから削除されます。

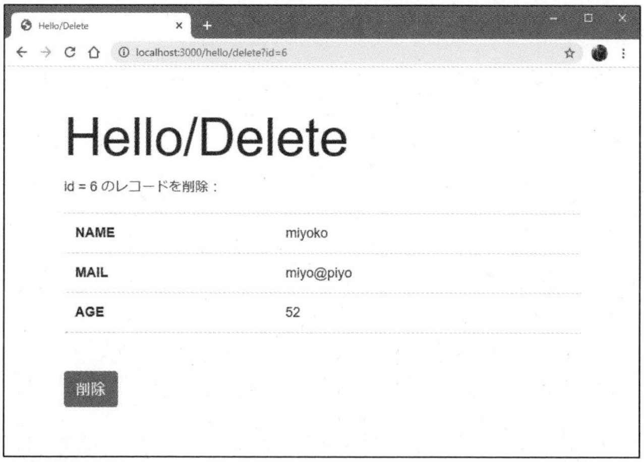

図5-40　idの値をパラメーターで指定してアクセスし、「削除」ボタンを押すと、そのレコードが削除される。

deleteによるレコード削除

これも、router.getの処理は、/showや/editと同じですね。IDを指定してselect文を実行し、その結果を変数mydataに設定して表示をします。

削除を行なっているのは、router.postのコールバック関数です。ここでは「delete」というSQL文を使っています。このdeleteは以下のような形で実行します。

```
delete from テーブル where 条件
```

これで、whereに指定した条件に合うレコードがすべて削除されます。条件に合うものが複数あった場合は、それらすべて削除されてしまうので注意してください。

SQL文ができたら、後はdb.runで実行するだけです。SQL文さえわかれば、後の処理はみんな同じなんですね。

レコードの検索

これで、CRUDの基本がほぼできました。これでデータベースは完璧！ と思った人もいるかもしれませんね。が、それは違います。CRUDは、データベースアクセスの「もっとも基本的なもの」に過ぎません。データベースのレコードを扱うのに最低限これぐらいはできるようにしておきたいよね、というものなのです。

CRUDは確かに大切ですが、実際の開発においてはそれ以上に重要なものがあります。それは「検索」です。

検索については、既に簡単なものはやりました。例えば、レコードの更新や削除は、処理をする対象となるレコードをこんな具合に取り出していましたね。

```
const q = "select * from mydata where id = ?";
db.get(q, [id], (err, row) => {……});
```

特定のIDのレコードを取り出すのに「where」というものを使っていました。これは、取り出す対象となるレコードを絞り込むためのものです。whereの後に条件となるものを指定することで、その条件に合致するレコードだけが取り出されるようにしてくれます。

find.ejsを作成

では、これもサンプルを動かしながら説明していきましょう。まずはテンプレートの用意です。

VS Codeのエクスプローラーで「hello」フォルダーを選択し、「EX-GEN-APP」の右側にある「新しいファイル」アイコンをクリックして新しいファイルを作成します。名前は「find.

ejs」としておきましょう。そして、以下のソースコードを記述しておきます。

図5-41 find.ejsファイルを作成する。

リスト5-14

```
<!DOCTYPE html>
<html lang="ja">

<head>
  <meta http-equiv="content-type"
    content="text/html; charset=UTF-8">
  <title><%= title %></title>
  <link rel="stylesheet"
  href="https://stackpath.bootstrapcdn.com/bootstrap/4.4.1/css/
    bootstrap.min.css"
  crossorigin="anonymous">
  <link rel='stylesheet'
    href='/stylesheets/style.css' />
</head>

<body class="container">

  <header>
    <h1 class="display-4">
      <%= title %></h1>
  </header>
  <div role="main">
    <p><%= content %></p>
    <form method="post" action="/hello/find">
      <div class="form-group">
        <label for="find">FIND</label>
```

```html
            <input type="text" name="find" id="find"
              class="form-control" value="<%=find %>">
          </div>
          <input type="submit" value="更新"
            class="btn btn-primary">
        </form>

        <table class="table mt-4">
          <% for(var i in mydata) { %>
          <tr>
            <% var obj = mydata[i]; %>
            <th><%= obj.id %></th>
            <td><%= obj.name %></td>
            <td><%= obj.mail %></td>
            <td><%= obj.age %></td>
          </tr>
          <% } %>
        </table>
      </div>
</body>

</html>
```

　ここでは、フォームとテーブルが用意されています。フォームには、name="find"という入力フィールドを用意し、/hello/findに送信をするようにしてあります。またテーブルでは、mydataの値を順に表示していくようにしてあります。Node.js側で/hello/findにアクセスした際の処理を用意し、フォームの値を使って検索した結果をmydataとして渡すようにすればいいわけですね。

/findの処理を作成する

　では、hello.jsに/findの処理を記述しましょう。例によって、module.exports = router;の手前に以下のスクリプトを追記してください。

リスト5-15
```javascript
router.get('/find',(req, res, next) => {
  db.serialize(() => {
    db.all("select * from mydata",(err, rows) => {
      if (!err) {
        var data = {
          title: 'Hello/find',
          find:'',
```

```
            content:'検索条件を入力してください。',
            mydata: rows
          };
          res.render('hello/find', data);
        }
      });
    });
});

router.post('/find', (req, res, next) => {
  var find = req.body.find;
  db.serialize(() => {
    var q = "select * from mydata where ";
    db.all(q + find, [], (err, rows) => {
      if (!err) {
        var data = {
          title: 'Hello/find',
          find:find,
          content: '検索条件 ' + find,
          mydata: rows
        }
        res.render('hello/find', data);
      }
    });
  });
});
```

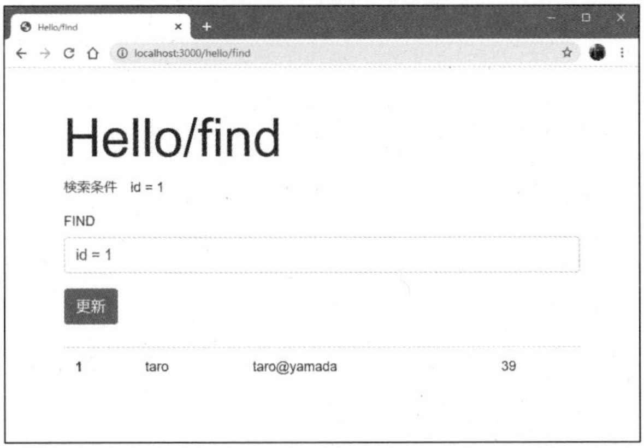

図5-42「id = 1」と入力して送信すれば、IDが1のレコードを検索する。

　では、実際に/hello/findにアクセスしてみましょう。入力フィールドに、検索の条件を記述します。例として、「id = 1」と入力して送信してみてください、IDが1のレコードを表示します。

Chapter-5 データベースを使おう！

whereの検索条件を考える

では、送信されたフォームの処理をしている部分を見てみましょう。ここでは、以下のように検索を行なっています。

```
var q = "select * from mydata where ";
db.all(q + find, [], (err, rows) => {……略……
```

q + findのテキストをSQLクエリーとして設定しています。「id = 1」と入力したなら、実行されるSQLクエリーは「select * from mydata where id = 1」となるわけですね。検索の条件は、こんな具合に設定されます。

```
where 条件の式
```

whereの後に用意される式は、基本的に「フィールド名と値を比較する式」と考えていいでしょう。つまり、「このフィールドの値が○○なもの」というようにして条件を指定するのです。データベースは、その条件に合致するレコードだけを検索して送り返すのです。

この「値を比較する式」は、以下のような記号を使います。

```
フィールド = 値
フィールド != 値
フィールド < 値
フィールド <= 値
フィールド > 値
フィールド >= 値
```

フィールドの値が右辺の値と等しいか等しくないか、大きいか小さいか、といったことを調べてレコードを検索するわけですね。これがwhereの条件の基本です。

LIKE検索

これは数字などの値を扱うときは便利ですが、テキストの値を扱うときはちょっと不便です。例えば、「太郎さんを探したい」と思ったとき、「name = "太郎"」とするでしょう。このとき、nameの値が「太郎」ならば探せますが、「山田太郎」とフルネームで設定されていたりすると、もう探すことができません。これは困りますね。

こんなときに使われるのが「LIKE検索（あいまい検索）」と呼ばれるものです。これは、以下のように式を用意します。

```
where フィールド like 値
```

このlikeは、フィールドと値を比較するとき、値に「ワイルドカード」と呼ばれる記号を使うことができます。「%」という記号で、これは「どんな値も当てはめることができる特別な値」を示します。

例えば、/hello/findのフィールドにこのように記述して実行してみましょう。

```
mail like "%.jp"
```

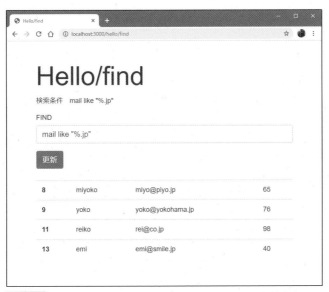

図5-43 「mail like "%.jp"」でmailが.jpで終わるものを検索する。

すると、mailの値が.jpで終わるものをすべて検索します。こんな具合に、%をつけることで、以下のような検索が可能になるのです。

"〇〇%"	〇〇で始まるもの
"%〇〇"	〇〇で終わるもの
"%〇〇%"	〇〇を含むもの

これらが使えるようになれば、テキストの検索もかなり実用的なものになりますね！

複数条件の指定

検索の条件というのは、1つだけしか使わないわけではありません。例えば、「年齢が20代の人」を検索したい、としましょう。すると、2つの条件を使わないといけないことがわかりますか？ つまり、「年齢が20以上」「年齢が30未満」の両方の条件をチェックしないと、20代の人は見つけられないのです。

こんなときに用いられるのが「and」と「or」です。

●AND検索

条件1 and 条件2

andは、2つの条件の両方に合致するものだけを検索するのに使います。例えば、「age >= 20 and age < 30」とすれば、20代の人だけを検索することができます。

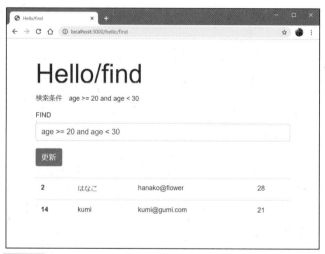

図5-44 「age >= 20 and age < 30」で20代の人だけを検索する。

●OR検索

条件1 or 条件2

orは、2つの条件のどちらかに合致するものをすべて検索します。例えば、「age < 20 or age > 70」とすると、未成年と70歳以上の人をまとめて検索できます。

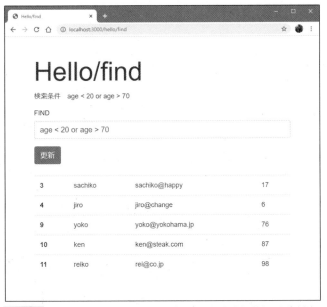

図5-45 「age < 20 or age > 70」とすると未成年者と70歳以上の人を検索する。

いかに条件を作成するかが検索のポイント

　検索の基本について簡単に説明をしました。SQLには、まだまだ多くの検索に関する機能が用意されています。が、ここに挙げたものを使えるようになっただけでもかなり細かに検索を行なえるようになるはずですよ。

　検索は、つまるところ「いかにうまく条件を作成できるか」にかかっています。条件をうまく作ることができれば的確に必要なレコードを取り出すことができます。/hello/findの検索ページを使って、いろいろな式を入力し、検索を試してみましょう。

Chapter 5　データベースを使おう！

5-3 バリデーション

バリデーションとは？

　データベースを利用するようになると、データの入力にもこれまで以上に注意を払う必要が出てきます。例えばフォームを送信しそれをデータベースに保管する場合、フォームに問題のある値が入力されていたりすると、そのままデータベースに問題あるデータが保存されてしまうことになります。
　こうした「きちんとしたデータ」を確認するための機能として、「バリデーション」という仕組みが用いられます。これについて説明しましょう。

バリデーションは、入力チェック

　バリデーションというのは、入力された値をチェックする機能のことです。例えば、フォームから値を送信してその値をデータベースに保存するようなとき、入力された値がデータベースに保管してもいい形式になっているかを調べるものです。
　Webアプリケーションを自分だけしか使わないのならいいのですが、誰でもそのWebサイトを使える状態になってる場合、どんな値が送信されるかわかりません。数字の値のところにテキストが書いてあったり、必ず値を入れておかないといけないところが空のままだったり。そうした「正しくない値」をそのままデータベースに保管しようとすると、うまく保存できずにエラーになってしまうかもしれません。
　そこで、入力された値をチェックし、正しい形で入力されていることを確認した上でデータベースに保存するのです。こうすれば、どんな値が入力されても大丈夫です。そのために用いられるのが「バリデーション」なのです。
　バリデーションは、フォームがサーバーへ送信されたとき、その送られてきた値の内容をチェックします。そしてそれが正常ならばそのままデータを保存すればいいのです。もし問題があれば、エラーメッセージなどをつけてフォームを再表示し、再度入力してもらうようにします。

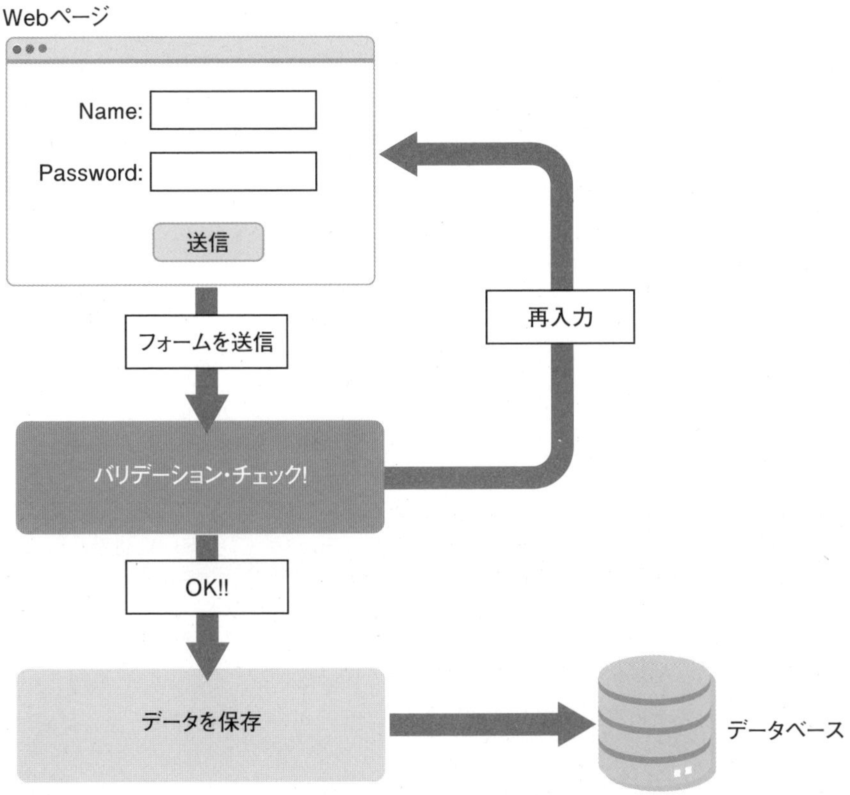

図5-46 送信されたフォームの内容をチェックし、問題があれば再度フォーム表示に戻る。問題がなかったらデータベースに保存をする。

Express Validatorについて

　このバリデーションの機能も、パッケージとして用意されています。これはいくつか種類がありますが、Expressで利用するもっともスタンダードなバリデーション機能は「Express Validator」というものでしょう。

　では、早速使ってみることにしましょう。VS Codeのターミナルから以下のようにコマンドを実行をしてください。なお、Webアプリケーションを実行中の場合はCtrlキー＋Cキーで一度終了してから実行しましょう。

```
npm install express-validator
```

　これで、そのアプリケーションにExpress Validatorがインストールされ、使えるようになります。

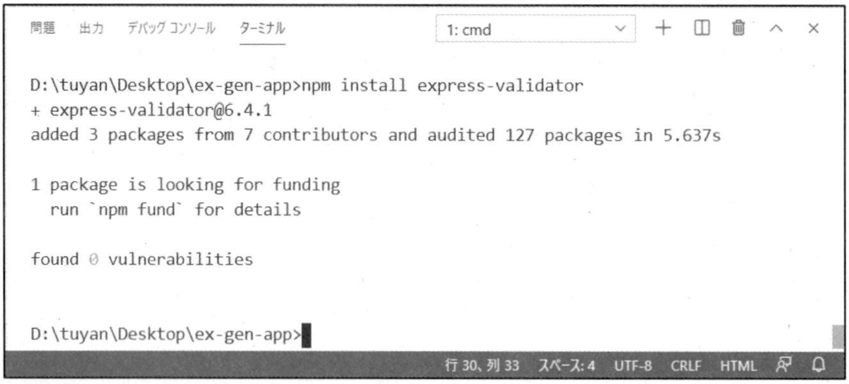

Chapter-5 データベースを使おう！

図5-47 VS Codeのターミナルからnpm installでExpress-Validatorをインストールする。

Express Validatorを使ってみる

　では、実際にExpress Validatorを使ってみることにしましょう。前項で、SQLiteを使ったサンプルを作成しましたね(/hello)。そこで作った、新しいデータを作成する処理の部分(/hello/add)にバリデーションを追加してみましょう。

add.ejsの修正

　まずは、テンプレートファイルの修正です。「views」フォルダーの「hello」フォルダー内にある「add.ejs」を開き、<body>タグの部分を以下のように書き換えましょう。

リスト5-16

```
<body class="container">
  <header>
    <h1 class="display-4">
      <%= title %></h1>
  </header>
  <div role="main">
    <p><%- content %></p>
    <form method="post" action="/hello/add">
      <div class="form-group">
        <label for="name">NAME</label>
        <input type="text" name="name" id="name"
          value="<%= form.name %>"
          class="form-control">
      </div>
      <div class="form-group">
```

288

```
            <label for="mail">MAIL</label>
            <td><input type="text" name="mail" id="mail"
                value="<%= form.mail %>"
                class="form-control">
      </div>
      <div class="form-group">
          <label for="age">AGE</label>
          <td><input type="number" name="age" id="age"
              value="<%= form.age %>"
              class="form-control">
      </div>
      <input type="submit" value="作成"
          class="btn btn-primary">
    </form>
  </div>
</body>
```

value属性の追加

　何を修正したのか？　というと、フォームに用意している<input>タグにvalue属性を追加しているのです。例えば、こんな具合にタグが修正されているのがわかるでしょう。

```
<input type="text" name="name" id="name"
    value="<%= form.name %>" class="form-control">
```

　valueには、「form.○○」といった値が設定されています。サーバー側でformという変数に、フォームの値を用意しておいて、それをvalueに設定して表示させよう、というわけです。なぜ、こんなことをしているのか？　というと、それは「フォームの再入力」への対応です。
　バリデーションを行なう場合、入力された値が正しくなければ再度フォームに戻ってもう一度入力してもらうようにします。が、このとき、フォームがまたすべて空っぽになっていると、全部やり直しになってしまいます。
　前回、記入した値を覚えておいて、再入力時にはその値が自動的に設定されるようになっていれば、間違っていたところだけを修正するだけで済みます。そのための措置なのです。

　この他、name="age"のタグが、type="number"からtype="text"に変えてありますが、これは「バリデーションがちゃんと働いているかどうかをチェックするため、数字以外も入力できるようにしてある」のです。動作を確認したら、type="number"に戻しておくとよいでしょう。

プログラムを用意する

では、/hello/add のプログラムを用意しましょう。「routes」フォルダー内の「hello.js」を修正します。ここには、既に /hello にアクセスした際のルーティング処理がたくさん書いてありましたね。それらの中から、/hello/add の GET と POST の処理部分を探して書き換えましょう。

リスト5-17

```javascript
const { check, validationResult } = require('express-validator');

router.get('/add', (req, res, next) => {
  var data = {
      title: 'Hello/Add',
      content: '新しいレコードを入力:',
      form: {name:'', mail:'', age:0}
  }
  res.render('hello/add', data);
});

router.post('/add', [
    check('name','NAME は必ず入力してください。').notEmpty(),
    check('mail','MAIL はメールアドレスを記入してください。').isEmail(),
    check('age', 'AGE は年齢(整数)を入力ください。').isInt()
  ], (req, res, next) => {
    const errors = validationResult(req);

    if (!errors.isEmpty()) {
        var result = '<ul class="text-danger">';
        var result_arr = errors.array();
        for(var n in result_arr) {
          result += '<li>' + result_arr[n].msg + '</li>'
        }
        result += '</ul>';
        var data = {
            title: 'Hello/Add',
            content: result,
            form: req.body
        }
        res.render('hello/add', data);
    } else {
        var nm = req.body.name;
        var ml = req.body.mail;
        var ag = req.body.age;
```

```
      db.serialize(() => {
        db.run('insert into mydata (name, mail, age) values (?, ?, ?)',
          nm, ml, ag);
      });
      res.redirect('/hello');
    }
});
```

　修正したら、Node.jsを再実行し、/hello/addにアクセスしてください。そしてフォームに適当に入力して送信しましょう。ここでは、以下の点をチェックしています。

- nameが空でないかどうか
- mailがメールアドレスの値かどうか
- ageが整数の値かどうか

　これらが正しく入力されていれば、データが追加されます。が、どれかが正しくないと、再びフォームが現れ、エラーメッセージが表示されます。

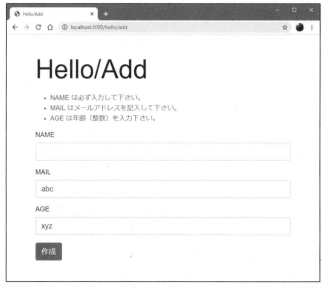

図5-48　/hello/addにアクセスし、フォームを送信する。入力に問題があると、このようにエラーメッセージが表示され再入力となる。

Chapter-5 データベースを使おう！

Express Validatorの基本

では、Express Validator利用の流れを整理していきましょう。まず、ルーティングの処理を行なう前に、以下のような形でrequire文が書かれているのがわかりますね。

```
const { check, validationResult } = require('express-validator');
```

これが、Express Validatorを読み込んでいる文です。Express Validatorは、app.jsにrequire文を用意するのでなく、このように各ルーティングのスクリプト内で必要に応じて呼び出します。

ここでは、checkとvalidationResultにExpress Validatorsの機能が割り当てられます。checkは、バリデーションのチェックを行なうための関数です。そしてvalidationResultは、バリデーションの実行結果に関する情報などを管理するResultFactoryというオブジェクトを生成する関数が割り当てられます。

こうして得られた2つの関数を使ってバリデーションを行なうのです。

バリデーション設定の用意

では、ルーティングの処理を行なっているrouter.postの部分を見てみましょう。ここでは、以下のような形になっていますね。

```
router.post('/add', [……設定……], (req, res, next) => {……
```

割り当てるアドレスの'/add'と、呼び出される関数(req, res, next) => {……}の間に、配列が追加されていますね。これが、実はExpress Validatorによるバリデーションの設定をまとめたものなのです。

この設定は、以下のような形になっています。

```
[
    check('name','NAME は必ず入力してください。').notEmpty(),
    check('mail','MAIL はメールアドレスを記入してください。').isEmail(),
    check('age', 'AGE は年齢(整数)を入力ください。').isInt()
]
```

いずれも、check関数を呼び出した結果を配列にまとめていることがわかるでしょう。このcheck関数は、「ValidationChain」というオブジェクトを返します。

このcheck関数は以下のように呼び出します。

```
check( 項目名 , エラーメッセージ ).メソッド()
```

checkでは、バリデーションのチェックを行なう項目名を第1引数に指定します。これは、<input>のname属性の値と考えればいいでしょう。そして第2引数には、エラーメッセージを指定します。これは省略してもかまいません。その場合はデフォルトで用意されているエラーメッセージが表示されます。

これでValidationChainオブジェクトが得られます。このオブジェクトから、実行するバリデーションの内容となるメソッドを呼び出します。ValidationChainオブジェクトには、「バリデータ(Validator)」と呼ばれる、バリデーションのチェック内容となるメソッドが多数用意されています。これらを呼び出すことで、指定の項目にそのチェック内容を設定することができます。

例えば、ここでは以下のようなメソッドが呼び出されていますね。

notEmpty()	値が空かどうか
isEmail()	値がメールアドレスかどうか
isInt()	値が整数値かどうか

このようにして、checkの戻り値から更にチェック内容のメソッドを呼び出してその戻り値(これもValidationChainです)を配列にしてまとめることで、バリデーションの内容が設定されるのです。

バリデーションの結果を処理する

postメソッドの内容を見てみましょう。まず最初に、バリデーションの実行結果を以下のようにして取り出します。

```
const errors = validationResult(req);
```

validationResultは、引数に関数のリクエストを扱うreqオブジェクトを指定して呼び出します。これにより、バリデーションのチェックを実行した結果をResultというオブジェクトとして返します。

このResultには、エラー情報を管理するErrorオブジェクトが保管されています。このResultにErrorがあるかどうかは、「isEmpty」メソッドでチェックできます。スクリプトを見ると、エラーの処理部分は、このようになっていることがわかるでしょう。

```
if (!errors.isEmpty()) {
```

```
    ……エラー発生時の処理……
}
```

エラーが全くなければ、isEmptyの戻り値はtrueになります。何かのエラーが発生してErrorが追加されていればfalseになります。ここではisEmptyがfalseの場合のみ、エラーの処理を行なっています。

エラー情報であるErrorは、以下のようにして取り出せます。

```
var result_arr = errors.array();
```

errorsの「array」は、エラー情報をErrorオブジェクトの配列として取り出します。これでError配列が用意できたら、それを繰り返し処理で対応していきます。

```
for(var n in result_arr) {
  result += '<li>' + result_arr[n].msg + '</li>'
}
```

result_arr[n]でErrorオブジェクトが得られます。そのmsgの値をresultにまとめています。msgは、check関数の第2引数で指定したエラーメッセージが設定されているプロパティです。これにより、発生したエラーのメッセージをresultにまとめていたのですね。

フォームへの値の設定

renderする際、忘れてはいけないのが「form」にフォームの値を設定しておく、ということです。これは以下のようにしています。

```
form: req.body
```

req.bodyというのは、Body Parserモジュールでフォームの内容が保存されているところでした。これをそのままformに設定しておけば、そのままそれぞれのフォームの値がテンプレート側でvalueに設定できるようになります。

バリデーションの使い方を整理！

以上、ざっと説明しましたが、わかりました？ またもやコールバック関数などが登場して、全体の流れがよくわからなくなっちゃった、という人も多かったかもしれませんね。ここでもう一度、処理の流れを整理しておきましょう。

●チェック項目を追加する

```
check( 項目名 , エラーメッセージ ). バリデーション用メソッド ( )
```

●チェックの実行

```
const errors = validationResult(req);
```

●エラーのチェック

```
if (!errors.isEmpty()) {
    ……エラー発生時の処理……
}
```

●エラーの処理

```
var result_arr = errors.array();
for(var n in result_arr) {
    ……result_arr[n]を利用……
}
```

　この基本形を元に必要な処理を追記すれば、とりあえずバリデーションを自分のフォームなどに追加することはできるようになるでしょう。そしてそれができれば、バリデーションの内部の仕組みなどわからなくても十分使いこなせるようになるはずですよ。

用意されているバリデーション用メソッド

　これでバリデーションの基本的な流れはだいたいわかりました。問題は、「どんなバリデーションの項目があるのか」でしょう。ここで使ったnotEmptyやisIntのようなものですね。これがわからないと、どんな設定をすればいいのかわかりませんから。

isEmail()	メールアドレスかどうか。
isInt()	整数の値かどうか。
isString()	テキストの値かどうか。
isArray()	配列かどうか。
notEmpty()	空でないかどうか。
contains()	引数のテキストの中に含まれているかどうか。
exists()	その項目が存在するかどうか。

サニタイズ用メソッド

この他、「サニタイズ」のためのメソッドも用意されています。サニタイズというのは「データの無効化」のための処理です。

例えば、フォームから入力された値を保管し、画面に表示するような場合、HTMLタグやJavaScriptのコードが送信されると、それがそのまま実行され画面に表示されてしまう危険があります。こうした場合に使われるのが「サニタイズ」です。

Express Validatorでは、ValidationChainにサニタイズのためのメソッドが用意されています。これを利用することで簡単にサニタイズ処理を追加できます。

《ValidationChain》.escape()

このように、ValidationChainオブジェクトから「escape」を呼び出すことで、その値が自動的にエスケープ処理されるようになります。実際に試してみましょう。

/addのPOST送信処理を行なうrouter.postメソッドのはじめのところを以下のように修正してみてください。

リスト5-18
```
router.post('/add', [
    check('name','NAME は必ず入力してください。').notEmpty().escape(),
    check('mail','MAIL はメールアドレスを記入してください。').isEmail().escape(),
    check('age', 'AGE は年齢(整数)を入力ください。').isInt()
], (req, res, next) => {……略……
```

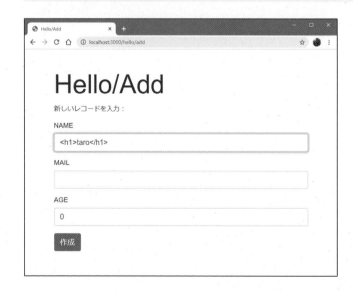

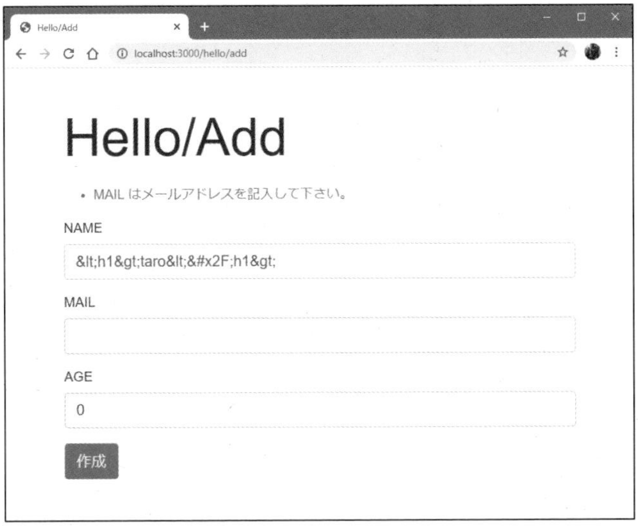

図5-49 HTMLタグを書いて送信すると、それがエスケープ処理された状態になっているのがわかる。

ここでは、nameとmailにサニタイズを行なっています。これらにHTMLタグを含んだ値を入力し送信してみましょう。それらがすべてエスケープ処理されるのがわかるでしょう。

ここでは、以下のような形でバリデーションとサニタイズを設定しています。

```
check('name','NAME は必ず入力してください。').notEmpty().escape(),
check('mail','MAIL はメールアドレスを記入してください。').isEmail().escape(),
```

notEmptyやisEmailを呼び出した後、更にescapeを呼び出すだけです。これだけで入力した値をサニタイズしてくれます。

カスタムバリデーション

Express Validatorでは標準でいくつかのバリデーションが用意されています。が、その種類を見て「思ったよりも少ないな」と感じた人もいることでしょう。デフォルトで用意されているのは、必要最低限のチェック内容だけです。それ以上のものは、必要に応じて自分でチェック内容を追加できるようになっているのです。

独自に定義したバリデーションを追加する場合は、「custom」というメソッドを使います。この基本的な使い方を整理すると以下のようになります。

```
check(……).custom(value =>{……処理……})
```

customは、引数に関数を指定します。この関数は、チェックする値を引数に持つシンプ

ルな関数です。戻り値は真偽値であり、trueを返せば問題なし、falseを返すと問題あり、と判断されます。

このようにcustomを使って独自のバリデーション内容を追加することで、より本格的なバリデーションチェックを行なえるようになるのです。

年齢の入力範囲を指定する

では、実際にカスタムバリデーションを使ってみましょう。/addへのrouter.postの開始部分を以下のような形に修正してみてください。

リスト5-19
```
router.post('/add', [
    check('name','NAME は必ず入力してください。').notEmpty(),
    check('mail','MAIL はメールアドレスを記入してください。').isEmail(),
    check('age', 'AGE は年齢(整数)を入力ください。').isInt(),
    check('age', 'AGE はゼロ以上120以下で入力ください。').custom(value =>{
      return value >= 0 & value <= 120;
    })
  ], (req, res, next) => {……以下略……
```

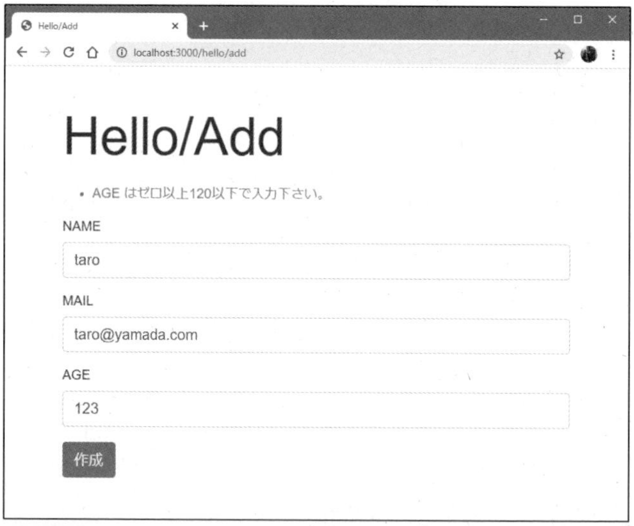

図5-50 ageの値がゼロ〜120の範囲を超えるとエラーになる。

ここではageに「ゼロ以上120以下」という値の範囲を設定してあります。この範囲を超えた値を入力するとエラーになります。実際にさまざまな値を入力して動作を確認しましょう。

customの内容を確認しよう

では、バリデーションの内容を見てみましょう。ここでは、postのcheckをまとめた配列部分に、以下の項目を新たに追加してあります。

```
check('age', 'AGE はゼロ以上120以下で入力ください。').custom(value =>{
  return value >= 0 & value <= 120;
})
```

customに用意した関数では、return value >= 0 & value <= 120;というようにチェックを実行しています。value >= 0 と value <= 120をチェックし、両方の条件が成立するなら問題なし、と判断するようにしているのですね。

こんな具合に、必要に応じて独自のバリデーション処理を追加していけるようになれば、バリデーションを十分使いこなせるようになりますね！

この章のまとめ

今回は、値とデータの利用についてかなり幅広く説明をしました。内容も盛り沢山なので、とても覚えきれなかったことでしょう。

この章のポイントは、正直、とても2つや3つに絞ることはできないのですが、「とりあえず今すぐ覚えなくても大丈夫」というものをすべて後回しにして、以下のポイントだけでも確実に覚えておきましょう。

セッションの使い方

セッションは、Expressから導入した機能ですね。これは、Expressに限らず、Webアプリケーションの開発では必ずといっていいほど使うことになる機能です。基本的に「値の読み書き」さえできれば使えますから、ここで確実に利用できるようになりましょう。

SQLite3アクセスの基本

SQLite3へのアクセスは、決まった手続きを行なう必要がありましたね。シリアライズのメソッドを用意し、そこから更にdb.allやdb.get、あるいはdb.runといったメソッドを呼び出しました。この基本的な書き方はしっかりと覚えておきましょう。

また、データベースへのアクセスは、基本的に「SQLクエリー」と呼ばれる命令文を実行して行ないました。ここでは、レコードの取得、作成、更新、削除といった基本的なSQLクエリーを実行しました。これらをすべて覚える必要はありませんが、基本的な「select」に

よるレコード取得、それに「where」による条件の設定ぐらいは覚えておきたいですね！

　この章の最大のポイントは、なんといっても「データベース」です。データベースは、「レコードを取り出す処理」と「取り出さない処理」で実行方法が異なります。この2つの処理方法をしっかり理解しましょう。
　「でも、ややこしくて何が何だかわからないよ！」という人。そうですね、そういう人もいることでしょう。が、心配はいりません。Expressでは、もっと簡単にデータベースを利用する方法もちゃんと用意されています。次は、その話をしましょう。

Chapter

6

SequelizeでORMを
マスターしよう！

データベースを本格的に活用するなら、ORMはぜひ使えるように
なっておきたいところです。この章では、「Sequelize」
というNode.jsのORMパッケージを使ったデータベースの
利用について説明しましょう。

Chapter 6　SequelizeでORMをマスターしよう！

Section 6-1 Sequelizeを使おう！

 ## Sequelizeとは？

　前章で、SQLite3を使ったデータベースの利用について簡単に説明をしました。sqlite3パッケージを使い、SQL文を実行してCRUDという基本操作を簡単に作成できました。

　「……簡単？　どこが？！」

　と眉間にしわを寄せて思った人。sqlite3パッケージは、SQLite3というデータベースを利用するための機能を提供してくれますが、これはお世辞にも「使いやすい」とはいえないでしょう。「最低限の機能を用意するから、後は全部SQLを書いてなんとかしてくれ」というアプローチなのですから。

　これは、まぁSQLに慣れ親しんだ人にとっては便利なのは確かです。使い慣れたSQLをそのまま利用できるのですから。しかし、そうでない人にとって、データベースアクセスは苦痛以外のナニモノでもありません。

　SQLなんて見たくない。もっと普通に、JavaScriptのメソッドを呼び出せばデータベースにアクセスできるようなやり方はできないのか。そう思った人もきっといたはずです。

　実は、あります。それは「Sequelize」というパッケージです。このSequelizeを使えば、もうSQLなんてものを見ることなく、データベースを使うことができます。

　Sequelizeは、以下のWebサイトで公開されています。といっても、ここからプログラムをダウンロードしたりする必要はありません。例によって、npmからインストールして使えます。

```
https://sequelize.org
```

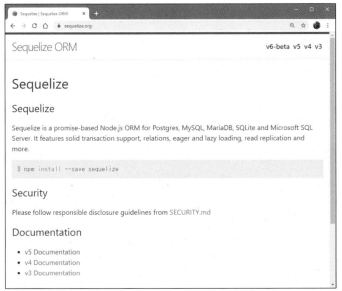

図6-1 sequelizeのWebサイト。

SequelizeはORM

　このsequelizeは、「ORM」と呼ばれるプログラムです。ORMとは、「Object-Relational Mapping」の略で、日本語でいえば「オブジェクト＝関係マッピング」ということになります。といっても、何だかわかりませんよね。

　Objectというのは、プログラミング言語のオブジェクトのことです。そしてRelationalというのは、SQLデータベースなどの構造のことです。つまりこれは、「プログラミング言語のオブジェクトと、データベースの構造をマッピングし、相互にやり取りできるようにするもの」なのです。

　データベースをプログラミング言語から利用する際の最大の問題点とは、「データベースのSQL言語と、プログラミング言語が全然違う言語だ」ってことでしょう。Node.jsは、JavaScript言語です。そしてSQLite3は、SQLというデータベースアクセスの言語です。これらはまるで違います。そこに問題があります。

　もし、データベースの利用が、「JavaScriptのオブジェクトを作ったり、メソッドを呼び出したりして行なえる」ようになっていたら、データベース特有のわかりにくさはだいぶ軽減されます。SQLクエリーなんてものを使わず、ただ「○○のメソッドを呼び出す」だけでテーブルのレコードがJavaScriptのオブジェクトとして取り出せるなら？　ずいぶんとすっきりしますね？

　これを実現するが、ORMです。Sequelizeは、Node.jsのORMプログラムなのです。

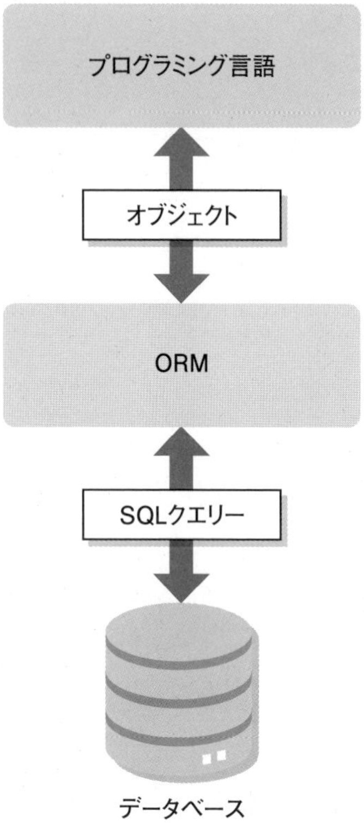

| Chapter-6 | SequelizeでORMをマスターしよう！ |

```
        ┌─────────────────────┐
        │   プログラミング言語    │
        └─────────────────────┘
                  ↕
             ┌─────────┐
             │ オブジェクト │
             └─────────┘
                  ↕
        ┌─────────────────────┐
        │         ORM         │
        └─────────────────────┘
                  ↕
             ┌─────────┐
             │ SQLクエリー │
             └─────────┘
                  ↕
              [データベース]
               データベース
```

図6-2　ORMは、プログラミング言語とデータベースの間でデータを相互に変換し、やり取りを助ける。

Sequelizeのインストール

　では、実際にSequelizeを使ってみましょう。前章まで使ってきた「ex-gen-app」をそのまま利用することにします。VS Codeで「ex-gen-app」フォルダーは開いていますか？　では、ターミナルから以下のコマンドを実行して下さい。もし前章でのWebアプリケーションを実行したままになっている場合は、Ctrlキー＋Cキーで一度終了してコマンドを実行しましょう。

```
npm install sequelize
```

304

図6-3 Sequelizeをインストールする。

Sequelize CLIのインストール

　続いて、もう1つパッケージをインストールしましょう。「Sequelize CLI」というプログラムです。これは、Sequelizeを利用するために役立つコマンドプログラムです。VS Codeのターミナルから、以下を実行して下さい。

```
npm install sequelize-cli
```

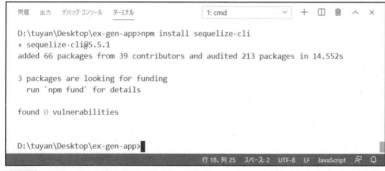

図6-4 Sequelize CLIをインストールする。

　このSequelize CLIというのは、Node.jsのモジュールなどではありません。これは、コマンドプロンプトやターミナルなどからコマンドとして実行して使うものです。Node.jsのスクリプトから使うわけではありませんから、これ自体はなくても、Sequelizeは使えます。「便利にSequelizeを使うためのツール」というわけです。

Sequelizeを初期化する

では、Sequelizeを使っていきましょう。Sequelizeは、いきなりスクリプトを書いて使うこともできるのですが、いろいろ便利な機能も用意されているので、それらを活用しながら本格的な使い方を覚えていくことにしましょう。

最初に行なうのは、「Sequelizeの初期化」です。VS Codeのターミナルから以下のコマンドを実行して下さい。

```
npx sequelize-cli init
```

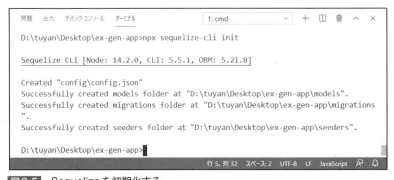

図6-5 Sequelizeを初期化する。

生成されるフォルダーについて

このコマンドを実行すると、プロジェクト内にSequelizeで利用するフォルダーとファイルが作成されます。新たに作られるのは以下のものです。

「config」フォルダー	設定情報を管理するものです。この中にconfig.jsonという設定ファイルが作成されます。
「migrations」フォルダー	マイグレーションというデータベースの変更情報などを管理するファイルを扱うところです。
「models」フォルダー	データベースアクセスに使う「モデル」というオブジェクトを定義するところです。デフォルトで「index.js」ファイルが作成されています。
「seeders」フォルダー	シーダーという初期データを扱うためのものです。

これらを使いながら、Sequelizeの基本的な使い方を覚えていくことになります。いろいろ難しそうなものが登場しますが、使い方さえわかればかなり快適にデータベースを扱えるようになります。

config.jsonについて

　初期化が終わったら、データベースアクセスのための設定を行ないましょう。「config」フォルダーの中に、「config.json」というファイルが作成されています。これを開いて下さい。バージョン等によって項目やバージョン番号に違いはあるでしょうが、だいたい以下のようなものが書かれていることがわかるでしょう。

リスト6-1

```json
{
  "development": {
    "username": "root",
    "password": null,
    "database": "database_development",
    "host": "127.0.0.1",
    "dialect": "mysql",
  },
  "test": {
    "username": "root",
    "password": null,
    "database": "database_test",
    "host": "127.0.0.1",
    "dialect": "mysql",
  },
  "production": {
    "username": "root",
    "password": null,
    "database": "database_production",
    "host": "127.0.0.1",
    "dialect": "mysql",
  }
}
```

　これは、JSONデータのファイルです。Node.jsのアプリケーション情報を管理するのにpackage.jsonというファイルが作られていましたね。あれもJSONファイルでした。{}で値をまとめてあるだけなので、なんとなくどういうことが書かれているのかはわかるでしょう。

　このconfig.jsonでは、{}の中に3つの設定情報が記述されています。整理すると、こんな形になっています。

```
{
  "development": {
    ……開発中の設定……
```

```json
    },
    "test": {
        ……テスト用の設定……
    },
    "production": {
        ……正式リリース時の設定……
    }
}
```

　プロジェクトは、開発のときと正式リリースのときで使用するデータベースが変わったりすることもあります。そこで、開発中、テスト用、正式リリースと3つの設定を用意しておくようになっているのですね。

SQLite3の設定に書き換える

　デフォルトでは、MySQLというデータベースを利用する形で設定が用意されています。これをSQLite3利用の形に書き換えましょう。config.jsonの内容を以下のように変更して下さい。

リスト6-2

```json
{
  "development": {
    "database": "db-development",
    "dialect": "sqlite",
    "storage": "db-dev.sqlite3"
  },
  "test": {
    "database": "db-test",
    "dialect": "sqlite",
    "storage": "db-test.sqlite3"
  },
  "production": {
    "database": "db-product",
    "dialect": "sqlite",
    "storage": "db.sqlite3"
  }
}
```

　これで、SQLite3がSequelizeで利用できるようになります。なお、使用するデータベースファイルは、開発中では「db-dev.sqlite3」という名前にしておきました。既に作成してあるmydb.sqlite3をそのまま使ってもいいのですが、通常のデータベース利用とSequelizeと分けたほうが整理しやすいと思えるので違うデータベースファイル名にしてあります。

SQLite3の設定

ここでは、SQLite3を使うようにすべての設定を変更してあります。SQLite3を使うための設定は、以下のような内容になっています。

```
{
  "database": データベース名,
  "dialect": "sqlite",
  "storage": データベースファイル
}
```

SQLite3は、ファイルに直接アクセスをするため、必要な情報はそれほど多くありません。databaseでデータベース名、storageでデータベースファイルのパスをそれぞれ設定しておくだけです。dialectは、使用するデータベースの種類を指定するもので、これは必ず"sqlite"にしておく必要があります。

MySQLの設定

config.jsonでは、デフォルトで「MySQL」というデータベースを使うように設定されていました。MySQLは、オープンソースのSQLサーバープログラムとしてもっとも広く使われているソフトウェアです。正式リリース時にはこれを使いたい、という人もきっと多いことでしょう。

MySQLのデータベース設定は、以下のように記述をします。

```
{
  "username": 利用者名,
  "password": パスワード,
  "database": データベース名,
  "host": ホストのドメイン,
  "dialect": "mysql"
}
```

dialectには、必ず"mysql"と指定をします。利用者名、パスワード、データベース名、データベースサーバーのホスト名といった情報を用意します。

PostgresSQLの設定

もう1つ、オープンソースで人気の高いSQLデータベースに「PostgresSQL」というものもあります。こちらも設定の書き方を整理しておきましょう。

```
{
  "username": 利用者名 ,
  "password": パスワード ,
  "database": データベース名 ,
  "host": ホストのドメイン ,
  "dialect": "postgres"
}
```

見ればわかるように、実はMySQLとほぼ同じです。SQLデータベースサーバーを利用する場合は、ログインする利用者の情報とデータベースサーバーの情報が必要になります。これも、必要な項目さえ頭に入っていれば問題ないでしょう。

モデルを作成する

初期化と設定ができたら、次に行なうのは？ それは「モデル」の作成です。

モデルというのは、Sequelizeでデータベースのテーブルにアクセスするための機能を提供するオブジェクトです。Sequelizeでは、テーブルごとに対応するモデルが用意されます。このモデルのメソッドを呼び出すことで、対応するテーブルにアクセスをします。またテーブルから取り出されるレコードもモデルのオブジェクトとして扱うことができます。

ここでは、例として「User」というモデルを作成してみましょう。このUserは、以下のような項目をもっています。

name	名前
pass	パスワード
mail	メールアドレス
age	年齢

たったこれだけのシンプルなモデルです。では、このテーブルに対応するモデルを作成しましょう。

Sequelize CLIでモデルを作る

モデルはNode.jsのスクリプトとして作成しますが、実は自分で作る必要はありません。先にインストールした「Sequelize CLI」というツールを使って簡単に作ることができるのです。

では、VS Codeのターミナルから以下のコマンドを実行してみましょう。

```
npx sequelize-cli model:generate --name User --attributes name:string,pass:s
tring,mail:string,age:integer
```

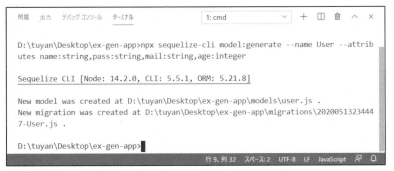

図6-6 Userモデルを作成する。

　これで、「models」フォルダーの中に「user.js」というファイルが生成されます(この他に「migrations」フォルダーにも作られますが、これについては後ほど触れます)。このuse.jsが、Userモデルのスクリプトになります。Sequelizeでは、こんな具合に「models」フォルダーの中にモデルのスクリプトが用意されるのです。

モデル作成のコマンドについて

　ここで実行しているのは、Sequelize CLIのコマンドで、以下のような形をしています。

```
npx sequelize-cli model:generate --name モデル名 --attributes 属性の情報
```

　sequelize-cli model:generateというのがSequelize CLIのコマンドです。このコマンドには、--nameと--attributesという2つのオプションを用意します。これで、モデルの名前と、そのモデルに用意する属性の情報を指定するのです。
　属性の情報というのは、モデルにどんな値を保管するかをまとめたもので、こんな形になっています。

```
名前1:タイプ,名前2:タイプ,……
```

　用意する属性の名前と、その値がどんなタイプの値なのかをそれぞれコロンとコンマでつなげて記述していきます。これらは途中でスペースなどを開けずに続けて記述して下さい。

Chapter-6 SequelizeでORMをマスターしよう！

> **コラム** npx ってなに？　　　　　　　　　　**Column**
>
> 　ここでは、sequelize-cli model:generate というコマンドを実行しましたが、これの前に「npx」というのがありますね。実をいえば、これこそが実行しているコマンドの正体です。つまり、「npxで、sequelize-cli model:generate というコマンドを実行していた」のです。
>
> 　このnpxというのは何か？ これは、実はnpmに用意されている新しいコマンドなのです。npmよりも更にいろいろ便利な機能が用意されたものなのですね。現在のNode.jsには標準で用意されていますから、別途インストールなど必要なく、すぐに使えます。Sequelize CLIは、このnpxで実行するのが基本です。

Userモデルについて

　では、作成されたモデルはどのようになっているのでしょうか。「models」フォルダのuser.jsを開いてみると、かなりの長さのスクリプトが書かれていることがわかります。これはモデルの本格的な活用を考えたもので、ちょっと初心者にはわかりにくいところがあります。ここでは、もう少しベーシックなモデルの書き方で作成することにしましょう。

リスト6-3
```
'use strict';
module.exports = (sequelize, DataTypes) => {
  const User = sequelize.define('User', {
    name: DataTypes.STRING,
    pass: DataTypes.STRING,
    mail: DataTypes.STRING,
    age: DataTypes.INTEGER
  }, {});
  User.associate = function(models) {
    // associations can be defined here
  };
  return User;
};
```

　これでもまだ難しそうですね。これだけ見ると、何をやっているのかよくわかりませんが、少し整理するとこういうことをやっているのがわかります。

```
module.exports = (sequelize, DataTypes) => {
    ……モデルの作成……
};
```

このmodule.exports =……というもの、どこかで見たことありますね？ そう、ルーティングのスクリプトです。「routes」フォルダーに作成したhello.jsなどでは、必ず最期にこう書いてありました。

```
module.exports = router;
```

このmodule.exportsというのは、Node.jsでオブジェクトを外部から利用するのに使われるものです。ですからこのuser.jsも、同じように「オブジェクトを作って外部から利用できるようにする」処理を行なっていたのです。

module.exportsで実行する処理

では、このmodule.exportsに設定してある関数の中ではどんな処理を行なっていたのでしょうか。これは整理すると以下のようになります。

1. Userというオブジェクトを作る
2. Userのassociateという値を設定する
3. Userをreturnする

Userというのは、モデルとなるオブジェクトです。その後のassociateというのは他のモデルとの関連に関するもので、まぁ最初のうちは特に考えなくていいでしょう。つまり、モデルとなるオブジェクト（ここではUser）の作り方さえわかっていれば、このモデルのスクリプトの内容はほぼ把握できる、というわけです。

コラム 'use strict'; ってなに？ Column

　スクリプトでは、最初に'use strict';という見覚えのない文が書かれていましたね。これは一体、何でしょうか。

　この文は、このスクリプトが「strictモード」で実行されることを示すものなのです。strictモードというのは、「厳格モード」というJavaScriptの実行モードです。

　JavaScriptは、かなりルーズな書き方が許容されています。変数はvarで宣言しなくても使えるし、既にある変数をまたvarで宣言してもエラーにならないし、またJavaScriptの予約語や既にあるオブジェクトを変数や関数の名前に使っても動いてしまったりします。こうした動作は、エラーのもとになります。

　そこで、strictモードでは、通常は「ちょっといい加減な書き方だけど、まぁいいでしょ」といったものをすべて「エラー！ ちゃんと書いて！」とエラーとして報告するようになります。したがって、それまで普通に動いていたスクリプトも、strictモードにすると途端に動かなくなる、なんてことがあります。

　が、スクリプトの実行時の問題などはぐっと減りますから、フレームワークの多くはstrictモードを採用しているのです。

Userモデルの内容

　では、Userというオブジェクトがどのように作られているのか見てみましょう。すると、このように用意されていることがわかります。

```
const User = sequelize.define('User', {
  name: DataTypes.STRING,
  pass: DataTypes.STRING,
  mail: DataTypes.STRING,
  age: DataTypes.INTEGER
}, {})
```

　ここでは、sequelize.defineというメソッドを使ってオブジェクトを作っていることがわかりますね。このメソッドは以下のような形になっています。

```
変数 = sequelize.define( モデル名 , モデルの属性 , オプション );
```

　最後のオプションは、まぁ特に必要なければ無視してかまいません。モデル名は、モデル

の名前ですね。そして第2引数がモデルに用意する属性の設定です。これが、テーブルに用意されるカラムに相当するものになります。

Userモデルでは、以下のような属性が用意されています。

name	テキストの値
pass	テキストの値
mail	テキストの値
age	整数の値

それぞれ、項目名にDataTypes.○○といった値が設定されています。これは、その項目の値のタイプを示すものです。DataTypesというのは値の種類をまとめたオブジェクトで、ここに用意されているプロパティを使って値のタイプを指定します。

ここでは、STRINGとINTEGERを使っています。それぞれテキストと整数の値を示すタイプです。

これで、モデルがどういう形で定義されているのか、だいたいわかりました。「models」フォルダー内に作成されるファイルから、「モデルの名前と用意される属性」についてしっかり頭に入れておけば、どんな値を保管するようになっているのかだいたいわかるのです。

マイグレーションの実行

さて、では次に行なう作業は？　これは「マイグレーション」というものです。マイグレーションは、データベースの内容を変更したりした際に、その差分をデータベースに適用したり、前の状態に戻したりといった操作を行なうための仕組みです。

ここでは、新しいモデルを作成しました。これでマイグレーションを実行すると、作成したモデルなどの情報を元にデータベースを更新し、必要なテーブルなどを作成してくれるのです。つまり、データベースを直接操作することなく、データベースの準備が整ってしまう、というわけです。

では、VS Codeのターミナルから以下のコマンドを実行しましょう。

```
npx sequelize-cli db:migrate --env development
```

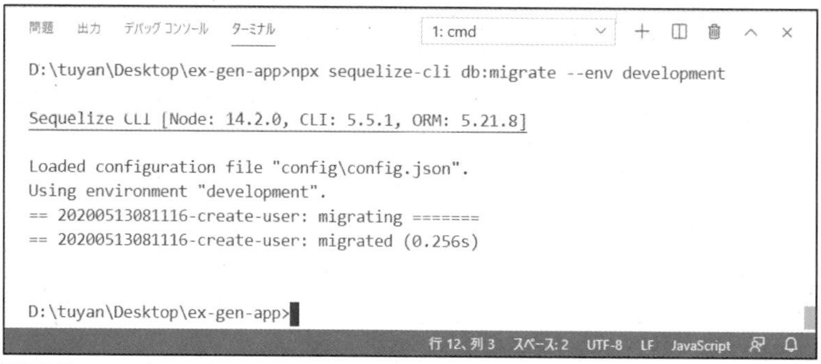

Chapter-6 | SequelizeでORMをマスターしよう！

```
D:\tuyan\Desktop\ex-gen-app>npx sequelize-cli db:migrate --env development

Sequelize CLI [Node: 14.2.0, CLI: 5.5.1, ORM: 5.21.8]

Loaded configuration file "config\config.json".
Using environment "development".
== 20200513081116-create-user: migrating =======
== 20200513081116-create-user: migrated (0.256s)

D:\tuyan\Desktop\ex-gen-app>
```

図6-7　マイグレーションを実行する。

　これを実行すると、「ex-gen-app」フォルダーの中に「db-dev.sqlite3」というデータベースファイルが作成されます。これがマイグレーションによって生成されたデータベースファイルです。

　ここでは、「sequelize-cli db:migrate」というコマンドを実行しています。これは、--envというオプションが指定されています。これで、developmentの設定でマイグレーションを実行しています。developmentというのは、config.jsonに用意しておいた、あのdevelopmentの設定のことです。あの設定を使ってデータベースの更新をしていたのですね。

　正式リリースの際には、「--env production」とオプションを指定してコマンドを実行すればいいわけですね！

db-dev.sqlite3を確認しよう

　これでデータベースファイルが作成されました。では、その中身がどうなっているのか見てみましょう。db-dev.sqlite3をDB Browserで開いて中身をチェックして下さい。

　「Tables」という項目の中に「Users」という項目が用意されているのがわかるでしょう。これが、マイグレーションによって作成されたテーブルです。Userモデルのデータを保管するのに、このUsersというテーブルが作成されていたのですね。

　これを開くと、以下のようなカラムが用意されているのがわかります。

id	すべてに割り当てられるプライマリキーの値
name	名前の値
pass	パスワードの値
mail	メールアドレスの値
age	年齢の値
createdAt	作成日時
updatedAt	更新日時

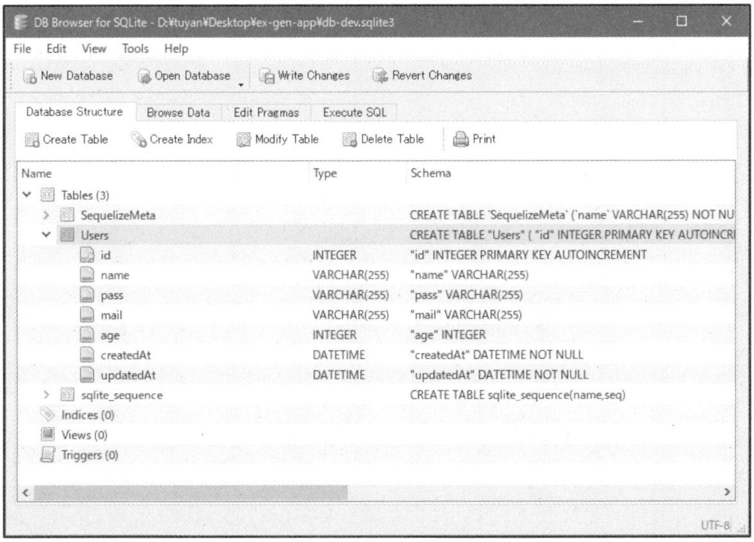

図6-8 db-dev.sqlite3をDB Browserで開くと、Usersテーブルが作成されているのがわかる。

　よく見ると、Userモデルに用意した覚えのない項目まであありますね。id, createdAt, updatedAtといったカラムは、作った記憶がありません。

　これらは、実はSequelizeによって自動的に追加されるものなのです。これらはデータの保管に必要となるものなので、必ず用意されるようになっていたのですね。

マイグレーションの中身は？

　これでマイグレーションが実行されましたが、このマイグレーションで実行した内容は、一体どこに書いてあったんでしょうか。

　先にモデルを作成した際、「models」フォルダーだけでなく、「migrations」フォルダーにもファイルが生成されていたのに気づいたでしょうか。ここに用意されたファイルが、マイグレーションのためのファイルなのです。マイグレーション実行時には、このファイルの内容を実行してデータベースを更新していたのです。

　では、ここに作成されているファイルはどのようなものなのでしょうか。おそらく「2020…略…-create-user.js」といった名前のファイルが用意されていると思うので、これを開いてみて下さい。

リスト6-4

```
'use strict';
module.exports = {
  up: async (queryInterface, Sequelize) => {
    await queryInterface.createTable('Users', {
```

Chapter-6 SequelizeでORMをマスターしよう！

```javascript
      id: {
        allowNull: false,
        autoIncrement: true,
        primaryKey: true,
        type: Sequelize.INTEGER
      },
      name: {
        type: Sequelize.STRING
      },
      pass: {
        type: Sequelize.STRING
      },
      mail: {
        type: Sequelize.STRING
      },
      age: {
        type: Sequelize.INTEGER
      },
      createdAt: {
        allowNull: false,
        type: Sequelize.DATE
      },
      updatedAt: {
        allowNull: false,
        type: Sequelize.DATE
      }
    });
  },
  down: async (queryInterface, Sequelize) => {
    await queryInterface.dropTable('Users');
  }
};
```

　また、何だか難しそうな処理がずらっと出てきましたね。これも、内容を全部理解する必要はありません。が、なんとなく「こういうことをやってる」くらいは知っておきたいですね。
　まず、このスクリプトがどういう形になっているのか少し整理しましょう。すると、こうなっていることがわかります。

```javascript
module.exports = {
  up: async (queryInterface, Sequelize) => {
    ……作成処理……
  },
  down: async (queryInterface, Sequelize) => {
    ……削除処理……
```

```
    }
};
```

upとdownという値があり、それぞれに関数が用意されているのですね。これらは、データベースを更新する処理と、元に戻す処理を記述したものです。これにより、マイグレーションしたり、前の状態に戻したりといったことが行なえるようになっていたのです。

upでは、テーブルを作成する処理を行なっています。これは、以下のようなメソッドを呼び出して行ないます。

```
queryInterface.createTable( テーブル名 , {……カラム情報……});
```

テーブルの名前と、そこに用意するカラムの情報をまとめたものが用意されます。カラムの情報は、更に以下のような形になっています。

```
{
  id: {……},
  name: {……},
  pass: {……},
  mail: {……},
  age: {……},
  createdAt: {……},
  updatedAt: {……}
}
```

作成するカラムの名前とそこに設定する情報がずらっと書かれていたのですね。このマイグレーションは、自分で書いたりすることはまずないでしょうから、これ以上詳しいことは理解しなくてもかまいません。ただ、このようにしてNode.jsのプログラムの中からデータベースのテーブルを作成するなどの処理を行なっているんだ、ということは知っておきましょう。

シーディングについて

これでモデルと、それに対応するデータベース側のテーブルが用意されました。ただし、テーブルにはまだ何もレコードは用意されていません。実際にWebアプリケーションの開発を行なうなら、あらかじめ簡単なダミーデータを用意しておきたいところですね。

こうした「最初に用意しておくレコード」は「シード」と呼ばれます。このシードを作成することを「シーディング」といいます。Sequelizeには、シーディングを行なうための機能も用意されています。シーディング用のスクリプトファイルを生成し、そこに作成するレコード

の内容を記述して実行するのです。

では、さっそくシーディングのスクリプトファイルを作成しましょう。ここではサンプルとして「sample-user」という名前で用意することにします。VS Codeのターミナルから以下のように実行をして下さい。

```
npx sequelize-cli seed:generate --name sample-user
```

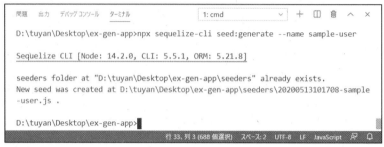

図6-9 シーディングファイルを生成する。

シーディングのファイル生成は、「sequelize-cli seed:generate」というコマンドで行ないます。ここでは、--nameというオプションを使い、作成するファイル名を指定してあります。

シーディングのスクリプト

コマンドを実行すると、プロジェクト内にある「seeders」フォルダーの中に、「2020……-sample-user.js」といった名前のファイルが作成されます。これがシーディングのファイルです。

このファイルを開くと、以下のようなスクリプトが記述されています(コメントは省略しています)。

リスト6-5

```
'use strict';
module.exports = {
  up: async (queryInterface, Sequelize) => {

  },
  down: async (queryInterface, Sequelize) => {

  }
};
```

upとdownという値があり、それぞれに関数が用意されていますね。これ、どこかで見

たことありませんか？　そう、マイグレーションのスクリプトと同じような形になっています。downの関数にシードを作成する際の処理を用意し、downにもとに戻す際の処理を用意すればいいのです。

 ## sample-user.jsにシードを用意する

では、シーディングのファイルにシードを追加する処理を記述しましょう。以下のように「2020……sample-user.js」の内容を書き換えて下さい。

リスト6-6
```
'use strict';

module.exports = {
  up: async (queryInterface, Sequelize) => {
    return queryInterface.bulkInsert('Users', [
      {
        name: 'Taro',
        pass: 'yamada',
        mail: 'taro@yamada.jp',
        age:39,
        createdAt: new Date(),
        updatedAt: new Date()
      },
      {
        name: 'Hanako',
        pass: 'flower',
        mail: 'hanako@flower.com',
        age:28,
        createdAt: new Date(),
        updatedAt: new Date()
      },
      {
        name: 'Jiro',
        pass: 'change',
        mail: 'jiro@change.com',
        age:17,
        createdAt: new Date(),
        updatedAt: new Date()
      },
      {
        name: 'Sachiko',
```

```
        pass: 'happy',
        mail: 'sachiko@happy.jp',
        age:6,
        createdAt: new Date(),
        updatedAt: new Date()
      }
    ]);
  },

  down: async (queryInterface, Sequelize) => {
    return queryInterface.bulkDelete('Users', null, {});
  }
};
```

記述したら、VS Codeのターミナルからシーディングを実行しましょう。以下のようにコマンドを実行して下さい。

```
npx sequelize-cli db:seed:all
```

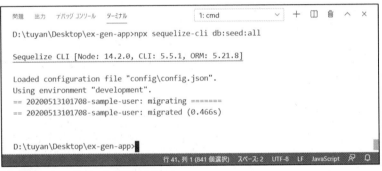

図6-10　シーディングを実行する。

これでシーディングが実行され、シードがデータベースのテーブルに作成されました。シーディングの実行は、「sequelize-cli db:seed:all」というコマンドで実行できます。これで、config.jsonのdevelopmentの設定を元にシードが作成されます。他の設定でシード作成を行ないたいときは、--envオプションをつけて実行することもできます。例えば「--env production」とつければ、正式リリース時のデータベース設定にシードを追加できます。

シードの作成

ここでは、upの関数にシードを作成する処理を用意しています。これは、以下のような文になります。

```
return queryInterface.bulkInsert('Users', レコード情報の配列 );
```

　第1引数に追加するテーブル名を、そして第2引数に追加するレコードの内容を配列にまとめたものを用意しています。レコードの内容は、以下のような形になっています。

```
{
  name: 'Taro',
  pass: 'yamada',
  mail: 'taro@yamada.jp',
  age:39,
  createdAt: new Date(),
  updatedAt: new Date()
}
```

　わかりますか？ それぞれのフィールド名とその値をひとまとめにした形になっていますね。このような形で、作成するレコードの内容を記述しておけばいいのです。
　なお、注意したいのは「idは必要ないが、createdAt/updatedAtの値は必要」という点です。といっても、createdAt/updatedAtはnew Date()をそのまま値として渡しておくだけです。さほど面倒でもないですね。
　さあ、これでSequelizeを使ったデータベース利用の準備がすべて整いました。後は、実際にスクリプトを書いてデータベースにアクセスするだけです！

Chapter 6　SequelizeでORMをマスターしよう！

Section 6-2 レコードを検索しよう

Usersテーブルを表示する

　では、いよいよSequelizeを使ってデータベースのUsersテーブルにアクセスを行なってみましょう。今回は、helloとは別のルーティングスクリプトを使って試していくことにします。Express Generatorで作成したプロジェクトでは、デフォルトで「routes」フォルダー内にindex.jsとusers.jsという2つのスクリプトファイルが作成されていました。この内、users.jsは全く使っていませんから、これを利用することにしましょう。

　では、ごく基本的な操作として、Usersテーブルのレコードをすべて取得し一覧表示するサンプルを作成してみましょう。まず、スクリプトを作成しておきます。「routes」フォルダーのusers.jsを開き、以下のように書き換えて下さい。

リスト6-7
```
const express = require('express');
const router = express.Router();
const db = require('../models/index');

/* GET users listing. */
router.get('/',(req, res, next)=> {
  db.User.findAll().then(usrs => {
    var data = {
      title: 'Users/Index',
      content: usrs
    }
    res.render('users/index', data);
  });
});

module.exports = router;
```

　このusers.jsは、app.jsで既に/uesrsというアドレスに割り当てがされています。ですか

ら、スクリプトを書き換えるだけですぐに利用することができます。作成したスクリプトについては、後ほど改めて説明することにしましょう。

「users」内にindex.ejsを用意する

続いて、テンプレートを用意しましょう。テンプレートはデフォルトでは用意されていませんから作成する必要があります。まず、VS Codeのエクスプローラーで「views」フォルダーを選択し、プロジェクトの「EX-GEN-APP」のところにある「新しいフォルダー」アイコンをクリックしてフォルダーを作成しましょう。

図6-11 「views」フォルダーの中に「users」フォルダーを作る。

そして、作成した「users」フォルダーを選択し、「EX-GEN-APP」項目の右側にある「新しいファイル」アイコンをクリックして「index.ejs」という名前でファイルを作成します。

Chapter-6 | SequelizeでORMをマスターしよう！

図6-12「users」内に「index.ejs」を作る。

index.ejsを作成する

　これで、「views」フォルダー内に「users」フォルダーが、更にその中に「index.ejs」ファイルが用意されました。では、このファイルを開いてテンプレートの内容を記述しましょう。

リスト6-8
```
<!DOCTYPE html>
<html lang="ja">

<head>
  <meta http-equiv="content-type"
    content="text/html; charset=UTF-8">
  <title><%= title %></title>
  <link rel="stylesheet"
   href="https://stackpath.bootstrapcdn.com/bootstrap/4.4.1/css/
    bootstrap.min.css"
   crossorigin="anonymous">
  <link rel='stylesheet'
    href='/stylesheets/style.css' />
</head>

<body class="container">

  <header>
    <h1 class="display-4">
```

```
        <%= title %></h1>
    </header>
    <div role="main">
      <table class="table">
        <% for(var i in content) { %>
        <tr>
          <% var obj = content[i]; %>
          <th><%= obj.id %></th>
          <td><%= obj.name %></td>
          <td><%= obj.mail %></td>
          <td><%= obj.age %></td>
        </tr>
        <% } %>
      </table>
    </div>
  </body>
</html>
```

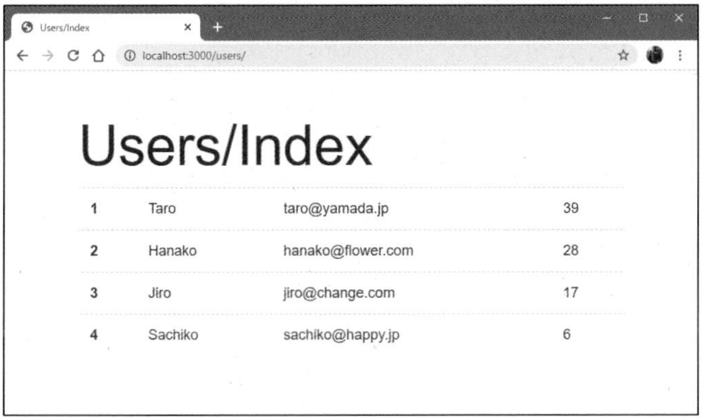

図6-13 /usersにアクセスする。

　完成したら、ターミナルからnpm startを実行し、http://localhost:3000/usersにアクセスしましょう。すると、シーディングで作成したダミーのレコードがテーブルにまとめられて表示されます。

Sequelize利用の手順を理解する

　では、作成したusers.jsのスクリプトに話を戻しましょう。ここでは、Sequelizeを利用するための必要最小限の処理が用意されています。

まず、必要なオブジェクトを以下のように用意しています。

```
const express = require('express');
const router = express.Router();
const db = require('../models/index');
```

ExpressとRouterを変数に用意しておくのはExpress利用の基本でしたね。その後で、「models」フォルダーのindex.jsを読み込み変数dbに代入しています。このdbに、Sequelizeで利用されるすべての情報がまとめられています。

db.UserからfindAllを呼び出す

ルーティングの処理を見てみましょう。router.get('/', ……);で/uersにアクセスした際の処理を行なっていますね。ここでは、Userモデルの「findAll」というメソッドを呼び出しています。これは、以下のような形をしています。

```
db.User.findAll().then(usrs => {……});
```

dbオブジェクトには、Sequelizeのあらゆる値がまとめられています。作成したUserモデルは、db.Userとして取り出すことができます。Userモデルを使ってテーブルにアクセスするには、このUserにあるメソッドを呼び出せばいいのです。

ここで使っている「findAll」は、すべてのレコードを取得するメソッドです。これは非同期になっており、その後のthenメソッドで処理完了後のコールバック関数を設定します。

このコールバック関数には引数が1つあり、これにfindAllで取得したレコードのデータが渡されます。この値は、対応するモデルのオブジェクトを配列にしたものになります。例えば、db.User.findAllを実行したならば、UsersテーブルのレコードがUserモデルオブジェクトの配列の形になってコールバック関数に渡される、というわけですね。

後は、コールバック関数の中でテンプレートをレンダリングし表示する処理を用意するだけです。ここではコールバック関数の引数usrsをcontentという名前でテンプレート側に渡しています。

```
var data = {
  title: 'Users/Index',
  content: usrs
}
res.render('users/index', data);
```

このあたりは、既におなじみですから改めて説明するまでもないでしょう。レンダリングされるテンプレートですが、これは「users」フォルダー内のindex.ejsが使われています。

テンプレートでのレコードの表示

では、このindex.ejsでどのようにレコードを表示しているのか見てみましょう。<body>内にある<table>タグでそれを行なっています。

```
<table class="table">
<% for(var i in content) { %>
    <tr>
        <% var obj = content[i]; %>
        <th><%= obj.id %></th>
        <td><%= obj.name %></td>
        <td><%= obj.mail %></td>
        <td><%= obj.age %></td>
    </tr>
<% } %>
</table>
```

for(var i in content)で、contentからインデックスを順に変数iに取り出しています。そして、<tr>内でvar obj = content[i];としてcontentから指定のオブジェクトを変数objに取り出しています。

このobjに取り出された値は、Userモデルのオブジェクトになっていますから、後はそこから<%= obj.id %>といった具合にプロパティの値を取り出し出力していくだけです。

これで、Usersテーブルの値を取り出してから表示するまでができました！

指定IDのレコードを表示する

findAllによるレコードの取得は、いろいろなオプションを指定することができます。このオプションは、findAllの引数に用意します。こんな具合ですね。

```
findAll( { 設定1: 値1 , 設定2 : 値2 , ……} )
```

{}の中に名前と値を記述していくJSON形式の書き方ですね。これで必要な設定とその値を用意していけばいいのです。

設定の中で、もっとも重要なのが「where」オプションでしょう。これは、レコードを取得する際の条件を指定するもので、さまざまな形で値を用意できます。

もっとも簡単なのは、「特定のフィールドの値を指定する」というものでしょう。これは以下のように記述します。

```
{ where: { フィールド : 値 } }
```

whereの値として、フィールド名と値を{}でまとめたものを指定します。例えば、{name:"taro"}なんて具合に書けば、nameフィールドの値が"taro"のものを検索できるわけですね。

クエリーパラメータでIDを送る

では、実際の利用例を挙げておきましょう。先ほどのusers.jsに記述したrouter.getメソッドの処理を以下のように修正してみましょう。

リスト6-9
```
router.get('/',(req, res, next)=> {
  const id = req.query.id
  db.User.findAll({
    where: {
      id: id
    }
  }).then(usrs => {
    var data = {
      title: 'Users/Index',
      content: usrs
    }
    res.render('users/index', data);
  });
});
```

図6-14　/users?id=番号 とアクセスすると、指定した番号のレコードが表示される。

ここでは、クエリーパラメータを使って値を渡すようにしてあります。例えば、http://localhost:3000/users?id=2 というようにアクセスすると、idが2のレコードを表示します。いろいろとパラメータの値を変更して表示を確かめてみましょう。

IDによる検索の手順

では、実行している処理を見てみましょう。まず、送信されたクエリーパラメータの値を変数に取り出します。

```
const id = req.query.id
```

この値を使ってwhereオプションをfindAllに用意して実行します。それがこの部分ですね。

```
db.User.findAll({
  where: {
    id: id
  }
})
```

これで、idの値が変数idと等しいレコードのUserオブジェクトが取り出せます。whereへの値の設定の仕方がわかれば、意外と簡単そうですね。

Opから演算子を指定して検索する

このやり方は、基本的に「指定したフィールドが指定の値と等しいもの」を検索します。が、イコールで値を指定できる場合ばかりではありません。例えば、「idの値が10以下のもの」を検索したい場合はどうすればいいのでしょうね？

こうしたときに使われるのが「Operator」という値です。これは、演算子を表す値をまとめたオブジェクトで、以下のように利用します。

```
const { Op } = require("sequelize");
```

これで、Operatorオブジェクトが変数Opにロードされます。あるいは、dbオブジェクトにはすべての値がまとめられていますから、そこからOperatorを取り出して利用してもいいでしょう。

```
const Op = db.Sequelize.Op
```

これで、やはり変数OpにOperatorオブジェクトが取り出されます。

このOpには、演算子の値が多数用意されています。これを利用して条件の式を作成します。これは以下のような形で記述します。

```
where: { フィールド : { [Op.演算子] : 値 } }
```

{}が入れ子になっているのでちょっとわかりにくいかもしれません。検索するフィールドの値に{}を使い演算子と値を指定します。演算子は、[Op.xxx] というように、必ず[]でくくって記述して下さい。そのままOp.xxxというように書くと認識されません。

指定したID以下のものを検索する

では、実際に利用例を挙げておきましょう。routesフォルダのusers.jsのrouter.getメソッドの部分を以下のように書き換えて下さい。なお、メソッドの前にあるconst { Op } = require("sequelize");も忘れずに書いておきましょう。

リスト6-10
```
const { Op } = require("sequelize");

router.get('/',(req, res, next)=> {
  const id = req.query.id
  db.User.findAll({
    where: {
      id:{ [Op.lte]:id }
    }
  }).then(usrs => {
    var data = {
      title: 'Users/Index',
      content: usrs
    }
    res.render('users/index', data);
  });
});
```

図6-15 /users?id=3とすると、idが3以下のものをすべて表示する。

先ほどと同様に、?id=番号とクエリーパラメータをつけてアクセスしてみましょう。すると、そのID以下のレコードがすべて表示されます。

ここでは、req.query.idの値を変数idに取り出した後、以下のようにfindAllを呼び出しています。

```
db.User.findAll({
  where: {
    id:{ [Op.lte] :id }
  }
})
```

whereの値として、id:{ [Op.lte] :id }というものが設定されていますね。Op.lteはless than-equalの略で、JavaScriptの演算子でいえば<=に相当します。つまり、id:{ [Op.lte] :id }というのは、「idフィールドの値 <= 変数id」という条件を示していたわけですね。

このように、Opにある値を使うことで、比較演算子を使った条件を設定できるのです。

Opに用意されている演算子プロパティ

では、Opeにはどのような演算子プロパティが用意されているのでしょうか。主な演算子のプロパティをいかに整理しておきましょう。

eq	=
ne	!=
lt	<
lte	<=
gt	>
gte	>=
like	like
ilike	ilike

見ればわかるように、like演算子もちゃんと用意されています。これを利用することで、LIKE検索も行なえるのですね。

LIKE検索を行なう

ではOpの利用例としてもう1つ挙げておきましょう。テキストの検索で多用されるLIKE

Chapter-6 SequelizeでORMをマスターしよう！

検索を使ってみます。users.jsのrouter.getメソッドを以下のように書き換えて下さい。

リスト6-11
```
router.get('/',(req, res, next)=> {
  const nm = req.query.name
  db.User.findAll({
    where: {
      name: {[Op.like]:'%'+nm+'%'}
    }
  }).then(usrs => {
    var data = {
      title: 'Users/Index',
      content: usrs
    }
    res.render('users/index', data);
  });
});
```

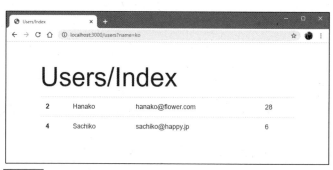

図6-16 /users?name=koとすると、nameにkoを含むものをすべて検索する。

ここでは、nameというクエリーパラメータを使って検索を行ないます。例えば、http://localhost:3000/users?name=koとアクセスをすると、nameにkoを含むものをすべて検索します。

ここでは、const nm = req.query.nameでクエリーパラメータからnameの値を変数に取り出すと、findAllのwhereに以下のようにオプションを用意しています。

```
name: {[Op.like]:'%'+nm+'%'}
```

[Op.like]でLIKE演算子を指定していますね。そしてパラメータの値の前後にワイルドカード(%)をつけて検索を行なっています。これにより、nameパラメータで送られたテキストをnameに含むレコードをすべて検索できます。

複数の条件を設定する（AND検索）

検索条件というのは、1つだけしか使わないわけではありません。複数の条件を組み合わせる場合もあります。

例えば、「20代のユーザを検索する」というような場合を考えてみましょう。この条件は、「年齢が20以上」「年齢が30未満」という2つの条件を満たす必要があります。こういう複数条件を使った検索というのは意外に必要となることが多いのです。

複数条件の設定には、大きく2通りのやり方があります。1つ目は「複数条件のすべてに合致するものを検索する」というやり方。これは一般に「AND（論理積）」と呼ばれます。

このANDを使った検索は、意外と簡単に行なえます。whereの値に複数のオプションを用意すればいいのです。では、やってみましょう。

users.jsのrouter.getメソッドを以下のように書き換えてみて下さい。

リスト6-12

```javascript
router.get('/',(req, res, next)=> {
  const min = req.query.min * 1
  const max = req.query.max * 1
  db.User.findAll({
    where: {
      age: {[Op.gte]:min, [Op.lte]:max}
    }
  }).then(usrs => {
    var data = {
      title: 'Users/Index',
      content: usrs
    }
    res.render('users/index', data);
  });
});
```

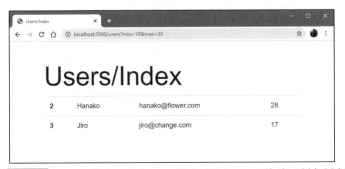

図6-17 /users?min=10&max=30とするとageの値が10以上30以下のものを検索する。

ここでは、minとmaxというパラメータを送ってアクセスをします。例えば、http://localhost:3000/users?min=10&max=30とアクセスをすると、ageの値が10以上30以下のものを検索します。

ここでは、whereの検索条件に以下のようなオプションを用意しています。

```
age: {[Op.gte]:min, [Op.lte]:max}
```

ageの値として、[Op.gte]:minと[Op.lte]:maxという2つの条件を用意してあります。これにより、ageの値が2つの条件に合致するものだけが検索されるようになります。

複数フィールドを使う場合は？

ここではageフィールドに2つの条件を設定していました。では、複数のフィールドに条件を設定した場合はどうなるでしょうか。

例えば、こんなfindAllを考えてみましょう。

```
db.User.findAll({
  where: {
    name: {[Op.like]:'%'+f+'%'},
    mail: {[Op.like]:'%'+f+'%'}
  }
})
```

ここでは、name: {[Op.like]:'%'+f+'%'}とmail: {[Op.like]:'%'+f+'%'}という2つの条件が用意されています。これにより、「nameにfが含まれるか」「mailにfが含まれるか」が設定されるわけですね。

この場合も、2つの条件の両方に合致するものとして、「nameとmailの両方にfが含まれる」ものだけが検索されます。whereに複数の条件を用意した場合は、常に「すべての条件に合致したもの」が検索されるのです。

複数の条件を設定する（OR検索）

複数条件の検索には、もう1つ別のやり方もあります。それは「複数条件のどれかに合致すればすべて検索する」というものです。これは「OR（論理和）」と呼ばれる方式です。

これは、whereの中にORのためのオプションを用意し、その中に条件を用意します。整理すると以下のようになります。

```
where: { [Op.or]:[ { 条件1 }, { 条件2 }, ……] }
```

[Op.or]の値に配列を用意し、その中に個々の検索条件を用意していくわけです。こうすることで、それらの条件のどれか1つでも合致するものはすべて検索するようになります。

では、これも例を挙げておきましょう。例によってusers.jsのrouter.getメソッドを書き換えて下さい。

リスト6-13
```
router.get('/',(req, res, next) =>{
  const nm = req.query.name;
  const ml = req.query.mail;
  db.User.findAll({
    where: {
      [Op.or]:[
        {name:{[Op.like]:'%'+nm+'%'}},
        {mail:{[Op.like]:'%'+ml+'%'}}
      ]
    }
  }).then(usrs => {
    var data = {
      title: 'Users/Index',
      content: usrs
    }
    res.render('users/index', data);
  });
});
```

図6-18 /users?name=名前&mail=メール としてnameとmailの両方に検索テキストを設定する。

ここでは、nameとmailの両方の検索条件を用意し、それぞれ合致するものをすべて検索します。例えば、http://localhost:3000/users?name=Taro&mail=hanakoとすれば、nameにTaroが含まれるものとmailにhanakoを含むものをすべて検索します。

ここでは、まず送信されたクエリーパラメータをそれぞれ変数に取り出します。

```
const nm = req.query.name;
const ml = req.query.mail;
```

そして、これらの値をそれぞれnameとmailにOp.like演算子を使って検索をします。findAllを見るとこうなっていますね。

```
db.User.findAll({
  where: {
    [Op.or]:[
      {name:{[Op.like]:'%'+nm+'%'}},
      {mail:{[Op.like]:'%'+ml+'%'}}
    ]
  }
})
```

[Op.or]:[……]というように配列の値が用意されており、その中にnameとmailのオプションが用意されているのがわかります。

これで、基本的な検索の条件と複数の条件を組み合わせるやり方がわかりました。とりあえず、ここまでの説明が頭に入れば、かなり複雑な検索も行なえるようになります。Opの演算子プロパティをいろいろと試して、検索に慣れておきましょう。

Chapter 6 SequelizeでORMをマスターしよう！

Section 6-3 SequelizeによるCRUD

レコードの新規作成（Create）

　Sequelizeのレコード取得の基本がわかったところで、その他のデータベース利用について考えていきましょう。データベースの基本操作は「CRUD」でしたね。既にRead（データの取得）については一通り行ないましたから、残るCUDについてSequelizeで作成していきましょう。

　まずは、「Create」からです。新しいレコードを作成する場合、Sequelizeでは対応するモデルの「create」メソッドを使います。

```
モデル.create( { 各プロパティの値 } );
```

　引数には、モデルの各プロパティに保管する値の情報を{}でひとまとめにしたものを用意します。たったこれだけで、レコードの作成ができてしまうのです。実に簡単！

add.ejsの作成

　では、実際にusersの新規作成ページを作ってみましょう。まず、テンプレートを用意しておきます。VS Codeのエクスプローラーで「views」フォルダー内の「users」フォルダーを選択し、「EX-GEN-APP」の「新しいファイル」アイコンをクリックしてファイルを作成します。名前は「add.ejs」としておきましょう。そして下のリストのように内容を記述します。

Chapter-6 SequelizeでORMをマスターしよう！

図6-19 「views」フォルダーの「users」内にadd.ejsを作成する

リスト6-14

```html
<!DOCTYPE html>
<html lang="ja">

<head>
  <meta http-equiv="content-type"
    content="text/html; charset=UTF-8">
  <title><%= title %></title>
  <link rel="stylesheet"
  href="https://stackpath.bootstrapcdn.com/bootstrap/4.4.1/css/
    bootstrap.min.css"
  crossorigin="anonymous">
  <link rel='stylesheet'
    href='/stylesheets/style.css' />
</head>

<body class="container">

  <header>
    <h1 class="display-4">
      <%= title %></h1>
  </header>
  <div role="main">
    <form method="post" action="/users/add">
      <div class="form-group">
        <label for="name">NAME</label>
```

```html
        <input type="text" name="name" id="name"
          class="form-control">
      </div>
      <div class="form-group">
        <label for="pass"">PASSWORD</label>
        <input type=" password" name="pass" id="pass"
          class="form-control">
      </div>
      <div class="form-group">
        <label for="mail">MAIL</label>
        <td><input type="text" name="mail" id="mail"
          class="form-control">
      </div>
      <div class="form-group">
        <label for="age">AGE</label>
        <td><input type="number" name="age" id="age"
          class="form-control">
      </div>
      <input type="submit" value="作成"
          class="btn btn-primary">
    </form>
  </div>
</body>

</html>
```

　ここでは、<form method="post" action="/users/add">というようにしてフォームを用意しています。<input>タグは、name, pass, mail, ageといったものが用意されています。なお、id, createdAt, updatedAtといったSequelizeによって生成された項目については、値を用意する必要はありません。Sequelizeとデータベース側で自動的に用意されます。

/addの処理を作成する

　では、新規作成の処理を用意しましょう。routesフォルダのusers.jsのmodule.exports = router;の手前あたりに以下のスクリプトを追記して下さい。

リスト6-15
```
router.get('/add',(req, res, next)=> {
  var data = {
    title: 'Users/Add'
  }
  res.render('users/add', data);
```

```
});

router.post('/add',(req, res, next)=> {
  db.sequelize.sync()
    .then(() => db.User.create({
      name: req.body.name,
      pass: req.body.pass,
      mail: req.body.mail,
      age: req.body.age
    }))
    .then(usr => {
      res.redirect('/users');
    });
});
```

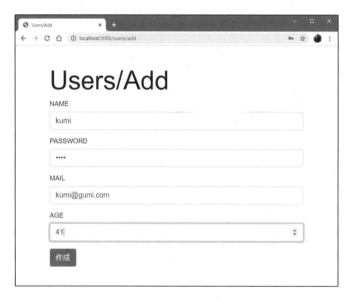

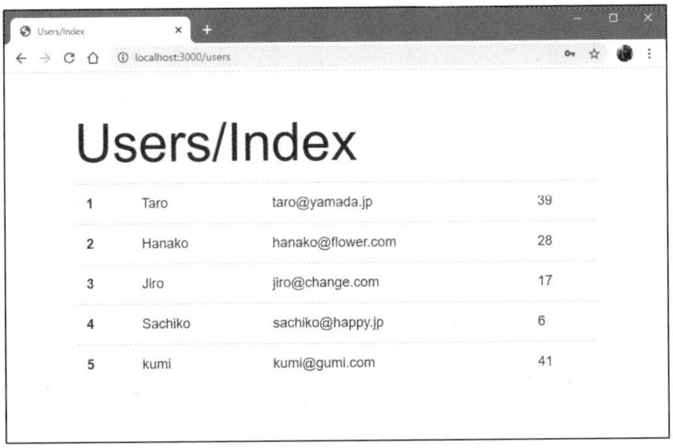

図6-20 /addにアクセスし、フォーム入力をして送信するとレコードが追加される。

　完成したら、http://localhost:3000/users/addにアクセスしてみましょう。User作成のフォームが現れるので、これに記入し送信すると、レコードが作成されます。
　なお、先に検索を学ぶのに/usersのrouter.getメソッドをいろいろと書き換えてきました。追加したレコードの内容などがわかるように、router.get('/' の処理はリスト6-7の状態に戻しておくとよいでしょう。

syncによる処理について

　ここで実行している処理を見てみましょう。/addへのGETアクセスについては特に説明は無用でしょう。問題は、POST送信された処理を行なっているrouter.postの部分です。
　ここでは、以下のようなメソッドを使って処理を実装しています。

```
db.sequelize.sync().then(……データベースの処理……);
```

　db.sequelizeというのは、Sequelizeのオブジェクトが用意されているプロパティです。その「sync」というメソッドを使っています。このsyncは、すべてのモデルを同期して処理していくためのものです。findAllのように値を受け取るだけの場合と違い、レコードの追加はデータベースの内容を書き換えます。こうした処理は、外部から同時に複数のアクセスが行なわれたりすると、データベースの一貫性が失われたり問題を引き起こしたりする要因になります。
　そこで、データベースを変更する処理をすべて一括して実行し、その他のところからアクセスされても問題が発生しないようにするのが、このsyncです。これは以下のように記述します。

```
sync().then( 関数 )
```

syncは、このメソッド自体に実行する処理を用意はしません。その後のthenに用意した関数の中で、実行する処理を用意します。まぁ、よくわからないでしょうが、とりあえず「データベースを書き換える操作は、sync().then()を使って、thenの中の関数で処理をする」ということだけ覚えておきましょう。

createでレコードを作る

thenの中で、レコードを作成する処理を用意しています。Userのcreateメソッドですね。これはこんな形になっていました。

```
db.User.create( {……略……} );
```

この引数の{}に、保存するレコードの情報が用意されます。ここでは、以下のような形で値が作られています。

```
{
  name: req.body.name,
  pass: req.body.pass,
  mail: req.body.mail,
  age: req.body.age
}
```

req.bodyで、送信されたフォームの値をそれぞれの値として使っています。用意されている項目はname, pass, mail, ageで、id, createdAt, updatedAtは不要です。これで、createを実行すれば、もうレコードは作成されています。

そして、このcreate()の後にも、やはりthenが用意されています。ここで、create実行後の処理を用意しているのですね。

```
.then(usr => {
  res.redirect('/users');
});
```

これで、res.redirectで/usersに移動して処理は終了、というわけです。2つのthenが登場して、どこでどう処理がつながっているのかわかりにくかったかもしれませんね。「syncの後にthen」「createの後にthen」という2つのthenの働きをよく頭に入れておきましょう。

Column 非同期処理とthen

ここでは、「then」というメソッドが重要な役割を果たしています。このthen、Sequelizeではよく使われますが、一体どういう働きをするものなのでしょうか。

これは、「非同期処理の戻り値を処理するためのもの」なのです。syncやcreateは、「非同期」で実行されます。非同期の処理は、実行している処理が完了する前に次の処理に進んでしまうため、「完了した後の処理」を別に用意する必要があります。それを行なっているのが「then」なのです。

thenが出てきたら、その直前のメソッドを見て、「ははぁ、これは非同期で実行しているんだな」と理解しましょう。

レコードの更新(Update)

続いて、レコードの更新(Update)についてです。更新は、いくつかやり方があります。ここでは2つのやり方について説明しましょう。

まずは、もっとも基本的な方法である「update」メソッドを使った方法です。モデルに用意されているこのメソッドは、以下のように呼び出します。

```
db.User.update( { 更新する内容 }, { where: 更新する対象 } );
```

updateでは、引数で更新するモデルの内容を{}でまとめたものを指定します。ただし、プライマリキーの項目(id)は用意しません。そして第2引数として、{where: ～}で更新する対象となるレコードを指定します。このwhereオプションがないと、指定モデルのテーブルにある全レコードを書き換えてしまうので注意が必要です。

では、これも実際に使ってみましょう。まずはテンプレートを用意します。VS Codeで「views」フォルダー内の「users」フォルダーを選択し、「EX-GEN-APP」項目にある「新しいファイル」アイコンをクリックして「edit.ejs」ファイルを作成しましょう。そして次のリストのように内容を記述します。

Chapter-6 SequelizeでORMをマスターしよう！

図6-21 「users」フォルダー内にedit.ejsを作成する

リスト6-16

```
<!DOCTYPE html>
<html lang="ja">

<head>
  <meta http-equiv="content-type"
    content="text/html; charset=UTF-8">
  <title><%= title %></title>
  <link rel="stylesheet"
    href="https://stackpath.bootstrapcdn.com/bootstrap/4.4.1/css/
    bootstrap.min.css"
    crossorigin="anonymous">
  <link rel='stylesheet'
    href='/stylesheets/style.css' />
</head>

<body class="container">
  <header>
    <h1 class="display-4">
      <%= title %></h1>
  </header>
  <div role="main">
    <form method="post" action="/users/edit">
      <input type="hidden" name="id" value="<%= form.id %>">
```

```html
        <div class="form-group">
          <label for="name">NAME</label>
          <input type="text" name="name" id="name"
            class="form-control" value="<%= form.name %>">
        </div>
        <div class="form-group">
          <label for="pass">PASSWORD</label>
          <input type="text" name="pass" id="pass"
            class="form-control" value="<%= form.pass %>">
        </div>
        <div class="form-group">
          <label for="mail">MAIL</label>
          <td><input type="text" name="mail" id="mail"
            class="form-control" value="<%= form.mail %>">
        </div>
        <div class="form-group">
          <label for="age">AGE</label>
          <td><input type="number" name="age" id="age"
            class="form-control" value="<%= form.age %>">
        </div>
        <input type="submit" value="更新"
          class="btn btn-primary">
    </form>
  </div>
</body>

</html>
```

ここでは、<form method="post" action="/users/edit">という形でフォームを用意しています。/users/editに送信して、ここで更新の処理を行なうわけですね。用意されている<input>タグには、value="<%= form.name %>"というようにform変数から値をvalueに設定しています。

また、フォームにはtype="hidden"で非表示フィールドを用意し、そこにidの値を保管するようにしてあります。

更新の処理を作成する

では、スクリプトを用意しましょう。users.jsを開き、最後のmodule.exports = router;の手前に以下の処理を追加しましょう。

リスト6-17
```
router.get('/edit',(req, res, next)=> {
```

```
      db.User.findByPk(req.query.id)
      .then(usr => {
        var data = {
          title: 'Users/Edit',
          form: usr
        }
        res.render('users/edit', data);
      });
    });

    router.post('/edit',(req, res, next)=> {
      db.sequelize.sync()
      .then(() => db.User.update({
        name: req.body.name,
        pass: req.body.pass,
        mail: req.body.mail,
        age: req.body.age
      },
      {
        where:{id:req.body.id}
      }))
      .then(usr => {
        res.redirect('/users');
      });
    });
```

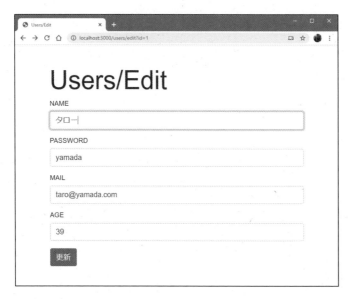

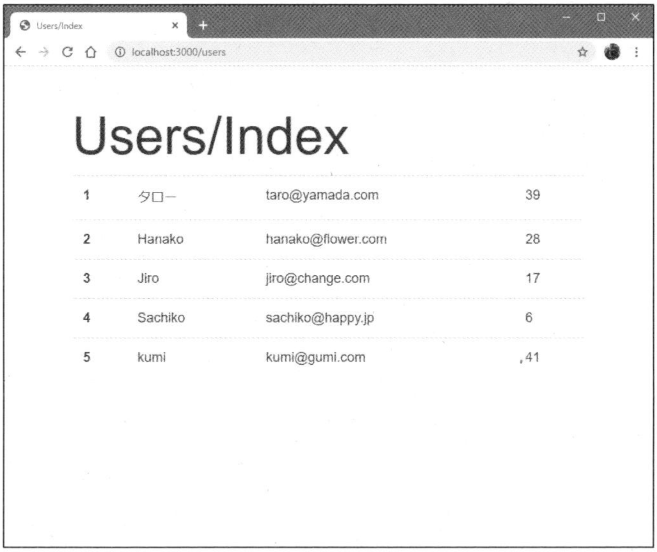

図6-22 /users/edit?id=番号にアクセスするとそのレコードの内容がフォームに表示される。これを書き換え送信すると、そのレコードが更新される。

では、http://localhost:3000/users/edit?id= 番号 というようにアクセスをしてみましょう。例えば、id=1ならば、IDが1のレコードの内容がフォームに設定されます。この内容を書き換え、送信すると、そのレコードが更新されます。

指定したIDのモデルを取り出す

ここでは、router.getで/editにアクセスしたときの処理を用意しています。ここで行なっているのは、クエリーパラメータで送られたIDの値を使ってUserモデルを取り出し、これをform変数としてテンプレートに渡す、という作業です。

指定したIDのモデルは、以下のようにして取り出しています。

```
db.User.findByPk(req.query.id)
```

「findByPk」は、引数に指定したIDのモデルを取得するメソッドです。IDを使ってモデルを取得する、という操作は非常によく使われるため、専用のメソッドを用意してあるのでしょう。

これも非同期のため、その後のthenでページのレンダリング処理を用意してあります。これでレコードを取得したらそれをテンプレートに渡して画面表示を行なうようになります。

updateで更新をする

router.postでは、フォーム送信された際の処理が用意されています。ここでは、syncの中でupdateメソッドを呼び出して更新を行なっています。このような形ですね。

```
db.User.update({
    name: req.body.name,
    pass: req.body.pass,
    mail: req.body.mail,
    age: req.body.age
  },
  {
    where:{id:req.body.id}
  })
```

updateの引数には、name, pass, mail, ageといった項目を用意し、送信フォームの内容を設定しています。そしてその後の{}では、where:{id:req.body.id}というようにしてクエリーパラメータの値を使ってUserモデルを更新しています。

その後には、更新する対象としてwhere:{id:req.body.id}と検索条件が設定されています。これで、フォームから送信されたidのモデルを更新することができます。

ちなみに、whereで指定したレコードが見つからなかった場合は？ この場合は、エラーにはなりません。何もしないで終了するだけです。

モデルを書き換えて更新する

これで更新はできましたが、今ひとつすっきりしたやり方とはいえないですね。データベースで既にあるレコードを書き換える場合、「レコードを取り出し、その中身を変更して保存する」というようなやり方を思い浮かべる人が多いのではないでしょうか。updateのように「更新する内容と、対象を検索する内容を引数に指定して実行する」といったやり方は、「いってることはわかるけどピンとこない」という人も多いでしょう。

では、「更新するレコードを取り出し、値を書き換えて保存する」というやり方でモデルの更新を行なってみましょう。先ほど作成したusers.jsのrouter.postのメソッドを以下のように変更して下さい。

リスト6-18
```
router.post('/edit',(req, res, next)=> {
  db.User.findByPk(req.body.id)
    .then(usr => {
```

```
    usr.name = req.body.name;
    usr.pass = req.body.pass;
    usr.mail = req.body.mail;
    usr.age = req.body.age;
    usr.save().then(()=>res.redirect('/users'));
  });
});
```

働きとしては、先ほど作成したのと同じです。が、やり方はだいぶ違っていますね。ここでは、まず送られてきた値を使ってモデルを取り出しています。

```
db.User.findByPk(req.body.id).then(usr => {……});
```

こんな形になっていますね。このthen以降のところで、送られた値を使ってモデルの変更を行なっています。

```
usr.name = req.body.name;
usr.pass = req.body.pass;
usr.mail = req.body.mail;
usr.age = req.body.age;
```

これで、usrの値が変更されました。最期に、「save」メソッドを呼び出して、この変更されたモデルを保存します。

```
usr.save().then(()=>res.redirect('/users'));
```

saveも非同期ですから、保存後の処理はthenの引数で実行します。このやり方のほうが、1つ1つやっていることがわかりやすいですね。

どちらのやり方も結果は同じですから、自分が使いやすいほうだけ覚えておけばいいでしょう。

レコードの削除(Delete)

残るは、レコードの削除(Delete)ですね。これも、更新と同様にいくつかのやり方があります。基本は、モデルにある「destroy」メソッドを呼び出すものです。

```
モデル.destroy( { where: 検索条件 } );
```

Chapter-6 SequelizeでORMをマスターしよう！

引数の{}内には、whereを使って対象を検索する条件を指定しておきます。これにより、検索されたモデルが削除される、というわけです。既にwhereの使い方がわかっていれば簡単ですね。

では、これも作成してみましょう。まずはテンプレートを用意します。VS Codeで「views」フォルダー内の「users」フォルダーを選択し、「EX-GEN-APP」項目のところにある「新しいファイル」アイコンをクリックしてファイルを作成して下さい。名前は「delete.ejs」としておきましょう。そして以下のリストのように記述をします。

図6-23 「users」内にdelete.ejsを作成する。

リスト6-19

```
<!DOCTYPE html>
<html lang="ja">

<head>
  <meta http-equiv="content-type"
    content="text/html; charset=UTF-8">
  <title><%= title %></title>
  <link rel="stylesheet"
  href="https://stackpath.bootstrapcdn.com/bootstrap/4.4.1/css/
    bootstrap.min.css"
  crossorigin="anonymous">
  <link rel='stylesheet'
    href='/stylesheets/style.css' />
</head>
```

```html
<body class="container">
  <header>
    <h1 class="display-4">
      <%= title %></h1>
  </header>
  <div role="main">
    <table class="table">
      <tr>
        <th>NAME</th>
        <td><%= form.name %></td>
      </tr>
      <tr>
        <th>PASSWORD</th>
        <td><%= form.pass %></td>
      </tr>
      <tr>
        <th>MAIL</th>
        <td><%= form.mail %></td>
      </tr>
      <tr>
        <th>AGE</th>
        <td><%= form.age %></td>
      </tr>
      <tr>
        <th></th>
        <td></td>
      </tr>
    </table>
    <form method="post" action="/users/delete">
      <input type="hidden" name="id"
        value="<%= form.id %>">
      <input type="submit" value="削除"
        class="btn btn-primary">
    </form>
  </div>
</body>

</html>
```

　ここでは、変数formで送られたモデルの内容を<table>にまとめて表示しています。また<form method="post" action="/users/delete">という形でフォームを用意し、form.idの値を送信するようにしてあります。受け取った側で、このIDのモデルを削除するわけですね。

Chapter-6 SequelizeでORMをマスターしよう！

/deleteの処理を作成する

では、スクリプトを用意しましょう。users.jsの最後の行(module.exports = router;)の前に以下のスクリプトを追記して下さい。

リスト6-20
```
router.get('/delete',(req, res, next)=> {
  db.User.findByPk(req.query.id)
  .then(usr => {
    var data = {
      title: 'Users/Delete',
      form: usr
    }
    res.render('users/delete', data);
  });
});

router.post('/delete',(req, res, next)=> {
  db.sequelize.sync()
  .then(() => db.User.destroy({
    where:{id:req.body.id}
  }))
  .then(usr => {
    res.redirect('/users');
  });
});
```

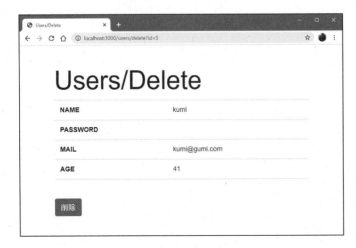

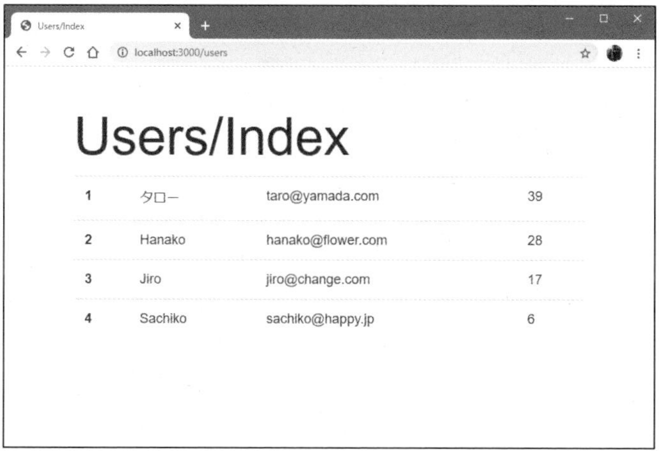

![Users/Index画面](browser screenshot)

図6-24 /delete?id=番号 にアクセスするとその内容が表示される。そのまま送信すればレコードが削除される。

　実際に、http://localhost:3000/users/delete?id=番号 という形でアクセスをしてみましょう。すると、指定したID番号のレコードの内容がテーブルにまとめて表示されます。そのまま「削除」ボタンをクリックすると、そのレコードが削除されます。

　ここでは、/users/deleteにアクセスした際の処理をrouter.getとrouter.postで作成してあります。router.getでは、クエリーパラメータのid値を使ってUserモデルを取得し、それをテンプレート側に渡して表示をしています。

```
db.User.findByPk(req.query.id).then(……);
```

　こんな形で処理が作成されているのがわかるでしょう。findByPkを使ってモデルを取得し表示するやり方は、レコードの更新のGETアクセス処理と全く同じですね。

　送信されたフォームの値を元にレコードを削除しているのがrouter.postです。ここでは、db.sequelize.syncを使い、そのthen内で削除の処理を行なっています。それが以下の部分です。

```
db.User.destroy({
  where:{id:req.body.id}
})
```

　引数で削除するレコードを指定しているだけなので、思ったより複雑ではありませんね。これで、whereで指定したレコードがすべて削除されます。もし、対象となるレコードが見つからなかった場合もエラーにはなりません。その場合は何もしないだけです。

モデルを取り出して削除する

削除は、更新と同様に「対象となるモデルを取り出して削除をする」というやり方もできます。先ほど作成したusers.jsのrouter.postメソッドを以下のように書き換えてみましょう。

リスト6-21
```
router.post('/delete',(req, res, next)=> {
  db.User.findByPk(req.body.id)
  .then(usr => {
    usr.destroy().then(()=>res.redirect('/users'));
  });
});
```

これでも、全く同様にレコードが削除できます。ここでは、まずdb.User.findByPk(req.body.id)で指定したIDのUserモデルを取り出していますね。そして、thenに用意した関数で削除を行なっています。

```
usr => {
  usr.destroy().then(()=>res.redirect('/users'));
}
```

引数のusrには、findByPkで取得したUserモデルが渡されています。そのdestroyを呼び出せば、そのモデルに対応するレコードが削除されます。まず対象となるモデルを取り出してからdestroyするので、destroyの引数は何も用意する必要がありません。

削除する対象となるモデルを取り出すのにfindByPkが使えるので、「間違って他のレコードを取り出して削除してしまった」なんて事故も起こりにくいでしょう(whereを使ったやり方は、慣れないと間違えそうでちょっと怖いですね)。

更新も削除も、findByPkを利用して対象となるモデルを取り出し処理するほうが、ビギナーには安心確実じゃないでしょうか。

Chapter 6　SequelizeでORMをマスターしよう！

Section 6-4 Sequelizeのバリデーション

Sequelizeのモデル作成の問題

　これでCRUDについては一通りできるようになりました。が、実は、ここまで作成したCRUDには若干問題があるのです。それは、「バリデーション」です。

　例えば、/users/addにアクセスしてみて下さい。ここでは、Userの新規作成フォームが表示されました。では、このフォームに何も記入しないで送信してみましょう。すると、すべての値がない、「空のUser」が保存されてしまうのです。

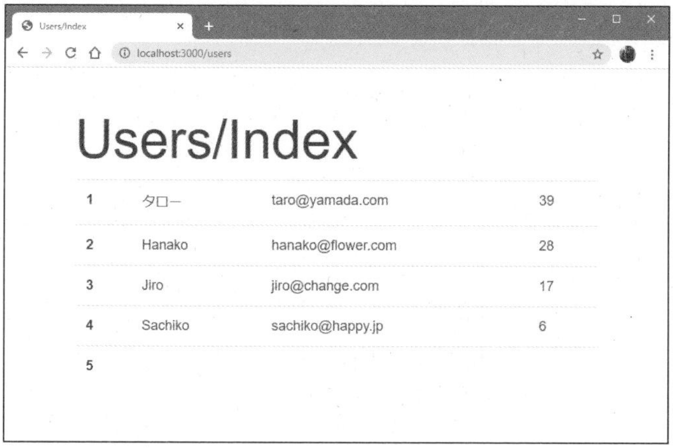

図6-25　/addで何も入力せず送信すると、空のレコードが作成されてしまう。

　なぜ、こんなことが起こるのか。それは、Userモデルを作成する際にバリデーションがチェックされていないからです。

　バリデーションというのは、値のチェックを行なう機能のことでしたね。先にデータベースを利用した際は、Express Validatorというパッケージを使って値のチェックを行なっていました。Sequelizeも、こうした値のチェックを行なう処理を用意する必要があります。

　ただし、Express Validatorは使いません。Sequelizeには、独自にバリデーションの仕組

みが用意されているのです。これを使えば、もっと簡単に値のチェックが行なえるようになります。

モデルのバリデーション設定

では、Sequelizeではどのようにバリデーションを設定するのか。これは、「モデル」を利用するのです。モデルは、こんな形で定義されていましたね。

```
const User = sequelize.define('User', {……} );
```

この引数の{……}の部分に、モデルに保管する値についての記述が用意されていました。これは、以下のような形式になっていました。

```
名前 : DataTypes.タイプ
```

これで、指定した名前のプロパティがモデルに用意されました。モデルに保管する値は、単にDataTypesによるタイプの指定だけしていればよかったのです。

が、このモデルに用意する項目は、DataTypesだけでなくさまざまな設定情報を項目に用意することができるようになっているのです。その1つが、バリデーションに関する情報です。

バリデーション情報を付加してモデルの項目を定義する場合は、以下のような書き方をします。

```
名前 : {
  type: DataTypes.タイプ,
  validate: {
     ……チェック内容……
  }
}
```

名前の後に値を用意しますが、これは{}で必要な情報を一つにまとめる形にしておきます。そして、typeという項目にDataTypesの値を指定し、validateという項目にバリデーションの情報を設定します。Sequelizeには、バリデーションの設定が多数用意されており、各項目に用意するvalidateには複数のバリデーション設定を用意することができます。

Userモデルを修正する

では、実際にUserモデルにバリデーションを設定してみましょう。「models」フォルダー内のuser.jsを開いて以下のように書き換えて下さい。

リスト6-22

```javascript
'use strict';
module.exports = (sequelize, DataTypes) => {
  const User = sequelize.define('User', {
    name: {
      type:DataTypes.STRING,
      validate: {
        notEmpty: true
      }
    },
    pass: {
      type: DataTypes.STRING,
      validate: {
        notEmpty: true
      }
    },
    mail: {
      type: DataTypes.STRING,
      validate: {
        isEmail: true
      }
    },
    age: {
      type: DataTypes.INTEGER,
      validate: {
        isInt: true,
        min: 0
      }
    }
  }, {});
  User.associate = function(models) {
    // associations can be defined here
  };
  return User;
};
```

これで、Userのname, pass, mail, ageの各項目にバリデーションの設定がされました。

では、どのように設定が用意されているのか、例としてname項目がどう変わったか見てみましょう。

```
name: DataTypes.STRING,
```

⬇

```
name: {
  type:DataTypes.STRING,
  validate: {
    notEmpty: true
  }
},
```

nameの値には、typeとvalidateが用意されています。そしてvalidateには、{}内に「notEmpty」という項目が用意されています。これが、nameに設定されたバリデーションです。このnotEmptyは、未入力を禁止するためのものです。

では、どのようなバリデーションがされているのかざっと整理しておきましょう。

notEmpty	未入力の禁止
isEmail	メールアドレス形式のみ許可
isInt	整数値のみ許可
min	最小値の設定

これらをvalidateに用意することで、バリデーションが設定されたのです。この他にも、Sequelizeではバリデーションの種類は豊富に用意されています。

Userの作成処理をバリデーションに対応する

では、バリデーションがどのように機能するか、Userの作成処理を使ってその使い方を覚えることにしましょう。

Userの新規作成は、/addに割り当てたrouter.getとrouter.postで処理を行なっていましたね。では、これらのusers.jsのメソッドを以下のように書き換えてみましょう。

リスト6-23
```
router.get('/add',(req, res, next)=> {
  var data = {
```

```
    title: 'Users/Add',
    form: new db.User(),
    err:null
  }
  res.render('users/add', data);
});
router.post('/add',(req, res, next)=> {
  const form = {
    name: req.body.name,
    pass: req.body.pass,
    mail: req.body.mail,
    age: req.body.age
  };
  db.sequelize.sync()
    .then(() => db.User.create(form))
    .then(usr=> {
      res.redirect('/users')
    })
    .catch(err=> {
      var data = {
        title: 'Users/Add',
        form: form,
        err: err
      }
      res.render('users/add', data);
    })
  )
});
```

バリデーションを使った新規作成

では、処理の内容を見てみましょう。まずは、router.getです。ここでは、必要な値を用意してadd.ejsをレンダリングしているだけです。

```
var data = {
  title: 'Users/Add',
  form: new db.User(),
  err:null
}
```

formとerrという値がありますね。formは、Userオブジェクトを用意しておきます。こ

れは、フォームでの値の表示に使います。また、errというのは、バリデーションエラーが発生したときのエラーオブジェクトを渡すために用意しました。GET時はnullにしておきます。

では、router.postでのUser作成処理を見てみましょう。といっても、実は新規作成は、これまでと同様にcreateメソッドを呼び出すだけです。ただし、「作成に失敗したときの処理」が追加されています。

今回のcreateは、整理すると以下のような形になっています。

```
db.User.create( 値 )
  .then(usr=> {……成功時の処理……})
  .catch(err=> {……失敗時の処理……});
```

thenで、作成した後の処理を用意するのは同じですが、更にその後に「catch」というメソッドが追加されているのがわかります。これは、エラー発生時に実行する処理です。引数は関数が用意されています。この関数の引数(err)に、発生したエラー情報をまとめたオブジェクトが渡されます。

バリデーションを利用した作成処理は、たったこれだけで、違いは「catchで失敗時の処理を用意する」という点だけなのです。バリデーションを使って値をチェックする操作すら不要です。createの際に、自動的にバリデーションによるチェックが行なわれるので、私達がチェックをする必要はないんです。

テンプレートにエラーの表示を追加する

では、テンプレートを修正しましょう。「views」フォルダー内の「users」フォルダー内にあるadd.ejsを開き、<body>タグの部分を以下のように書き換えましょう。

リスト6-24

```
<body class="container">

  <header>
    <h1 class="display-4">
      <%= title %></h1>
  </header>
  <div role="main">
    <ol class="text-danger">
      <% if (err!=null) { for (let i in err.errors) { %>
      <li><%= err.errors[i].message %></li>
      <% }} %>
    </ol>
```

```html
<form method="post" action="/users/add">
  <div class="form-group">
    <label for="name">NAME</label>
    <input type="text" name="name" id="name"
      value="<%=form.name %>" class="form-control">
    <ul class="text-danger">
      <% if (err!=null) { for (let i in err.get("name")) { %>
      <li><%= err.get("name")[i].message %></li>
      <% }} %>
    </ul>
  </div>
  <div class="form-group">
    <label for="pass"">PASSWORD</label>
    <input type=" password" name="pass" id="pass"
      value="<%=form.pass %>" class="form-control">
    <ul class="text-danger">
      <% if (err!=null) { for (let i in err.get("pass")) { %>
      <li><%= err.get("pass")[i].message %></li>
      <% }} %>
    </ul>
  </div>
  <div class="form-group">
    <label for="mail">MAIL</label>
    <input type="text" name="mail" id="mail"
      value="<%=form.mail %>" class="form-control">
    <ul class="text-danger">
      <% if (err!=null) { for (let i in err.get("mail")) { %>
      <li><%= err.get("mail")[i].message %></li>
      <% }} %>
    </ul>
  </div>
  <div class="form-group">
    <label for="age">AGE</label>
    <input type="number" name="age" id="age"
      value="<%=form.age %>" class="form-control">
    <ul class="text-danger">
      <% if (err!=null) { for (let i in err.get("age")) { %>
      <li><%= err.get("age")[i].message %></li>
      <% }} %>
    </ul>
  </div>
  <input type="submit" value="作成" class="btn btn-primary">
</form>
  </div>
</body>
```

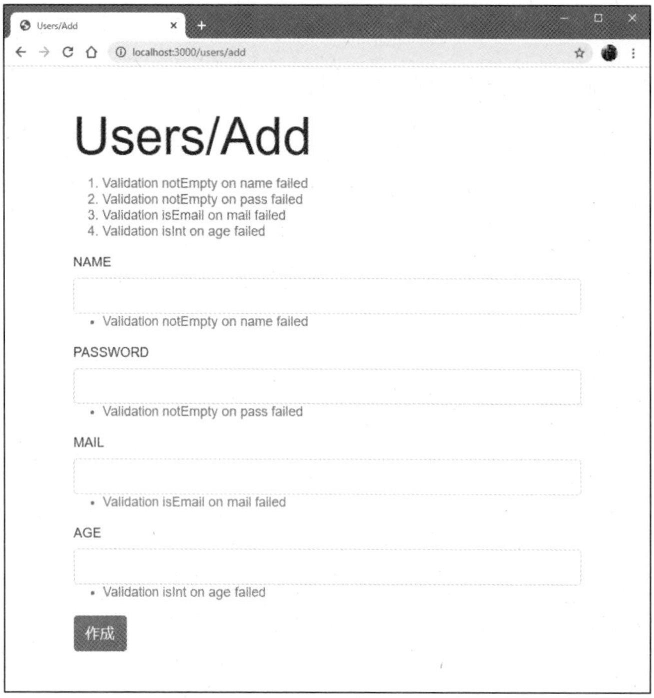

Chapter-6 SequelizeでORMをマスターしよう！

図6-26 入力せずに送信すると、このようにエラーメッセージが表示される。正しく入力すればレコードが作成される。

　完成したら、http://localhost:3000/users/addにアクセスしてフォームを送信してみましょう。すべて正しく入力できていればレコードが新規作成されますが、問題があるとサイドフォームが表示され、エラーメッセージが表示されます。

　エラーメッセージは、フォームの上にすべてのメッセージをまとめて表示し、各フィールドの下にはその項目で発生したエラーを表示するようにしてあります。

エラーメッセージの取得について

　では、どのようにしてエラーメッセージを取り出し表示しているのか見てみましょう。まず、フォームの上にある、すべてのエラーメッセージをまとめて表示している部分です。ここでは、<ol>〜</ol>の間に以下のような形でエラー表示の処理を用意しています。

```
<% if (err!=null) { for (let i in err.errors) { %>
<li><%= err.errors[i].message %></li>
<% }} %>
```

　変数errにエラーのオブジェクトを渡すので、これがnullではない場合のみ表示を行なう

ようにしています。

　エラーメッセージの表示は、for (let i in err.errors) という繰り返しを使って行なっています。errには、create時のcatchで渡されたエラーのオブジェクトが保管されていましたね。その中で、各エラーの情報は「errors」というプロパティにまとめられています。ここに、各エラーのオブジェクトが配列として用意されているのです。

　メッセージの出力は、<%= err.errors[i].message %> というようになっています。err.errors[i]で各エラーオブジェクトを指定し、その中のmessageプロパティを取り出すことでエラーメッセージを得ることができるのです。

指定フィールドのエラーメッセージを表示する

　では、特定の項目のエラーメッセージを表示するのはどうやっているのでしょうか。例として、nameのエラーメッセージ表示部分を見てみましょう。

```
<% if (err!=null) { for (let i in err.get("name")) { %>
<li><%= err.get("name")[i].message %></li>
<% }} %>
```

　ここでは、for (let i in err.get("name")) という形で繰り返しを行なっています。「get」というのは、項目名を指定してエラーのオブジェクトを取得するメソッドです。例えば、get("name")とすれば、name項目で発生したエラーのオブジェクトが得られるわけです。

　戻り値は、オブジェクトの配列になっています。これは、バリデーションの場合、同時に複数のエラーが発生することもあるためです。そこで、繰り返しを使い順に値を取り出して、そのmessageを出力していたのですね。

　これで、「全エラーをまとめて表示する」「特定の項目のエラーだけ表示する」という2通りのエラー表示ができるようになりました！

日本語でメッセージを表示する

　一応、これでバリデーションは使えるようになりましたが、一つ問題があります。それは、「エラーメッセージがすべて英語」という点です。これも日本語に変更することができます。これは、validateの部分を以下のように変更します。

```
validate: {
    名前：値
}
```

　↓

```
validate : {
  名前 : {
    args: [ 引数 ],
    msg: メッセージ
  }
}
```

　バリデーション設定の名前の後に用意する値の部分を{}とし、その中にargsとmsgの値を用意します。argsは、バリデーションの設定に何らかの値を用意する場合にその値を配列にまとめて用意します。これは、特に値が必要ないもの(trueを指定するだけのもの)の場合は省略してかまいません。そしてmsgにエラーメッセージを用意します。

Userのエラーメッセージを日本語化する

　では、Userモデルを修正して、エラーメッセージを日本語化してみましょう。「models」フォルダー内のuser.jsを開き、以下のように書き換えて下さい。

リスト6-25
```
'use strict';
module.exports = (sequelize, DataTypes) => {
  const User = sequelize.define('User', {
    name: {
      type:DataTypes.STRING,
      validate: {
        notEmpty: {
          msg: "名前は必ず入力して下さい。"
        }
      }
    },
    pass: {
      type: DataTypes.STRING,
      validate: {
        notEmpty: {
          msg: "パスワードは必ず入力下さい。"
        }
      }
    },
    mail: {
      type: DataTypes.STRING,
      validate: {
        isEmail: {
          msg: "メールアドレスを入力下さい。"
```

```
        }
      }
    },
    age: {
      type: DataTypes.INTEGER,
      validate: {
        isInt: { msg: "整数を入力下さい。"},
        min: {
          args: [0],
          msg: "ゼロ以上の値が必要です。"
        }
      }
    }
  }, {});
  User.associate = function(models) {
    // associations can be defined here
  };
  return User;
};
```

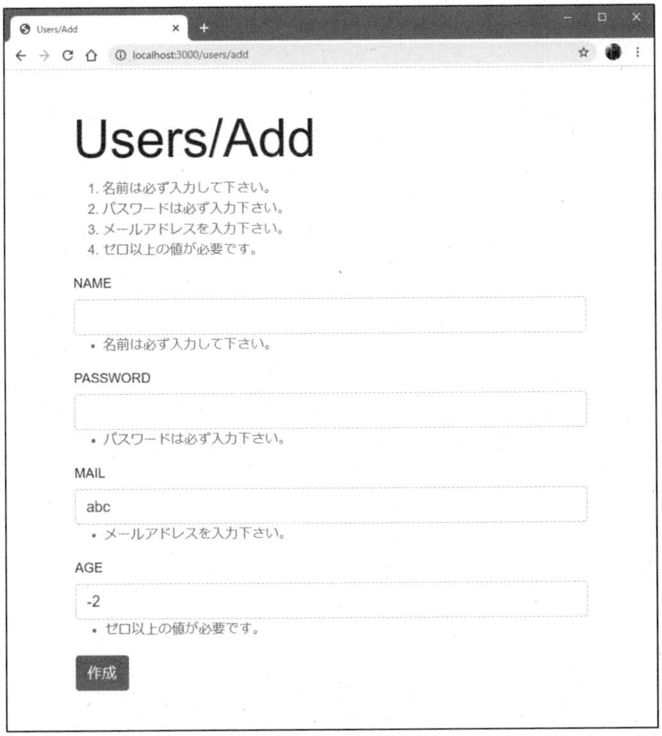

図6-27 フォームを送信すると、エラーメッセージが日本語で表示されるようになった。

修正ができたら、/users/addにアクセスしてフォームを送信してみましょう。内容に問

題があると、日本語でメッセージが表示されるようになります。それぞれのvalidate部分がどのように書き換わったか確認しましょう。

Sequelizeに用意されるバリデーション

　Sequelizeには、Express Validatorなどよりも豊富なバリデーション設定が用意されています。用意されている内容を以下に整理しておきましょう。

is: パターン	正規表現パターンに合致する
not: パターン	正規表現パターンに合致しない
isEmail: true	メールアドレスの形式
isUrl: true	URLの形式
isIP: true	IPアドレスの形式
isIPv4: true	IPv4形式
isIPv6: true	IPv6形式
isAlpha: true	アルファベットのみ
isAlphanumeric: true	アルファベット＋数字のみ
isNumeric: true	数字のみ
isInt: true	整数値
isFloat: true	実数値
isDecimal: true	数値全般
isLowercase: true	小文字のみ
isUppercase: true	大文字のみ
notNull: true	nullでない
isNull: true	nullである
notEmpty: true	空でない（必須項目）
equals: 値	指定の値に等しい
contains: 値	指定の値を含む
notContains: 値	指定の値を含まない

notIn: 配列	配列に含まれていない
isIn: 配列	配列に含まれている
len: [最小, 最大]	指定範囲の長さ
isUUID: 整数	UUID値のみを許可
isDate: true	日時の値
isAfter: 日時	指定日時以前
isBefore: 日時	指定日時以後
max: 値	最大値の指定
min: 値	最小値の指定
isCreditCard: true	クレジットカード形式

　これらは、すべて覚える必要は全くありません。とりあえず、よく使う「notEmpty」や「isInt」「min」「max」といったものだけ覚えておけば十分でしょう。バリデーションの使い方がしっかりわかっていれば、これらの設定を使うのはそう難しくはありません。

　まずは、確実にバリデーションを使えるようにすること。モデルのvalidateの書き方をしっかり理解することが肝心です。

この章のまとめ

　今回の内容は、データベース活用の「おまけ」のように思ったかもしれません。が、実は前章までのデータベースの使い方説明より、この章での説明のほうが遥かに重要だったりします。ではどこが、どういう点で？ ポイントを整理しながら説明しましょう。

Sequelizeはモデルが基本！

　なによりもしっかり覚えておきたいのは、「モデルの書き方」です。Sequelizeは、モデルを定義することですべてが始まります。思った通りの内容を確実にモデルとして形にできるようになりましょう。

モデルの取得はfindAllとfindByPk

　モデルを取り出す処理は、findAllとfindByPkの2つが使えれば十分です。findByPkは、単にIDを指定するだけなので簡単ですね。

findAllは、whereを使った基本的な検索の仕方ぐらいは覚えておきたいところです。「nameの値が◯◯」というような単純なwhereぐらいはササッと書けるようになっておきたいところです。

バリデーションの組み込み

バリデーションは、まともなWebアプリケーションを作ろうと思ったら必須の機能と考えて下さい。その基本的な設定の仕方ぐらいはきちんと理解しておきましょう。そして、notEmptyなどよく使うものをいくつかピックアップし、それらだけでも確実に使えるようになっておきましょう。

Sequelizeは、データベースをよりJavaScriptらしく扱えるようにしてくれます。いろいろ覚えないといけないことがあるので、「面倒くさい、db使ってSQLクエリー実行したほうが簡単だ」なんて思った人もいるかもしれません。けれど、本格的なデータベース処理を行なおうとすると、Sequelizeでモデルを利用して処理したほうが遥かに簡単なことに気づくはずですよ。

Chapter

7

アプリケーション作りに挑戦！

ここまでアプリケーション開発に関するさまざまな知識を身につけてきました。それらを総動員し、実際にアプリケーションを作ってみることにしましょう。Node.jsのところで作ったメッセージボードを新たに作り直したもの、そしてMarkdownというものを使って書いたドキュメントを管理するツールを作ってみましょう。

Chapter 7 アプリケーション作りに挑戦！

Section 7-1 DB版メッセージボード

メッセージボードを改良しよう

　データベースを使ったプログラムのテクニックもだいぶ身についてきましたので、それなりに使えるアプリケーションを作ってみることにしましょう。

　先に、テキストファイルを利用して簡単なメッセージを送って表示する、ミニメッセージボードのアプリケーションを作りましたね。あれを、データベースに対応させ、もう少し使えそうなものに改良してみることにしましょう。

■ミニメッセージボードの働き

　今回作るメッセージボードは、ユーザー名とパスワードを登録し、それを使ってログインしてメッセージを送信する、というものです。

　メッセージの表示と送信は、以前作成したものと基本的に同じです。メッセージを記入するシンプルなフォームがあり、その下にメッセージの一覧が新しいものから順にリスト表示されます。

　ただし、メッセージは時間が経過しても消えたりしません。ずっと保管され、NextとPrevリンクを使って表示ページを移動できます。

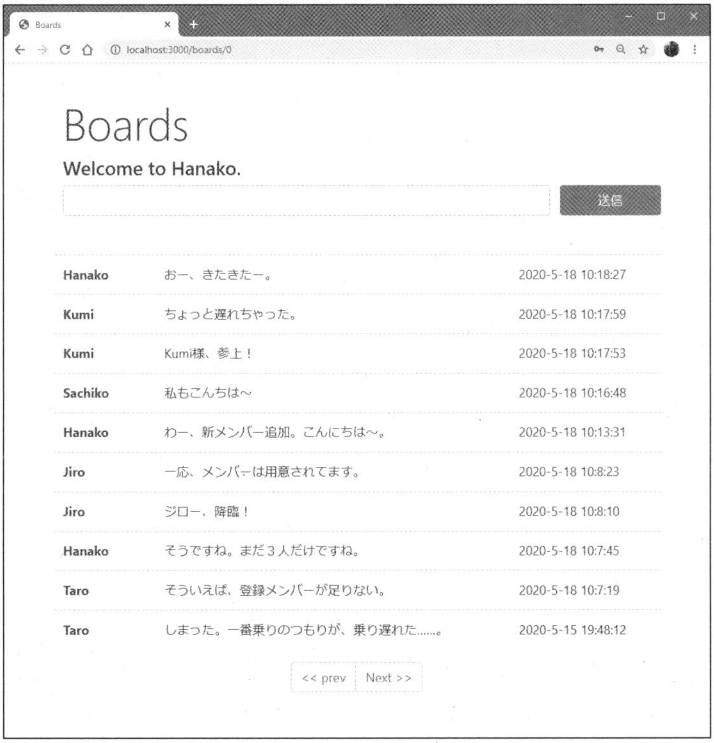

図7-1 新しいメッセージボード。なお、図はBootstrapのフォント設定が反映されるようにstyle.cssのfont設定を削除してある。

ログインページ

　初めて利用する際には、トップページ（メッセージボードのページ）にアクセスすると自動的にログインページへ移動します。ここでユーザー名とパスワードを入力しログインすると、トップページにアクセスできるようになります。

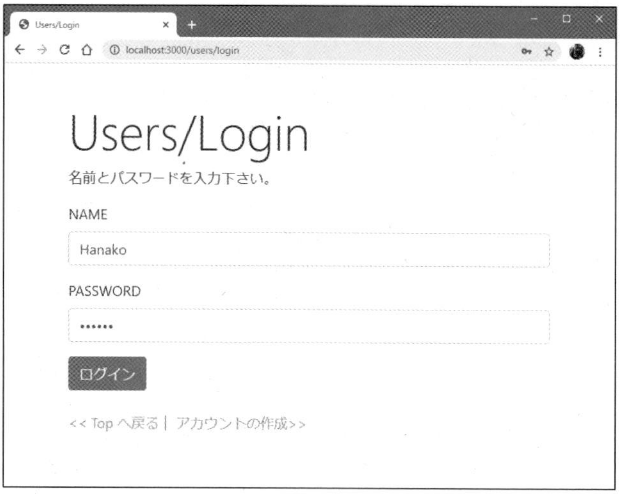

Chapter-7 アプリケーション作りに挑戦！

図7-2 ログインページ。ここでログインする。

アカウント管理はUserで

このサンプルでは、アカウントの管理に、すでに作成したUserモデルをそのまま利用しています。ですから、http://localhost:3000/users/addにアクセスすれば、いつでもアカウントを追加できます。

（実際にアプリケーションを公開する際には、/usersに用意するのはログインと新規作成など必要な機能だけにし、他は削除したほうがよいでしょう）

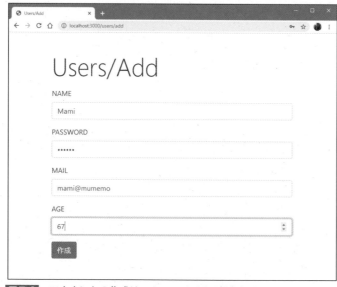

図7-3 アカウントの作成は、/users/addで行なえる。

ユーザーのホーム

　メッセージの一覧で、ユーザー名の部分をクリックすると、そのユーザーの投稿をまとめて表示するページに移動します。これも前後のページ移動で以前のものまで、さかのぼって見ることができます。

図7-4　ユーザーのホーム。投稿したメッセージが一覧表示される。

作成するファイル

　では、新しいメッセージボードにはどのようなファイル類が必要になるでしょうか。簡単に整理しておきましょう。

● モデル

User	メンバーの管理には、すでに作成したUserモデルを利用します。
Board	メッセージの管理用のモデルを新たに追加します。

● ビュー

users.js	Userを扱うusers.jsに、ログインの機能を追加します。
boards.js	メッセージボードのメイン部分です。

Chapter-7 アプリケーション作りに挑戦！

●テンプレート

users/login.ejs	ログイン用のテンプレートを「users」フォルダに用意します。
boards/index.ejs	メッセージボードのメインページです。「boards」フォルダに用意します。
boards/home.ejs	利用者のページです。「boards」フォルダに用意します。
boards/data_item.ejs	表示項目のパーシャルです。「boards」フォルダに用意します。

　アプリケーションに必要なものはこれだけです。他、マイグレーションファイルなど必要に応じて生成することになるでしょう。

必要なパッケージについて

　アプリケーションの作成に入る前に、このアプリケーションで必要になるパッケージ類についても整理しておきましょう。
　ここでは、すでに作成されている「ex-gen-app」プロジェクトに追加する形で作成をしていきます。が、「独立したアプリケーションとして一から作りたい」という人もいるでしょう。その場合、Express Generatorでプロジェクトを作成後、必要なパッケージをインストールする必要があります。
　メッセージボードで用意しなければいけないパッケージは、以下のようになります。

- Express
- Express Session
- sqlite3
- Sequelize
- sequelize-cli

　新しくプロジェクトを作って開発する場合は、npm installを使い、これらのパッケージをインストールするのを忘れないようにしましょう。

Boardモデルの作成

　では、プログラムの作成を行ないましょう。最初に用意するのは、メッセージを管理するモデルです。これは、以下のような形で用意しましょう。

名前：Board

●用意する項目

userId	投稿したUserのID
message	投稿メッセージ

この他、IDやcreatedAt/updatedAtといった自動生成される項目も用意されることになります。

モデルを生成する

では、Boardモデルを生成しましょう。VS Codeのターミナルから以下のようにコマンドを実行して下さい。すでにex-gen-appが実行中の場合はCtrlキー＋Cキーで停止してから実行しましょう。

```
npx sequelize-cli model:generate --name Board --attributes userId:integer,message:string
```

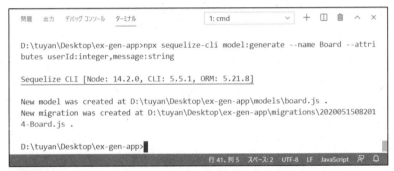

図7-5　npx sequelize-cli model:generateでBoardモデルを生成する。

board.jsを記述する

これで「models」フォルダの中に「board.js」ファイルが作成されます。では、これを開いて次のように内容を編集し、モデルを完成させましょう。

リスト7-1
```
'use strict';
module.exports = (sequelize, DataTypes) => {
  const Board = sequelize.define('Board', {
    userId: {
```

```
      type: DataTypes.INTEGER,
      validate: {
        notEmpty: {
          msg: "利用者は必須です。"
        }
      }
    },
    message: {
      type: DataTypes.STRING,
      validate: {
        notEmpty: {
          msg: "メッセージは必須です。"
        }
      }
    }
  }, {});
  Board.associate = function(models) {
    Board.belongsTo(models.User);
  };
  return Board;
};
```

　これで、Boardモデルができました。userIdとmessageという2つの値が保管されるようになっていますね(その後にある「Board.associate」については後述します)。

> **コラム　userIdは重要！**　Column
>
> 　Boardはシンプルなモデルですが、非常に重要な値を持っています。それは、「userId」です。これは、Boardに関連するUserのIDを保管するためのものです。
> 　Sequelizeでは、モデルの関連付けを「アソシエーション」という機能で設定します。この関連付けのために必須となるのが、userIdなのです。Sequelizeでは、あるモデルに別のモデルの値を関連付ける場合、「モデル名id」という項目を用意し、そこに関連するモデルのIDを保管するようにします。こうすることで、「関連するモデルはどれか」がわかるようになっているのです。
> 　(アソシエーションについては後ほど改めて説明します)

user.jsを修正する

もう1つ、モデルでやっておく作業があります。それは、Userモデルの修正です。「models」フォルダのuser.jsを開いて、Userモデル内に書かれているUser.associateという値を以下のように書き換えて下さい。

リスト7-2
```javascript
User.associate = function(models) {
  User.hasMany(models.Board);
};
```

これは、実はなくても問題ないのですが、モデルの連携の基本として用意しておきました。「普通はこうやって連携するんだよ」ということですね。この後でモデルの連携について説明するので、それを読んでから改めてこのUser.associate部分を読み返すとよいでしょう。

マイグレーションの実行

修正ができたら、マイグレーションを実行しておきましょう。VS Codeのターミナルから以下のコマンドを実行して下さい。

```
npx sequelize-cli db:migrate
```

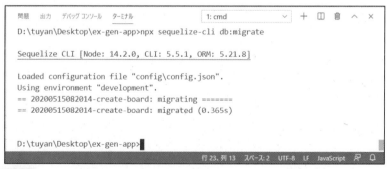

図7-6　npx sequelize-cli db:migrateでマイグレーションを実行する。

これでマイグレーションが実行され、データベースファイル内にBoardモデルに対応するテーブルが生成されました。

モデルの連携とassociate

モデルは、sequelize.defineというものを使ってモデルの内容を定義しています。が、その後に、こういうものも用意されていましたね。

```
Board.associate = function(models) {};
```

これは、今まで使っていませんでした。今回、初めて利用するものです。モデルに用意されている「associate」という属性は、データベースの「アソシエーション」のためのものです。

アソシエーションとは、複数のモデルの関連付けを行なうためのものです。データベースでは、複数のテーブルが関連して動くようなことがよくあります。

例えばこのメッセージボードの場合、利用者のUserモデルと投稿メッセージのBoardモデルがありますね。Boardモデルは、作成する際に、そのメッセージを投稿した利用者のUserが関連付けられていなければいけません。Boardを取り出した際に、「そのメッセージを投稿した人」のUserも取り出せるようになってほしいのですね。

こうした関連付けを行なうのが、associateです。これに、関連するモデルに関する情報を記述しておくのですね。

アソシエーションの４つの方式

associateの内容を説明する前に、モデルどうしのアソシエーションの方式について簡単に触れておきましょう。モデルとモデルのアソシエーションは、大きく４つの方式に分かれます。

●１対１（One To One）方式

モデルAの値が、モデルBの値に１つずつ関連付けられるものです。例えば、住民票データと図書カードのデータを考えてみるとわかるでしょう。１人に１枚ずつ図書カードは発行されますね。

●１対多(One To Many)方式

モデルAに、複数のモデルBの値が関連付けられる、というものです。例えば、図書カードと、図書館の蔵書データがこれに相当します。１人の人は、図書館で複数の本を借りることができますが、１つの本は同時に複数の人に貸し出すことはできません。

●多対１（Many To One）方式

１対多を逆から見たものです。図書館の蔵書データから見ると、複数の本が同じ１人の人に貸し出されることがあります。

●多対多(Many To Many)方式

　モデルAの複数の値にモデルBの複数の値がお互いに関連し合うような方式です。図書カードと、図書館の貸し出し記録はこの関係でしょう。1人の人が多数の図書を借りられますし、1冊の図書は複数の人に貸し出されますね。

　この4つの基本的な関連付けの方式を頭に入れ、「このモデルとこのモデルはどういう関係にあるか」を考えます。そして対応する方式の除法をassociateに設定してやるのです。

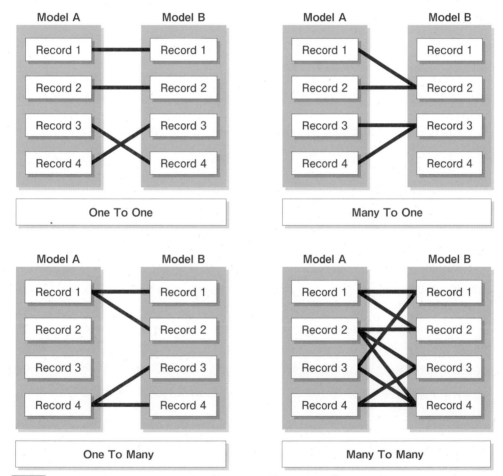

図7-7　4つのアソシエーション。モデルどうしの関連付けはこのいずれかに分類できる。

アソシエーションの設定

では、アソシエーションをどのように設定するか、見てみましょう。アソシエーションの設定は、モデルの「associate」プロパティで設定をします。これは、モデルに用意されているアソシエーション設定用のメソッドを呼び出して行ないます。モデルには、以下の4つのメソッドが用意されています。

●**モデルAが、モデルBの1つに対応する**

《モデルA》.hasOne(《モデルB》, [オプション]);

●**モデルAが、モデルBの複数に対応する**

《モデルA》.hasMany(《モデルB》, [オプション]);

●**モデルBが、モデルAの1つに対応する**

《モデルB》.belongsTo(《モデルA》, [オプション]);

●**モデルBが、モデルAの複数に対応する**

《モデルB》.belongsToMany(《モデルA》, [オプション]);

この「has○○」と「belongsTo○○」は、2つのモデルの「主」と「従」の関係を念頭に置いて使わないといけません。

主モデルは、「それがないと関連付けができない」という中心的な役割を果たすもので、従モデルは主モデルに関連付けられるモデルです。例えば、UserとBoardの場合、UserはBoardなしでも成立しますが、BoardはUserが必須です(作成したアカウントのIDをuserIdに記憶しないといけませんから)。

主モデル側に用意するのが「has○○」メソッドで、従モデル側に用意するのが「belongsTo○○」メソッドです。

●**「has○○」メソッド**

「has○○」は、主モデルの値に従モデルの値がいくつ関連付けるかを考えます。主モデルに1つの従モデルが対応する場合は「hasOne」、複数の従モデルが対応する場合は「hasMany」を指定します。

●**「belongsTo○○」メソッド**

「belongsTo○○」は、従モデル側から見た設定です。従モデルに1つの主モデルが対応する場合は「belongsTo」、複数の主モデルが対応する場合は「belongsToMany」を指定します。

この関係がわかると、どういう関係のときにどのメソッドを用意すればいいか、少しずつわかってくるでしょう。整理すると以下のようになりますね。

● 1対1の関係

主モデル	hasOne
従モデル	belongsTo

● 1対多の関係

主モデル	hasMany
従モデル	belongsTo

● 多対1の関係（※実は不要？）

主モデル	hasOne
従モデル	belongsToMany

● 多対多の関係

主モデル	hasMany
従モデル	belongsToMany

ただし、1対多と多対1は、基本的には同じ関係を逆から見ているだけであり、実は同じものなんですね。通常は多対1のような設定はしません。1対多の設定が基本と考えていいでしょう。もし、主モデル多に対して従モデル1という関係になったら、それは「設計を間違えて主従が逆になってる」と考えるべきです。

つまり、モデルの連携は「1対1」「1対多」「多対多」の3つの設定さえわかればOKというわけです。

BoardとUserのアソシエーション設定

これでアソシエーションの設定がだいたい頭に入りましたね。では、今回作成した2つのモデルに用意されているアソシエーションの設定を見てみましょう。

● Board（従モデル）側

```
Board.associate = function(models) {
  Board.belongsTo(models.User);
};
```

●User（主モデル）側

```
User.associate = function(models) {
  User.hasMany(models.Board);
};
```

　Board.associateには、Boardモデルに設定するアソシエーションを用意します。ここでは、Board.belongsToを使い、Userに関連付けていますね。BoardとUserでは、Board側が従モデルになります。そしてそれぞれのBoardには1つのUserが関連付けられますから、belongsToを用意します。
　User.associateでは、User.hasManyを使っています。Userは主モデルであり、1つのUserに複数のBoardが関連付けられますから、hasManyを用意します。

コラム　どっちが主モデル？　　　　　　　　　　　　　　　Column

　実際にアソシエーションを設定してみて、「あれ？　どっちが主モデルでどっちが従モデルなんだ？」と混乱してきた人も多いでしょう。
　モデルの主従関係を把握するもっとも簡単な方法は、「関連モデルのID」を保管する項目がどっちにあるか？　を考えることです。主モデルには、こうした「他のモデルのIDを保管する項目」はありません。主モデルは、それ単体で存在するものですから、関連するモデルの情報など必要ないのです。
　従モデルは、常に「主モデルのどれに関連付けられているか」を考えて作られます。したがって、必ず「主モデルのIDを保管する項目」が用意されています。
　「他のモデルのIDを保管する項目があれば従モデル、なければ主モデル」と考えましょう。

ログイン処理をusers.jsに追加

　モデルができたら、次は「routes」フォルダ内のビュー用スクリプトを作成しましょう。まず「users.js」を開いて、ログインページの処理を追記しておきます。以下の処理を、最後のmodule.exports = router; の前に記述しましょう。

リスト7-3
```
router.get('/login', (req, res, next) => {
  var data = {
```

```
      title:'Users/Login',
      content:'名前とパスワードを入力下さい。'
    }
    res.render('users/login', data);
  });

  router.post('/login', (req, res, next) => {
    db.User.findOne({
      where:{
        name:req.body.name,
        pass:req.body.pass,
      }
    }).then(usr=>{
      if (usr != null) {
        req.session.login = usr;
        let back = req.session.back;
        if (back == null){
          back = '/';
        }
        res.redirect(back);
      } else {
        var data = {
          title:'Users/Login',
          content:'名前かパスワードに問題があります。再度入力下さい。'
        }
        res.render('users/login', data);
      }
    })
  });
```

　ここでは、router.get('/login',……); に/loginにアクセスした際の表示を用意し、router.post('/login',……);にフォームを送信した後の処理を用意しています。

　router.getは、わかりますね。アクセスしたら、「users」フォルダ内のlogin.ejsを読み込んで表示しているだけです。特に難しいものはありません。

ログイン時の処理

　ポイントは、router.postになります。ここで、フォームを送信された際の処理を用意しているのです。

　ここでは、まずdb.User.findOneを呼び出し、送信されたnameとpassの値を使ってUserモデルを取得しています。これは1つのレコードだけを取得するメソッドです。

```
db.User.findOne({
  where:{
    name:req.body.name,
    pass:req.body.pass,
  }
})
```

これで、送信されたフォームのnameとpassの値が一致するUserを取り出します。モデルを取り出した後の処理は、thenに用意されていましたね。

```
then(usr=>{
  if (usr != null) {
    req.session.login = usr;
    let back = req.session.back;
    if (back == null){
      back = '/';
    }
    res.redirect(back);
  }
```

引数のusrに、findOneで取得したUserオブジェクトが渡されます。これがnullでなければ、Userが取り出せた（つまり、送信したフォームのnameとpassが一致するUserが存在した）ということになりますね。req.session.login = usr;で、セッションのloginという値に取り出したUserオブジェクトを保存し、req.session.backの値かトップページにリダイレクトします。

もしnullだった場合は、値が取り出せなかった（つまりログインできない）ということで、再度login.ejsを表示しています。

このログイン処理は、Boardだけでなく、この後に作成する別のアプリケーションでも利用します。

boards.jsを作成する

続いて、/boards側の処理です。「routes」フォルダ内の「boards.js」ファイルを作成し、以下のように内容を記述して下さい。

リスト7-4
```
const express = require('express');
const router = express.Router();
const db = require('../models/index');
```

```js
const { Op } = require("sequelize");

const pnum = 10;

// ログインのチェック
function check(req,res) {
  if (req.session.login == null) {
    req.session.back = '/boards';
    res.redirect('/users/login');
    return true;
  } else {
    return false;
  }
}

// トップページ
router.get('/',(req, res, next)=> {
  res.redirect('/boards/0');
});

// トップページにページ番号をつけてアクセス
router.get('/:page',(req, res, next)=> {
  if (check(req,res)){ return };
  const pg = req.params.page * 1;
  db.Board.findAll({
    offset: pg * pnum,
    limit: pnum,
    order: [
      ['createdAt', 'DESC']
    ],
    include: [{
      model: db.User,
      required: true
    }]
  }).then(brds => {
    var data = {
      title: 'Boards',
      login:req.session.login,
      content: brds,
      page:pg
    }
    res.render('boards/index', data);
  });
});
```

```javascript
// メッセージフォームの送信処理
router.post('/add',(req, res, next)=> {
  if (check(req,res)){ return };
  db.sequelize.sync()
    .then(() => db.Board.create({
      userId: req.session.login.id,
      message:req.body.msg
    })
    .then(brd=>{
      res.redirect('/boards');
    })
    .catch((err)=>{
      res.redirect('/boards');
    })
  )
});

// 利用者のホーム
router.get('/home/:user/:id/:page',(req, res, next)=> {
  if (check(req,res)){ return };
  const id = req.params.id * 1;
  const pg = req.params.page * 1;
  db.Board.findAll({
    where: {userId: id},
    offset: pg * pnum,
    limit: pnum,
    order: [
      ['createdAt', 'DESC']
    ],
    include: [{
      model: db.User,
      required: true
    }]
  }).then(brds => {
    var data = {
      title: 'Boards',
      login:req.session.login,
      userId:id,
      userName:req.params.user,
      content: brds,
      page:pg
    }
    res.render('boards/home', data);
  });
});
```

```
module.exports = router;
```

boards.jsのポイントを整理する

ここでは、「トップページ」「フォームの送信アドレス」「ホームページ」の3つのアドレスに処理を割り当ててあります。他、ユーティリティ的に「ログインチェックをする関数」も用意してあります。

ログイン状態のチェック

では、やっていることを見てみましょう。まず、ログイン状態をチェックするcheckという関数を定義していますね。これは、割と単純なものです。

```
if (req.session.login == null) {
  req.session.back = '/boards';
  res.redirect('/users/login');
  return true;
}
```

セッションからloginという値がnullかどうかを調べています。nullならログインしていないということになるので、ログインページにリダイレクトし、trueを返します。nullでないなら、falseを返します。つまり、checkを呼び出した結果がtrueならログインしていないということがわかるのです。

req.session.backに'/boards'と値を渡していますが、これはログイン後に戻るページのアドレスです。

メッセージを新しい順に取り出す

続いて、トップページにアクセスした処理（router.get('/:page',……);部分）です。ここでは、トップページにページ番号をつけてアクセスするようになっています。この番号を使い、一定数ごとにBoardを取り出して表示します。

最初に、ログインしているかチェックを行ない、それからページ番号を変数に取り出しています。

```
if (check(req,res)){ return };
const pg = req.params.page * 1;
```

ログインのチェックは、check関数で行ないます。これがtrueならログインしていないので、そのままreturnしておしまいです。ページ番号はpageパラメータから取り出しますが、整数にするため1をかけています。

そうでない場合は、以下のようにしてBoardから指定のページの値を取り出します。

```
db.Board.findAll({
    offset: pg * pnum,
    limit: pnum,
    order: [
      ['createdAt', 'DESC']
    ],
    include: [{
      model: db.User,
      required: true
    }]
  })
```

offset: pg * pnum, limit: pnumということで、ページ番号と1ページあたりの表示数を掛け算した値から、1ページあたりの表示数の数だけレコードをモデルとして取り出しています。それを行なっているのが下のオプション設定です。

```
offset: pg * pnum,
limit: pnum,
```

offsetは値を取り出す位置、limitは取り出す個数をそれぞれ示します。取り出す位置は、「1ページあたりの数×ページ数」で得られます。

ソート設定について

続いて、取り出す値の並び順を指定します。これは、「order」というオプション項目で用意されています。

```
order: [
  ['createdAt', 'DESC']
]
```

このorderは、配列を使って値を用意します。配列には、並び順の基準となる項目名と、「ASC」「DESC」のいずれかの値を用意します。ここでは、['createdAt', 'DESC']と値を用意することで、「createdAtの値が新しいものから順」に並べ替えてBoardを取得しています。

アソシエーションモデルをincludeで読み込む

その後にある「include」という値は、関連付けられた他モデルの読み込みに関するものです。これは以下のように用意されています。

```
include: [{
  model: db.User,
  required: true
}]
```

incluedeは、配列になっています。用意されている値は、{model:モデル, required: true}という形になっています。modelに読み込むモデルを、そしてrequiredには必ずmodelのモデルを読み込むかどうかを指定します。

これで、db.Board.findAllの内容がわかりました。offset, limit, order, includeといった設定を用意してBoardを取り出していたのですね。

メッセージの追加

router.post('/add',……);というメソッドでは、フォーム送信されたメッセージをBoardに追加する処理を用意しています。これは、db.sequelize.syncの中で、以下のようにして実行しています。

```
db.Board.create({
  userId: req.session.login.id,
  message:req.body.msg
})
```

userIdには、req.session.loginでセッションに保管されているログインユーザーのUserからidを取り出し設定しています。そしてmessageには、req.body.msgで、送信されたフォームのmsgを設定しています。

これをcreateで保存後、/boardsにリダイレクトすれば作業完了というわけです。

ホームの表示

router.get('/home/:user/:id/:page',……);というメソッドでは、/homeにアクセスした際の表示を行なっています。ここでは、user、id、pageという3つの値がパラメータとして用意されていますね。それぞれ「表示するユーザー名」「表示するユーザーのID」「表示するページ」の値になります。

まず、ユーザーIDとページ番号を変数に取り出します。

```
const id = req.params.id * 1;
const pg = req.params.page * 1;
```

そして、これらの値を元にdb.Board.findAllでBoardを取り出します(どちらも整数の値として取り出すため1をかけています)。このメソッドには、where, offset, limit, order, includeと多数のオプション設定の情報が用意されてています。

```
db.Board.findAll({
  where: {userId: id},
  offset: pg * pnum,
  limit: pnum,
  order: [
    ['createdAt', 'DESC']
  ],
  include: [{
    model: db.User,
    required: true
  }]
})
```

where: {userId: id}でuserIdの値がidと同じBoardを検索していますね。offsetとlimitは表示するページにあわせて取り出す位置と数を設定しています。orderは、新しい投稿から順に並べ替えるものですね。そしてincludeでは、Userのオブジェクトも合わせて取り出すようにしています。

オプションが増えるとわかりにくくなりますが、1つ1つの設定はそう難しくはありません。何度か処理を書いていけば、基本的な使い方はすぐに覚えられるでしょう。

boards.jsをapp.jsに組み込む

これで「routes」フォルダのboards.jsが作成できました。これは、そのままでは使われませんでしたね。app.jsへの組み込みが必要でした。

では、app.jsを開き、適当な場所に以下の文を追記しましょう。よくわからなければapp.use('/hello', hello);の後に追記すればいいでしょう。

リスト7-5

```
var boardsRouter = require('./routes/boards');
app.use('/boards', boardsRouter);
```

これで、/boardsにアクセスすると、boards.jsの処理が実行されるようになりました。スクリプト関係は、これで完成です。

テンプレートを作成する

さあ、残るはテンプレート関係だけですね。けっこうたくさんあるので、どんどん作っていきましょう。

作成するのは、「users」フォルダ内に「login.ejs」。それから「views」フォルダ内に新しく「boards」というフォルダを作成して、そこに以下のファイルを作ります。

index.ejs	/boardsのトップページ
home.ejs	ホームページ
data_item.ejs	パーシャル

フォルダとファイルの作り方は、もうだいたいわかりますね。では、順にファイルを作成し、内容を記述していきましょう。

login.ejsの作成

まずは、「views」フォルダ内の「users」フォルダに用意する「login.ejs」ファイルです。これだけ、「boards」フォルダではなく「users」フォルダですよ。間違えないように！

リスト7-6
```
<!DOCTYPE html>
<html lang="ja">
  <head>
    <meta http-equiv="content-type"
        content="text/html; charset=UTF-8">
    <title><%= title %></title>
    <link rel="stylesheet"
      href="https://stackpath.bootstrapcdn.com/bootstrap/4.4.1/css/
        bootstrap.min.css"
      crossorigin="anonymous">
    <link rel='stylesheet' href='/stylesheets/style.css' />
  </head>

<body class="container">
```

```
    <header>
      <h1 class="display-4">
        <%= title %></h1>
    </header>
    <div role="main">
      <p><%- content %></p>
      <form method="post" action="/users/login">
        <div class="form-group">
          <label for="name">NAME</label>
          <input type="text" name="name" id="name"
            class="form-control">
        </div>
        <div class="form-group">
          <label for="pass">PASSWORD</label>
          <input type="password" name="pass" id="pass"
            class="form-control">
        </div>
        <input type="submit" value="ログイン"
          class="btn btn-primary">
      </form>
      <p class="mt-4"><a href="/boards">&lt;&lt; Top へ戻る</a> |
        <a href="/users/add">アカウントの作成&gt;&gt;</a></p>
    </div>
  </body>

</html>
```

　ここでは、<form method="post" action="/users/login">という形でフォームを用意しています。このlogin.ejsが使われるのも、/users/loginですから、同じアドレスにフォームを送信して処理する形になります。フォームには、nameとpassという2つの入力フィールドを用意してあり、これが送信されUserのnameとpassに使われます。

index.ejsを作成する

　続いて、「views」フォルダの「boards」フォルダ内にある「index.ejs」ファイルです。これが、メッセージボードのトップ画面になります。

リスト7-7
```
<!DOCTYPE html>
<html lang="ja">
  <head>
    <meta http-equiv="content-type"
```

```html
        content="text/html; charset=UTF-8">
    <title><%= title %></title>
    <link rel="stylesheet"
      href="https://stackpath.bootstrapcdn.com/bootstrap/4.4.1/css/
        bootstrap.min.css"
      crossorigin="anonymous">
    <link rel='stylesheet' href='/stylesheets/style.css' />
  </head>

<body class="container">
  <header>
    <h1 class="display-4">
      <%= title %></h1>
  </header>
  <div role="main">
    <p class="h4">Welcome to <%= login.name %>.</p>
    <form method="post" action="/boards/add">
      <div class="row">
        <div class="col-10">
          <input type="text" name="msg"
            class="form-control">
        </div>
        <input type="submit" value="送信"
          class="btn btn-primary col-2">
      </div>
    </form>

    <table class="table mt-5">
      <% for(let i in content) { %>
      <%- include('data_item', {val:content[i]}) %>
      <% } %>
    </table>

    <ul class="pagination justify-content-center">
      <li class="page-item">
        <a href="/boards/<%= page - 1 %>"
          class="page-link">&lt;&lt; prev</a>
      </li>
      <li class="page-item">
        <a href="/boards/<%= page + 1 %>"
          class="page-link">Next &gt;&gt;</a>
      </li>
    </ul>
  </div>
</body>
```

Chapter-7 アプリケーション作りに挑戦！

```
</html>
```

用意しているフォームは、<form method="post" action="/boards/add">という形にしてあります。これで/boards/addに送信してメッセージの追加処理を行ないます。

投稿メッセージは、<% for(let i in content) { %>というように繰り返しを使い、contentから順に値を取り出して表示を作成するようにしています。実際の表示は、こうなっていますね。

```
<%- include('data_item', {val:content[i]}) %>
```

data_item.ejsパーシャルファイルを読み込んで使っています。引数に{val:content[i]}を渡していますが、このcontentはデータベースから取得したBoardモデルの配列が渡されています。つまり、valにBoardモデルを設定してdata_item.ejsを呼び出していたわけですね。

home.ejsファイルを作成する

続いて、「views」フォルダの「boards」フォルダ内にある「home.ejs」ファイルを作成しましょう。

リスト7-8
```
<!DOCTYPE html>
<html lang="ja">
  <head>
    <meta http-equiv="content-type"
        content="text/html; charset=UTF-8">
    <title><%= title %></title>
    <link rel="stylesheet"
    href="https://stackpath.bootstrapcdn.com/bootstrap/4.4.1/css/
      bootstrap.min.css"
    crossorigin="anonymous">
    <link rel='stylesheet' href='/stylesheets/style.css' />
  </head>

<body class="container">

  <header>
    <h1 class="display-4">
      <%= title %></h1>
  </header>
  <div role="main">
```

```
      <p class="h4"><%= userName %>'s messages.</p>
      <table class="table mt-5">
        <% for(let i in content) { %>
        <%- include('data_item', {val:content[i]}) %>
        <% } %>
      </table>

      <ul class="pagination justify-content-center">
        <li class="page-item">
          <a href="/boards/home/<%=userName %>/<%=userId %>/
            <%= page - 1 %>"
            class="page-link">&lt;&lt; prev</a>
        </li>
        <li class="page-item">
          <a href="/boards/home/<%=userName %>/<%=userId %>/
            <%= page + 1 %>"
            class="page-link">Next &gt;&gt;</a>
        </li>
      </ul>
    </div>
    <div class="text-left">
      <a href="/boards">&lt;&lt; Top.</a>
    </div>
</body>

</html>
```

これは、特定ユーザーの投稿を一覧表示するものですね。メッセージの表示は、以下のように行なっています。

```
<% for(let i in content) { %>
  <%- include('data_item', {val:content[i]}) %>
<% } %>
```

forを使い、contentから順にオブジェクトを取り出して、includeでdata_item.ejsを表示しています。基本的な使い方は先ほどのindex.ejsの場合と同じですね。

data_item.ejsを作成する

最後に、「views」フォルダ内の「boards」フォルダ内に用意する「data_item.ejs」ファイルを作成しましょう。これは、パーシャルファイルです。渡されたBoardモデルを使い、Boardの内容をテーブルの<tr>タグとして生成します。

リスト7-9

```
<% if (val != null){ %>
<tr class="row">
  <th class="col-2">
    <a class="text-dark" href="/boards/home/<%=val.User.name %>/
      <%=val.userId %>/0">
      <%= val.User.name %></a></th>
  <td class="col-7"><%= val.message %></td>
  <%
      var d = new Date(val.createdAt);
      var dstr = d.getFullYear() + '-' + (d.getMonth() + 1) + '-' +
        d.getDate() + ' ' + d.getHours() + ':' + d.getMinutes() +
        ':' + d.getSeconds();
  %>
  <td class="col-3"><%= dstr %></td>
</tr>
<% } %>
```

作成したら動作チェック！

　これで、すべてのファイルが用意できました。実際にnpm startで実行し、/boardsにアクセスしてみましょう。

　アクセスすると、まずログインページに移動し、そこでログインするとメッセージボードのページが現れます。メッセージを書いて送信すればそれが追加されますし、投稿メッセージのアカウントの名前をクリックすればそのユーザーの投稿メッセージが一覧表示されます。ページの前後の移動もできますね(ただし、機械的にページ番号を増減しているだけなので、マイナスのページやデータがないページも表示されます)。

　まだまだ足りない機能もありますが、一応これで「データベースを利用したメッセージボード」は完成です！

Chapter 7　アプリケーション作りに挑戦！

Section 7-2　Markdownデータ管理ツール

Markdownは開発者御用達？！

　もうすでに皆さんは簡単なアプリケーションぐらいは作ることができます。ということは、皆さんは「開発者」「プログラマ」の仲間入りを果たした、といっていいでしょう。ならば、開発者として役立つツールのようなものも、Expressで作ってみましょう。

　開発者の間でよく使われるものの1つに「Markdown（マークダウン）」と呼ばれるものがあります。これは、技術系のドキュメントを書くための簡易言語です。HTMLも、ドキュメントを記述するのに使われていますが、Markdownはもっとシンプルな記号を使って、見出し、リスト、イメージ、ソースコードといったものをドキュメントにまとめることができます。

　最近では、Markdownを使ってドキュメントを記述するようなサービスも増えて来ています。開発者になるなら、是非とも覚えておきたい技術といってよいでしょう。

　このMarkdownを使って記述したドキュメントをデータベースに保存し、いつでも検索し表示できるようにしたのが、今回作成する「Markdownデータ管理ツール」です。

トップページ

　トップページには、検索用のフィールドと、最近投稿されたデータのタイトルが最大10個までリスト表示されます。

　ここで検索テキストをフィールドに書いて送信すると、Markdownデータに検索テキストを含むレコードを探して一覧表示します。検索結果の表示は、最大10個までではなく全項目がリスト表示されます。

図7-8 トップページ。入力フィールドからテキストを書いて送信すれば検索結果が表示される。

ログインシステムは共通

　このMarkdownデータ管理ツールも、ログインして利用するようになっています。このログイン関係の仕組みも、先ほど作成した改良版ミニメッセージボードと同じくUserを利用しています。トップページにアクセスすると、自動的にログイン画面にリダイレクトされるのでログインして下さい。
　メッセージボードと違い、このツールでは、ログインするとそのユーザーの情報しか表示されません。自分が登録した内容が、自分以外の人間に見えたりすることはありません。

図7-9 ログインページ。ここで、登録されているユーザー名とパスワードを入力しログインする。

Markdownの表示

　検索結果のリストから見たいものをクリックすると、そのMarkdownデータを表示します。これは、Markdownの素のデータではなく、HTMLにレンダリングされたものが表示されるので、非常に見やすいでしょう。

　上部には、登録されているMarkdownのソースコードが横長のテキストエリアに表示されています。ここで内容を修正し、「更新」ボタンを押すと、その場で内容を更新できます。

図7-10　検索されたタイトルをクリックすると、その内容が表示される。

データの登録画面について

　データを新たに登録する場合は、トップページにある「データを登録」リンクをクリックします。これで登録画面が現れます。

　データは、タイトルとコンテンツだけの非常にシンプルなものです。コンテンツのところに、Markdownのドキュメントを書いて送信すれば、それが保存されます。

Chapter-7 アプリケーション作りに挑戦！

図7-11 登録画面。タイトルと、Markdownのテキストを記述する。

とりあえず今回は、データの登録と検索、表示という必要最低限の機能だけを作成しました。実際に使ってみて便利に感じたなら、タイトルの変更や投稿日時からの検索など機能を追加していけば、本格的なツールになるでしょう。

アプリケーションを作成する

では、アプリケーションを作成していきましょう。今回も、「ex-gen-app」プロジェクトに追加する形で作っていきます。

まず、必要なパッケージをインストールしましょう。今回は、Markdownの処理を行なう「markdown-it」というパッケージを利用します。VS Codeのターミナルから以下のコマンドを実行してインストールしておきましょう。

```
npm install markdown-it
```

図7-12 npm installでmarkdown-itをインストールする。

必要なパッケージについて

「ex-gen-app」を利用する場合はこれだけですが、もし「新しいアプリケーションとして一から作りたい」と思う場合は、必要なパッケージをすべてインストールする必要があります。具体的には、以下のものです。

```
npm install express-session
npm install express-validator
npm install sqlite3
npm install knex
npm install bookshelf
npm install markdown-it
```

これらすべてを実行して、パッケージをすべて用意してから開発を始めればいいでしょう（今回はすでにあるプロジェクトを使いますから不要です）。

Markdataモデルを作成する

では、アプリケーションの作成を行ないましょう。まずは、モデルからです。今回のMarkdownツールでは、ユーザーのアカウントを管理するモデルと、登録したMarkdownデータを管理するモデルが必要になります。アカウントの管理はUserモデルをそのまま使いますから、新たに用意する必要があるのはMarkdownのデータを管理するモデルだけです。

このモデルは、以下のような内容になります。

```
名前：Markdata
```

●用意する項目

userId	UserのID
title	タイトルの保管
content	Markdownのコンテンツ

userIdは、登録したユーザーのIDを保管するものですね。これにより、そのデータの作成者のUserを関連付けます。保管するデータは、titleとcontentの2つだけです。割とシンプルですね。

モデルを生成する

では、モデルを作成しましょう。VS Codeのターミナルから以下のようにコマンドを実行して下さい。

```
npx sequelize-cli model:generate --name Markdata --attributes
  userId:integer,title:string,content:text
```

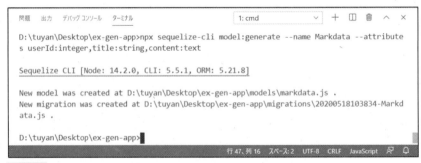

図7-13 npx sequelize-cli model:generateでモデルを生成する。

これで、「models」フォルダの中に「markdata.js」というファイルが生成されました。これを修正して利用します。

Markdataモデルを完成させる

では、作成されたmarkdata.jsを開いて下さい。これを修正して、モデルを完成させましょう。以下のように書き換えて下さい。

リスト7-10

```
'use strict';
```

```
module.exports = (sequelize, DataTypes) => {
  const Markdata = sequelize.define('Markdata', {
    userId: {
      type: DataTypes.INTEGER,
      validate: {
        notEmpty: {
          msg: "利用者は必須です。"
        }
      }
    },
    title: {
      type: DataTypes.STRING,
      validate: {
        notEmpty: {
          msg: "タイトルは必須です。"
        }
      }
    },
    content: {
      type: DataTypes.TEXT,
      validate: {
        notEmpty: {
          msg: "コンテンツは必須です。"
        }
      }
    }
  }, {});
  Markdata.associate = function(models) {
    Markdata.belongsTo(models.User);
  };
  return Markdata;
};
```

　ここでは、userId, title, contentの3つの項目を用意してありますね。いずれもnotEmptyのバリデーションを設定してあります。

　よく見ると、titleはtype: DataTypes.STRINGですが、contentは「type: DataTypes.TEXT」となっていますね。どちらもテキストの値を示すものですが、設定される値は微妙に違います。

　DataTypes.STRINGというのは、比較的短いテキスト(最大255文字まで)を扱うものです。これに対し、DataTypes.TEXTは、長さの制限はありません。ですから、Markdownのソースコードのように何行にも渡るような長いコンテンツを扱う場合は、こちらが適しています。

Userモデルを修正する

もう1つ、モデルの修正を行なっておきましょう。それはUserモデルです。「models」フォルダ内のuser.jsを開き、User.associateの設定部分を以下のように修正しましょう。

リスト7-11
```
User.associate = function(models) {
  User.hasMany(models.Board);
  User.hasMany(models.Markdata); //☆
};
```

☆の文が新たに追記したものです。これでUser側にもMarkdataとのアソシエーションが設定されました。まぁ、実際にはUserからMarkdataを取り出すような操作はないので、これは記述しなくても問題ないのですが、モデルどうしの関連付けのサンプルとして用意しておきました。

マイグレーションを実行！

これでモデルは完成です。では、マイグレーションしてデータベースに内容を反映しましょう。VS Codeのターミナルから以下を実行して下さい。

```
npx sequelize-cli db:migrate
```

図7-14 npx sequelize-cli db:migrateを実行する。

これでマイグレーションが実行され、db-dev.sqlite3データベースにMarkdataテーブルが生成されます。

marks.jsにルーティング処理を作成する

次に行なうのは、Markdownツールにアドレスを割り当て、そこにアクセスした際に実行する処理を用意することです。「routes」フォルダの中に、新たに「marks.js」というファイルを作成しましょう。これが、Markdownツール用のルーティングスクリプトになります。

ここに以下のように処理を記述しましょう。

リスト7-12

```javascript
const express = require('express');
const router = express.Router();
const db = require('../models/index');
const { Op } = require('sequelize');
const MarkdownIt = require('markdown-it');
const markdown = new MarkdownIt();

const pnum = 10;

// ログインチェックの関数
function check(req,res) {
  if (req.session.login == null) {
    req.session.back = '/md';
    res.redirect('/users/login');
    return true;
  } else {
    return false;
  }
}

// トップページへのアクセス
router.get('/', (req, res, next)=> {
  if (check(req,res)){ return };
  db.Markdata.findAll({
    where:{userId: req.session.login.id},
    limit:pnum,
    order: [
      ['createdAt', 'DESC']
    ]
  }).then(mds=> {
    var data = {
      title: 'Markdown Search',
      login: req.session.login,
      message: '※最近の投稿データ',
      form: {find:''},
```

```javascript
      content:mds
    };
    res.render('md/index', data);
  });
});

// 検索フォームの送信処理
router.post('/', (req, res, next)=> {
  if (check(req,res)){ return };
  db.Markdata.findAll({
    where:{
      userId:req.session.login.id,
      content: {[Op.like]:'%'+req.body.find+'%'},
    },
    order: [
      ['createdAt', 'DESC']
    ]
  }).then(mds=> {
    var data = {
      title: 'Markdown Search',
      login: req.session.login,
      message:'※"' + req.body.find +
        '" で検索された最近の投稿データ',
      form:req.body,
      content:mds
    };
    res.render('md/index', data);
  });
});

// 新規作成ページの表示
router.get('/add', (req, res, next) => {
  if (check(req,res)){ return };
  res.render('md/add', { title: 'Markdown/Add' });
});

// 新規作成フォームの送信処理
router.post('/add', (req, res, next) => {
  if (check(req,res)){ return };
  db.sequelize.sync()
  .then(() => db.Markdata.create({
    userId: req.session.login.id,
    title: req.body.title,
     content: req.body.content,
  })
```

```javascript
    .then(model => {
      res.redirect('/md');
    })
    );
});

// '/mark'へアクセスした際のリダイレクト
router.get('/mark', (req, res, next) => {
  res.redirect('/md');
  return;
});

// 指定IDのMarkdata表示
router.get('/mark/:id', (req, res, next) => {
  if (check(req,res)){ return };
  db.Markdata.findOne({
    where: {
      id: req.params.id,
      userId: req.session.login.id
    },
  })
  .then((model) => {
    makepage(req, res, model, true);
  });
});

// Markdataの更新処理
router.post('/mark/:id', (req, res, next) => {
  if (check(req,res)){ return };
  db.Markdata.findByPk(req.params.id)
    .then(md=> {
      md.content = req.body.source;
      md.save().then((model) => {
        makepage(req, res, model, false);
      });
    })
});

// 指定IDのMarkdataの表示ページ作成
function makepage(req, res, model, flg) {
  var footer;
  if (flg){
    var d1 = new Date(model.createdAt);
    var dstr1 = d1.getFullYear() + '-' + (d1.getMonth() + 1) + '-' +
      d1.getDate();
```

```
      var d2 = new Date(model.updatedAt);
      var dstr2 = d2.getFullYear() + '-' + (d2.getMonth() + 1) + '-' +
        d2.getDate();
      footer = '(created: ' + dstr1 + ', updated: ' + dstr2 + ')';
    } else {
      footer = '(Updating date and time information...)'
    }
    var data = {
      title: 'Markdown' ,
      id: req.params.id,
      head: model.title,
      footer:footer,
      content: markdown.render(model.content),
      source: model.content
    };
    res.render('md/mark', data);
}

module.exports = router;
```

app.jsに登録する

　まだ完成ではありませんよ！ 作成したスクリプトファイルは、app.js内からロードし組み込んでおく必要がありましたね。app.jsを開いて、以下の文を適当なところに追記しましょう。先のboards.jsをロードするのに追記したところの前後に書いておけばよいでしょう。

リスト7-13
```
var marksRouter = require('./routes/marks');
app.use('/md', marksRouter);
```

　これでmarks.jsがロードされ、/mdというアドレスに割り当てられるようになりました。marks.js内の処理は、すべて/mdに割り当てられるようになります。

marks.jsのポイントを整理する

　では、作成したスクリプトの内容を、ポイントを絞って説明しておきましょう。まず、MarkdownItの利用に関する部分です。スクリプトのはじめのほうにこんな文がありますね。

```
const MarkdownIt = require('markdown-it');
const markdown = new MarkdownIt();
```

　markdown-itモジュールをMarkdownItという変数に読み込み、これをnewでオブジェクト生成しています。MarkdownItは、このように「requireで読み込み、newする」という使い方をします。ちょっと変わっていますね。

Markdataからログインユーザーのレコードだけ取り出す

　router.get('/',……);というメソッドは、トップページ(/mdアドレス)にアクセスした際の処理を用意します。ここでは、以下のような形でMarkdataのデータを取り出しています。

```
db.Markdata.findAll({
  where:{userId: req.session.login.id},
  limit:pnum,
  order: [
    ['createdAt', 'DESC']
  ]
})
```

　トップページではMarkdataのtitleだけ表示しているので、includeでUserを連携する必要はありません。ここでは、以下のような形で検索条件を用意しています。

```
where:{userId: req.session.login.id}
```

　req.session.loginには、ログインしたユーザーのUserが保管されていましたね。このidを使って、userIdがログインユーザーのものだけを取り出すようにしています。

検索の処理

　router.post('/',……);メソッドでは、トップページの/mdで表示された検索フォームから送信された場合の処理を用意しています。送信フォームの値を使ってMarkdataモデルを検索しテンプレート側に渡す処理です。

　ここでは、以下のような形で検索を行なっています。

```
db.Markdata.findAll({
  where:{
    userId:req.session.login.id,
    content: {[Op.like]:'%'+req.body.find+'%'},
  },
```

```
    order: [
      ['createdAt', 'DESC']
    ]
  })
```

　whereには2つの条件が用意されていますね。userId:req.session.login.idではuserIdがログインユーザーのIDのものに絞っています。そしてcontent: {[Op.like]:'%'+req.body.find+'%'}ではcontentに検索フォームに入力されたテキストが含まれているものを取り出すようにしています。

Markdataの追加

　/md/addには、Markdataの追加のための処理が割り当てられています。router.get('/add',……);メソッドでは、/md/addにアクセスした際の表示を処理しています。これは、単にテンプレートを表示しているだけなので説明は不要ですね。

　その後のrouter.post('/add',……);メソッドが、送信されたフォームの内容をMarkdataに追加する処理になります。ここではdb.sequelize.syncを呼び出し、そのthen内で以下のようにして送信されたデータを追加しています。

```
db.Markdata.create({
  userId: req.session.login.id,
  title: req.body.title,
  content: req.body.content,
})
```

　userId, title, contentといったものを用意し、createしていますね。userIdは、セッションのloginに保管されているUserモデルからidの値を指定します。後の2つは、req.bodyから送信されたフォームの値を指定します。

指定したIDのMarkdataを表示

　/md/markに割り当てられるのが、指定したIDのMarkdataを表示し更新する処理です。まず、GETアクセスの処理を行なうrouter.get('/mark/:id',……);メソッドを見てみましょう。ここでは、送られたパラメータのIDを元に、そのIDのMarkdataを取り出しています。

```
db.Markdata.findOne({
  where: {
    id: req.params.id,
    userId: req.session.login.id
  },
```

```
})
```

　よく見ると、whereの条件には2つのものが用意されていますね。id: req.params.idで、パラメータで送られたIDのMarkdataを取り出すようにしていますが、それだけでなく、userId: req.session.login.idでログインしたユーザーが作ったものかどうかもチェックしています。これがないと、他人が適当にID番号を指定してアクセスすれば登録情報が見られるようになってしまいます。常に「現在、ログインしているユーザーが作成したMarkdataか」をチェックして動くようにしているわけです。

指定したIDのMarkdataを更新

　この/md/markで表示されるMarkdataを書き換えて送信した際の処理が、router.post('/mark/:id',……);メソッドになります。ここでは、送信された内容でモデルを更新しています。

```
db.Markdata.findByPk(req.params.id)
  .then(md=> {
    md.content = req.body.source;
    md.save().then((model) => {
      makepage(req, res, model, false);
    });d
  })
```

　まずfindByPkで指定IDのMarkdataモデルを取得し、そのthenでcontentの内容を書き換えてsaveで保存をしています。「モデルを取り出し、値を変更してsaveする」というやり方は、やっていることがよくわかるので間違いにくく安心ですね。

テンプレートを作成する

　これでスクリプト関係はすべてできました。後は、テンプレートを用意するだけです。今回、必要となるのは以下の3つのテンプレートファイルです。

index.ejs	トップページのテンプレートです。
add.ejs	データ登録ページのテンプレートです。
mark.ejs	Markdownデータの表示ページのテンプレートです。

　これらは、いずれも「views」フォルダ内に「md」というフォルダを作成し、その中に用意

index.ejsを作成する

まずは、「views」フォルダの「md」フォルダ内に用意する「index.ejs」ファイルからです。これが、Markdownツールのメインページになります。ここでは検索用のフォームと、検索結果を表示するリスト部分を用意する必要があります。

リスト7-14

```html
<!DOCTYPE html>
<html lang="ja">
  <head>
    <meta http-equiv="content-type"
        content="text/html; charset=UTF-8">
    <title><%= title %></title>
    <link rel="stylesheet"
      href="https://stackpath.bootstrapcdn.com/bootstrap/4.4.1/css/
        bootstrap.min.css"
      crossorigin="anonymous">
    <link rel='stylesheet' href='/stylesheets/style.css' />
  </head>

<body class="container">
  <header>
    <h1 class="display-4 text-primary">
      <%= title %></h1>
  </header>
  <div role="main">
    <p class="h5 my-4">Hi,
      <span><%= login.name %></span>!<br>
      Welcome to <%= title %>.</p>
    <form action="/md" method="post">
      <div class="form-group">
        <label for="find">FIND</label>
        <input type="text" name="find" id="find"
          value="<%= form.find %>" class="form-control">
      </div>
      <input type="submit" value="検索" class="btn btn-primary">
    </form>
    <p class="my-4 h5"><%= message %></p>
    <table class="table">
      <% for (var i in content) { %>
      <% var ob = content[i]; %>
      <tr>
```

```
          <td>
            <a href="/md/mark/<%=ob.id %>" class="text-dark">
              <%=ob.title %></a>
          </td>
        </tr>
      <% } %>
    </table>
    <p> </p>
    <p><a href="/md/add">※データを登録</a></p>
  </div>
</body>

</html>
```

　フォームは、action="/md"というようにMarkdownツールのトップページのアドレスにPOST送信するようにしてあります。フォームの中にはname="find"という<input>タグを1つだけ用意してあります。

　検索結果は、<ul>タグを使ったリストの形で表示しています。ここでは、変数contentというものとして検索結果を渡すようにしてあるので、そこからオブジェクトを取り出し、その値を出力しています。

　タイトル部分は、<a href="/md/mark/<%=content[i].id %>">というようにリンクを用意してあります。ここでは、/mark/○○というように、/mark/の後にデータのID番号をつけてアクセスすると、そのデータを表示するページが表示されるようになっています。そのアドレスへのリンクがhrefに設定されているわけです。

add.ejsを作成する

　続いて、「views」フォルダ内の「md」フォルダに「add.ejs」ファイルを作ります。以下のように内容を変更しましょう。

リスト7-15

```
<!DOCTYPE html>
<html lang="ja">
  <head>
    <meta http-equiv="content-type"
        content="text/html; charset=UTF-8">
    <title><%= title %></title>
    <link rel="stylesheet"
    href="https://stackpath.bootstrapcdn.com/bootstrap/4.4.1/css/
      bootstrap.min.css"
    crossorigin="anonymous">
```

```html
    <link rel='stylesheet' href='/stylesheets/style.css' />
  </head>

<body class="container">

  <header>
    <h1 class="display-4 text-primary">
      <%= title %></h1>
  </header>
  <div role="main">
    <form method="post" action="/md/add">
      <div class="form-group">
        <label>TITLE</label>
        <input type="text" name="title" id="title"
          class="form-control">
      </div>
      <div class="form-group">
        <label>CONTENT</label>
        <textarea name="content" id="content" rows="10"
          class="form-control"></textarea>
      </div>
      <input type="submit" value="送信"
        class="btn btn-primary">
    </form>
    <p class="mt-4"><a href="/md">&lt;&lt; Top へ戻る</a>
  </div>
</body>

</html>
```

　ここでは、name="title"の<input>タグと、name="content"の<textarea>タグをフォームに用意してあります。これらがタイトルとMarkdownのコンテンツを記入するところです。ここでは<textarea>にrows="10"として表示する大きさを設定してありますが、各自で使いやすいサイズに調整するとよいでしょう。

mark.ejsを作成する

　残るは、「views」フォルダの「md」フォルダ内に作成する「mark.ejs」ファイルです。これは指定したIDのMarkdownデータの表示・更新を行なうためのページになります。

リスト7-16

```html
<!DOCTYPE html>
```

```
<html lang="ja">
  <head>
    <meta http-equiv="content-type"
        content="text/html; charset=UTF-8">
    <title><%= title %></title>
    <link rel="stylesheet"
      href="https://stackpath.bootstrapcdn.com/bootstrap/4.4.1/css/
        bootstrap.min.css"
      crossorigin="anonymous">
    <link rel='stylesheet' href='/stylesheets/style.css' />
  </head>

<body class="container">
  <header>
    <h1 class="display-4 text-primary">
      <%= title %></h1>
  </header>
  <div role="main">
    <p class="h5"><%= head %></p>
    <form method="post" action="/md/mark/<%=id %>">
      <div class="form-group">
        <label for="source">SOURCE</label>
        <textarea name="source" id="source" rows="5"
          class="form-control"><%=source %></textarea>
      </div>
      <input type="submit" value="更新"
        class="btn btn-primary">
    </form>
    <div class="card mt-4">
      <div class="card-header text-center h5">
        Preview
      </div>
      <div class="card-body">
        <%- content %>
      </div>
      <div class="card-footer text-muted text-right">
        <%=footer %>
      </div>
    </div>
    <p class="mt-4"><a href="/md">&lt;&lt; Top へ戻る</a></p>
  </div>
</body>

</html>
```

Markdownデータは、サーバー側でHTMLタグに変換され、それが変数contentに渡されます。つまり、<%- content %>がMarkdownの表示を行なっている部分なのです。

この他、sourceという変数で渡されたMarkdownのソースコードをそのまま<textarea>に表示しています。これでフォームを送信し、内容を更新できるようにしよう、というわけです。

用意されているフォームは、<form method="post" action="/md/mark/<%=id %>">という形で定義されています。送信先は、/md/mark/番号 という形になっており、更新するMarkdataのID番号を送信先アドレスで指定してあります。

——アプリケーションの開発作業は、これで完了です。コマンドプロンプトから「npm start」を実行して、ブラウザから/mdにアクセスしてみて下さい。Markdownツールが使えるようになっていますよ。

これから先は？

さあ、これでNode.jsに関する一通りの説明が終わりました。最後にそこそこ使えるサンプルも作って、実際のアプリケーション作りがどんなものかもちょっとだけ経験できたはずです。もう皆さんは、いっぱしのプログラマ。これからはどんどん自分なりの開発に取り組んで下さい。

「……そういうけど、なんか全然、作れる気になれないなぁ」

そう思った人、あなたは正しい。ここまで説明してきましたが、これで「自分ですいすいアプリケーションを作れる」ようになるとは筆者も考えてません。それは、無理です。それは、能力の問題ではありません。「経験」の問題です。

プログラミングは、「習う」より「慣れよ」

多くの人は、勘違いをしています。プログラミングというのは「知識」の問題なのだ、と。が、実はそうではありません。どちらかというと「慣れ」の問題だったりするのです。

例えば、本書では全部でかなりな数の関数やメソッドなどの使い方を説明しました。それらをすべて完璧に暗記できたらすらすらプログラミングができるようになるか？ というと、そんなことはありません。

それよりも、覚えた数はわずかでも、それらをどういうときにどう組み合わせればどういうことができるのか、といった「使い方」をしっかりと身につけている人のほうが、プログラムは作れるものなのです。

まだ、皆さんは、必要な情報を一通り頭に詰め込んだ、といったところにいます。それらを使いこなすノウハウというのはほとんどありません。これからは、知識よりも「使い方」のノウハウを身につけていくことになるのです。

まずは、全部を読み返そう！

それには何をすればいいのか。最初に勧めたいのが、「この本を、もう一度、最初からじっくりと読み返す」ということです。「プログラミングの勉強」というと、何冊もの入門書や解説書を次々に読破していくようなイメージを持っている人もいるかもしれませんが、それはお金の無駄です。すでに持っているものをきちんと活用することをまずは考えましょう。

本書ではたくさんの関数やメソッドが出てきましたが、それらはすべて、ちゃんと動くソースコードとして掲載してあります。つまり、この中にすでに「実際にどう使うかというノウハウ」は、少しだけど入っているのです。

それらを確実に身につけるだけでも、プログラマとしての実力は上がります。またもう一度読み返すことで、半ば忘れかけていた関数やメソッドなどもきっちり復習できるでしょう。

全部、一から作ろう！

本書では、単なる説明用のサンプルから、そこそこ動くサンプルアプリケーションまで、いろいろなプログラムを書きました。それらは、すべて自分でソースコードを書いて実際に動かしましたか？ おそらくほとんどの人は、そこまでやっていないはずですね。

もう一度、本書を読み返す際、掲載されているソースコードは実際に書いて動かしましょう。「長いコードは書くのが面倒くさい」って？ 確かにその通り、面倒くさいですね。でも、だからこそ「身につく」のですよ。

プログラミング上達のコツ、それは一にも二にも「ソースコードを書くこと」です。それ以外に近道なんてありません。どれだけたくさんのソースコードを書いたかでプログラマの実力は決まる、といっても過言ではないのです。

本書の中には、「こういう処理はこう作る」という小さなプログラムがたくさん入っています。例えば、フォームを送信したときの処理はどうするか。セッションを利用するにはどうするか。パーシャルを組み合わせて表示を作るにはどうするか。いろんなことをやりましたね。プログラミングというのは、そうした「こういうことをしたいときはこう書けばいい」という小さなテクニックをひたすら増やしていくことなのです。

ですから、「掲載されているソースコードはすべて書く！」を実践して下さい。そして、あなたの頭の中の引き出しを、小さなテクニックでいっぱいにしていきましょう。

アプリケーションを改良しよう

　本書では、いくつか簡単なアプリケーションを作りましたが、ある程度復習が進んだら、これらのアプリケーションをベースにいろいろと改良して自分なりの機能を追加してみましょう。いきなり「アプリケーションまるごと作る」というのは大変ですが、すでにあるアプリケーションを改良するぐらいなら、ある程度Node.jsの使い方が身についてくればできるようになります。

　そうして、アプリケーションをいろいろと改造していく中で、各種機能の実装の仕方が少しずつ身についてくるはずです。そうなってくれば、もう「本当のプログラマ」はすぐそこです。

オリジナルのアプリケーションを作ろう

　ある程度、ノウハウが溜まってきたら、それらを使ったオリジナルのアプリケーション作りに挑戦してみましょう。アプリケーションを作るというのは、単に1つの機能、1つの処理を作るのとはまた違った難しさがあります。それは、「全体を設計する」というノウハウが要求されるという点です。

　何かのアプリケーションを作ろうと思ったら、それにはどんなページが用意されていてどういう処理が実行されるのか、そうした具体的な設計ができていなければいけません。このノウハウは、実際に「アプリケーションを作る」という経験を通してしか身につかないものなのです。

　また、「アプリケーションを最初から最後まで自分だけで作る」という経験は、プログラマとしての大きな自信をあなたにもたらしてくれるはずです。きちんとしたアプリケーションを作れたなら、あなたはもう立派なプログラマです。誰がなんと言おうと。

　では、いつの日か、あなたが作ったアプリケーションに出会う日が来ることを願って――。

2020.07　　掌田津耶乃

Addendum

JavaScript超入門！

JavaScriptってあんまりちゃんと勉強したことないな……。そんな人のために、超圧縮版のJavaScript入門を用意しました。これを読めばJavaScriptの基礎はマスターできる……わけでは全然ありませんが、とりあえず「Node.jsの説明を読める」ぐらいにはなるはずですよ。

Addendum JavaScript超入門!

Section A-1 値と変数の基本

JavaScriptの基本は「Webブラウザ」

　Node.jsは、「JavaScript」というプログラミング言語で動きます。Node.jsの登場により、JavaScriptは、もはや「Webブラウザの中で動く言語」ではなくなり、もっと幅広い分野で使われるものになっています。

　が！ JavaScriptという言語を学ぼうと思ったら、やはり「WebブラウザのJavaScript」を前提に考えるのが基本と考えていいでしょう。JavaScriptがもっとも広く使われているところですし、Webブラウザさえあればすぐに動かして試せるのですから。

　というわけで、ここではWebブラウザでJavaScriptを動かしながら、その基本について学んでいくことにしましょう。

Webページで動かしてみる

　では、実際にWebブラウザでJavaScriptを動かしてみましょう。テキストエディタ(何でもかまいません。Windowsならメモ帳でもOK)を起動して、以下のソースコードを書いて下さい。

リストA-1

```
<!DOCTYPE html>
<html lang="ja">
<head>
<meta http-equiv="content-type"
    content="text/html; charset=UTF-8">
<title>HELLO</title>
</head>

<body>
  <h1><script>document.write('Hello!');</script></h1>
</body>
```

```
</html>
```

　記述したら、「hello.html」という名前で保存しておきましょう。そして保存したファイルをダブルクリックしてください。Webブラウザのウインドウが開き、「Hello!」と表示されますよ。このテキストが、JavaScriptで作ったものなのです。

　（※うまく動かない人は、この後の説明を読んで再度トライ！）

図A-1　Webブラウザで表示すると、「Hello!」と表示される。

スクリプトを書くときの注意点

　中には、「うまく動かない！」という人もいるかもしれませんね。そうした人は、JavaScriptの基本的な書き方が頭に入っていないからかもしれません。JavaScriptのプログラム（スクリプト）は、「こういうルールで書く」ということが決まっています。これは、細かな文法以前の決まりごとです。以下に整理しておきましょう。

文は半角文字が基本！

　JavaScriptでは、さまざまなキーワード（言語の文法で使う単語など）や関数、記号などを使いますが、これらはすべて「半角文字」を使います。全角文字は、日本語のテキストなどを値として利用するときだけと考えましょう。

大文字と小文字は別の文字！

　JavaScriptでは、大文字と小文字は別の文字として扱われます。例えば、aとAは別のものになりますし、Helloをhelloと書くと違うものと認識してしまうので注意してください。

Addendum｜JavaScript超入門！

スペースは無視される

　JavaScriptでは、基本的にキーワードや値、記号などの間のスペースは、あってもなくてもかまいません。スペースは基本的に無視されます。ただし、「var a;」を「vara;」にしてしまうと単語自体が変わってしまうので、こういうときはスペースは省略してはいけません。

インデントはつけたほうがいい

　また、ソースコードでは構文の構造がわかりやすいようにタブやスペースを使って文の始まり位置を右に移動して書いたりします。これを「インデント」といいます。例えばこういうものです。

```
if (x){
    y = z;
}
```

　インデントは、動作には影響ありません。つけてもつけなくても大丈夫です。が、つけたほうが圧倒的にプログラムがわかりやすくなるので、なるべくつけて書くようにしましょう。

文は改行またはセミコロンで終わる

　JavaScriptでは、いくつもの文を書いて、それらを順に実行していきます。この文は、改行するか、または最後にセミコロン(;)記号をつけて「ここで終わり」ということを示します。
　これらはどちらか片方だけつければいいのですが、よりわかりやすくするために「最後にセミコロンをつけて改行する」という書き方をするようにしましょう。

余計なことはコメント文で

　ソースコードの中には、実行する処理以外の文は書いてはいけません。途中で勝手にメモなどを書いたりすると動かなくなります。が、何かメモなどを書き込んでおきたいときは、「コメント文」として書くことができます。これは、文の冒頭に//記号をつけるか、あるいはコメントにしたい文の前後を/* 〜 */という記号で挟みます。

JavaScriptのスクリプトの書き方

　書き方の基本がわかったら、JavaScriptのスクリプトの書き方について説明しましょう。JavaScriptのスクリプトは、大きく2つの書き方ができます。1つは、<script>というタグ

を使うやり方です。これは、こんな具合に書きます。

```
<script>
……スクリプト……
</script>
```

<script>と</script>で前後を挟むようにし、その間にスクリプトを書くのですね。先ほどのサンプルを見ると、こんな具合に書かれていました。

```
<h1><script>document.write('Hello!');</script></h1>
```

ここでは1行にまとめて書いてありますが、改行して書いてもかまいません。<script>〜</script>の間にスクリプトを書いているのがわかりますね。

別ファイルに切り分ける書き方

もう1つのスクリプトの書き方は、別ファイルとして用意するやり方です。例えば、先ほどのサンプルを別ファイル利用の形に書き換えてみましょう。

先ほど作ったhello.htmlと同じ場所に、「script.js」という名前でテキストファイルを作成して下さい。やり方はhello.htmlと同じで、普通にメモ帳などのテキストエディタを使って作成すればいいでしょう。このファイルには、以下の一文だけ書いておきます。

リストA-2
```
document.write('<p>This is "script.js".</p>');
```

ファイルを保存したら、先ほどのhello.htmlをテキストエディタで開いて内容を書き換えましょう。<body>〜</body>の部分だけ下に掲載しておきます(他はそのままでOKです)。

リストA-3
```
<body>
  <h1>Hello</h1>
  <script src="script.js"></script>
</body>
```

これも保存したら、hello.htmlを開いているWebブラウザをリロードし(新たに開き直してもOKです)、表示を確認しましょう。「This is "script.js".」というメッセージが表示されていますね。これが、script.jsを読み込んで実行した結果です。

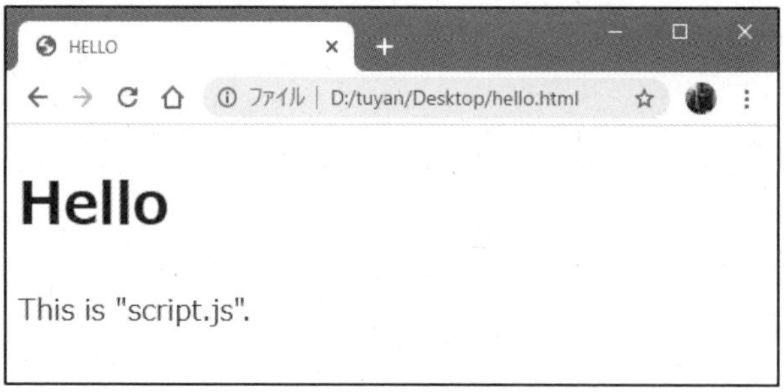

| Addendum | JavaScript超入門！

図A-2 Webブラウザでhello.htmlを表示すると、このようになった。

<script>タグとsrc属性

別ファイルでスクリプトを用意する場合は、このように<script>タグを記述します。

```
<script src="スクリプトファイル"></script>
```

srcという属性に、読み込むスクリプトファイルの名前を書くだけです。これで、この<script>タグがある場所に、srcで指定したスクリプトが読み込まれ実行されます。

値について

では、JavaScriptという言語の文法について、少しずつ説明をしていきましょう。まずは、「値」についてです。

プログラムというのは、基本的に「値を計算するもの」です。これは、どんなプログラミング言語であっても同じです。

値には「種類」があります。基本的な種類と書き方をまずは覚えておきましょう。

数字の値

数字は、とても簡単です。ただ、その数字を普通に書くだけです。小数点は、ドット(.)記号を使います。マイナスの場合は「-」記号をつけられます。

●例）数値の書き方

| 123 | 0.00001 | -4560000.789 |

テキストの値

　数字以外のテキストは、最初と最後にクォート(")または')をつけて書きます。これは、どちらの記号を使ってもかまいませんが、最初と最後の記号は同じものにする必要があります。基本的にどちらも同じものなので、必要に応じて使いやすい書き方をすればいいでしょう。

●例)テキストの書き方

"Hello"	'あいう'	'This is "Node.js" ! '

真偽値という値

　数字とテキストの他にもコンピュータ特有のちょっと変わった値があります。それは「真偽値」というものです。この真偽値は「真か、偽か」という二者択一の状態を示すのに用いられる値です。「この値は正しいかどうか」とか、「この式は正しいかどうか」といったことを表すのに用いられます。

　この真偽値は、「true」「false」という２つの値だけしか使えません。この２つは、JavaScriptに最初から用意されている予約語です。真偽値は、もう少し後の制御構文ところで必要になります。そこで改めて触れることにします。

●例)真偽値

true	false	

その他の値

　これら基本的な値の他にも、JavaScriptではさまざまな値が登場します。多数の値を扱う配列、処理を扱う関数、より複雑な値を一つにまとめるオブジェクト。こうしたものについては別途説明していくことにします。今ここでは「数値」「テキスト」「真偽値」だけ覚えておけば十分です。

変数について

　値は、そのままソースコードの中に書くだけではありません。それ以上に多いのが、「変数」を利用する使い方です。

変数は、値を保管しておくための入れ物の役割をします。プログラミング言語では、必要な値を変数に入れておき、この変数を使って計算などを行います。計算した結果も、もちろん変数に保管。そうしてさまざま変数を計算したり表示したりして処理を行っていくのです。

変数の宣言

この変数は、最初に「こういう変数を使いますよ」と宣言をしておきます。これは「var」というキーワードを使います。

```
var 変数；
```

値の代入と取得

値を入れたり、変数から値を取り出したりするには、イコール記号を使います。宣言した後は、もうvarはつけません。

●値を入れる

```
変数 = 値；
```

●値を取り出す

```
取り出し先 = 変数；
```

イコール記号は、「右側にある値を取り出して、左側に入れる」という働きをします。左側に新たな変数を用意すれば、そこに値を保管できます。

こんな具合に、イコール記号を使って変数に値を設定することを「代入」といいます。例えば、x = 1 というのは、「変数xに1を代入する」というわけですね。

宣言と代入

変数の宣言と値の代入は、最初から1つにまとめて書くこともできます。こんな具合です。

```
var 変数 = 値；
```

これなら、変数の用意と同時に値を設定できるので、すぐに変数を使うことができます。この書き方が割と一般的でしょう。

変数は宣言しなくても使える？ Column

変数を使うとき、varで宣言するのを忘れてしまったり、長いプログラムだと「前に宣言してあったのを忘れて、またvarで宣言しちゃった」なんてこともあります。こうしたとき、プログラムはどうなるんでしょうか。

実は、何も問題はありません。普通にそのまま動きます。varの宣言がないのに変数を使おうとすると、JavaScriptは「宣言を忘れちゃったんだな」と判断して自動的に変数を用意してくれます。また2回以上もvarをつけて宣言してしまった場合も、「間違えてつけちゃったんだな」と判断し無視してくれます。つまり、varによる宣言は、つけてもつけなくっても全然問題なく動くようにできています。ちょっと安心ですね。

「定数」もある

変数は、「いつでも値を入れたり出したりできる入れ物」ですが、「一度入れたら二度と変更できない入れ物」というのもあります。それが「定数」です。これは、最初に以下のように宣言をして使います。

```
const 定数 = 値;
```

定数は、宣言をしたときに値を設定し、それ以後は一切変更できません。途中で値が書き換わったりしてほしくないときに変数の代りに使います。

四則演算について

値や変数は、それらを使ってさまざまな計算をするのに使います。数字の基本的な計算(四則演算)は、みなさんのパソコンのキーボードについている「+」「-」「*」「/」といった記号を使って行います。他、割り算の余りを計算する「%」といった記号もあります。

```
例) var x = 123 + 45 - 78;    y = (1/ / 4) * 5;
```

例文を見ればわかるように、四則演算の記号の他に()も使えます。また、数字の代りに変数や定数も使えます。

計算をしてみよう

これで、値・変数・計算といった基本的なものがわかりました。では、実際にこれらを使ってみましょう。

先ほど、script.jsというファイルを作成して、これを<script src="script.js">で読み込むように修正をしましたね？ ということは、script.jsの内容を書き換えれば、実行する処理を変更できます。では、script.jsの中身を下のように書き換えてみましょう。

文字化けしている場合は、ファイルがUTF-8のエンコーディングで保存されているか確認してください。

リストA-4

```javascript
var price = 12300;
document.write('<p>価格:' + price + '円</p>');
const tax = 0.08;
price = price * (1.0 + tax);
document.write('<p>税込価格:' + price + '円</p>');
```

図A-3 表示すると、金額と税込価格を計算して表示する。

保存したら、Webブラウザでhello.htmlを見てみましょう。すると、「価格:12300円」「税込価格:13284円」といった表示がされます。

テキストとの足し算？

ここでは、実はいくつかのちょっとしたテクニックが使われています。まず、ここではこういうものが使われていますね。

```javascript
document.write( ……いろいろ書いてある……);
```

これは「オブジェクト」というのを使ったものなんですが、いずれ改めて説明しますので今

は深く考えないで下さい。最後の()のところに値を書いておくと、それが画面に表示される、ということだけ覚えておきましょう。

　この部分には、「'<p>価格：' + price + '円</p>'」というような値が書いてあります。これ、よく見ると、テキストと(数字の入った)変数を＋記号で計算していますね？
　テキストは、＋記号を使うことができます。これは「1つのテキストにつなげる」働きをします。＋でつなげるのは、テキストだけでなく、他の種類の値でもかまいません。
　こうして「変数を使い、計算をし、document.writeで表示する」という基本がわかれば、JavaScriptで簡単な処理を作れるようになります。いろいろ計算をして表示させてみましょう。

Addendum JavaScript超入門！

Section A-2 制御構文

制御構文とは？

　基本的な値と計算がわかったら、次に覚えるのは「構文」です。構文というと漠然としますが、プログラムを書く上で一番重要になるのは、全体の処理の流れを制御する「制御構文」と呼ばれるものです。

　プログラムというのは、最初に書いたものから順に実行をしていきますが、時には必要に応じて実行する内容を変えたり、何度も同じ処理を繰り返したりすることもあります。こういうときに使われるのが制御構文というものなのです。

　この制御構文は、いくつか種類があります。順に説明していきましょう。

if文の基本形

　最初に説明するのは「if」という構文です。これは「条件分岐」と呼ばれる構文の一つです。この構文は、条件に応じて実行する処理を変更するものです。書き方はこうなります。

●if文の基本形（1）

```
if ( 条件 ) {
    ……正しいときの処理……
}
```

●if文の基本形（2）

```
if ( 条件 ) {
    ……正しいときの処理……
} else {
    ……正しくないときの処理……
}
```

432

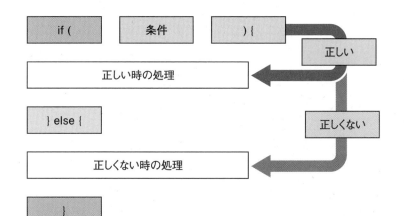

図A-4 if文は、()の条件をチェックし、正しいときとそうでないときで異なる処理を実行させる。

　このifは、その後に()を用意します。この()内に、条件となるものを用意するのです（条件の内容については後で！）。JavaScriptは、この条件をチェックし、それが正しければ{}の部分を実行します。もし正しくなかったなら、elseの後にある{}の部分を実行します。

　このelse～の部分は、あってもなくてもかまいません。なかった場合は、条件が正しくないと何もしないで次に進みます。

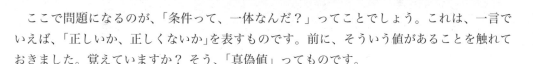

条件って、なに？

　ここで問題になるのが、「条件って、一体なんだ？」ってことでしょう。これは、一言でいえば、「正しいか、正しくないか」を表すものです。前に、そういう値があることを触れておきました。覚えていますか？ そう、「真偽値」ってものです。

　条件というのは、「真偽値としてあらわせるもの」です。真偽値の変数でもいいですし、計算の結果が真偽値になる式などでもかまいません。そうしたものはなんでも条件に使えます。

比較演算子について

　そうはいっても、どんな式が真偽値になるのかよくわからないでしょう。そこで、慣れないうちは「比較演算子を使った式」が条件に使うものだ、と覚えておいて下さい。

　比較演算子というのは、「2つの値を比較するもの」です。2つを比べて「これとこれは等しい」とか「これはこっちより大きい」とかいうように比べるためのものなのです。

　これは、専用の演算記号が用意されています。以下に簡単にまとめておきましょう。

A == B	AとBは等しい
A != B	AとBは等しくない
A < B	AはBより小さい
A <= B	AはBと等しいかそれより小さい
A > B	AはBより大きい
A >= B	AはBと等しいかそれより大きい

これらの式を条件のところに書いておけば、if文を作ることができます。

簡単なサンプルとして、「数字が偶数か奇数か調べて表示する」というものを作ってみましょう。script.jsの内容を以下のリストのように書き換えて下さい。

リストA-5

```
var num = 12345;
document.write('<p>' + num + 'は、');
if (num % 2 == 0){
  document.write('偶数。</p>');
} else {
  document.write('奇数。</p>');
}
```

図A-5 アクセスすると、「12345は、奇数。」と表示される。

ここでは、変数numというのを用意して、それが偶数か奇数かを調べて結果を表示しています。Webページでhello.htmlをリロードしてみましょう。「12345は、奇数。」と表示されます。

表示を確認したら、script.jsの最初の変数numの値をいろいろと書き換えて動作を確認してみて下さい。

制御構文 | A-2

たくさんの分岐を作るswitch

条件分岐には、もう1つの構文があります。それは「switch」というものです。ifは二者択一でしたが、switchはたくさんの分岐を作ることができます。では、書き方をまとめておきましょう。

●switchの基本形

```
switch( 条件 ){
case 値1:
    ……値1のときの処理……
    break;
case 値2:
    ……値2のときの処理……
    break;

……必要なだけcaseを用意……

default:
    ……それ以外のときの処理……
}
```

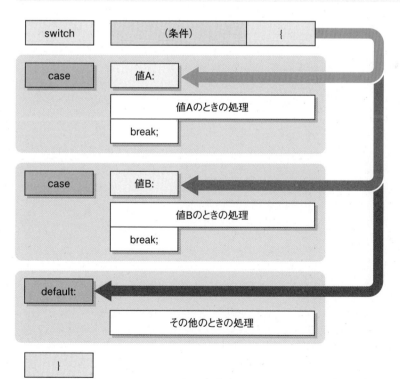

図A-6　switchは、条件の値と同じcaseにジャンプし、そこにある処理を実行する。

435

switchは、条件と、caseという文からなります。条件の値をチェックし、その後の{}内にあるcaseを順に調べていって、条件の値と同じcaseが見つかったらそこにジャンプして処理を実行します。最後にある「brcak」は、そこで処理を終えて構文を抜けるためのものです。

同じ値が見つからなかった場合は、最後にある「default:」というところにジャンプして処理を実行します。このdefault:はオプションで、別に用意しなくてもかまいません。省略した場合、caseが見つからなかったら何もしないで次に進みます。

switchを利用する

条件をチェックして処理を実行するという点ではifと同じですが、ifとswitchでは条件の内容が違います。switchでは、数字やテキストの値をそのまま条件に設定します。

では、switch文を使ってみましょう。今回も、script.jsの内容を書き換えて動かしてみることにしましょう。

リストA-6

```javascript
var month = 4; //★月の値
var season;

switch (month) {
  case 1: season = '冬'; break;
  case 2: season = '冬'; break;
  case 3: season = '春'; break;
  case 4: season = '春'; break;
  case 5: season = '春'; break;
  case 6: season = '夏'; break;
  case 7: season = '夏'; break;
  case 8: season = '夏'; break;
  case 9: season = '秋'; break;
  case 10: season = '秋'; break;
  case 11: season = '秋'; break;
  case 12: season = '冬'; break;
  default: season = '???';
}
document.write('<p>' + month + '月は、' + season + 'です。');
```

図A-7 表示すると、「4月は、春です。」と表示される。

このように記述し保存したら、hello.htmlをWebブラウザでリロードしてみましょう。Webの画面に「4月は、春です。」と表示されます。動作を確認したら、最初の変数monthの値をいろいろと書き換えてみましょう。

whileによるシンプルな繰り返し

制御構文は、処理の分岐に関するもの以外も、存在します。それは「繰り返し」です。この繰り返し構文も1つではなくいくつかのものが用意されています。

一番簡単な繰り返しは「while」というものでしょう。これは次のように使います。

● while文の基本形

```
while ( 条件 ){
    ……繰り返す処理……
}
```

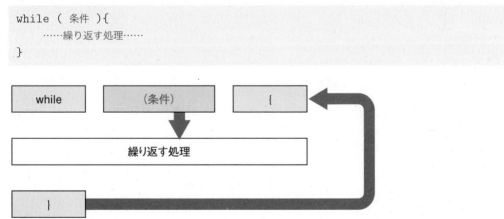

図A-8 whileは、条件をチェックし、trueである間、処理を繰り返し続ける。

このwhileも、条件を持っています。これはif文と同じく、真偽値を使います。この条件の値がtrueならば、その後の処理を実行し、また条件のチェックに戻ります。またtrueなら、また処理を実行して条件に戻ります。そしてまた……とひたすら繰り返し続け、条件が

falseになったら、構文を抜けて次に進みます。

無限ループに注意！

条件がtrueならば繰り返しを続けますから、繰り返し実行する処理の中で、条件の値が変化するような処理を考えておかないといけません。まったく条件が変化しないと、いつまでたっても繰り返しを抜けられず、永遠に実行し続けることになってしまいます。

こうした状態を「無限ループ」といいます。無限ループになってしまうと、Webブラウザなどでは暴走した状態になってしまいます。繰り返しを使う場合は、くれぐれも無限ループにだけはならないように！

whileを使ってみる

では、簡単なサンプルを作ってみましょう。またscript.jsを書き換えて使うことにします。以下のリストのように内容を修正して下さい。

リストA-7

```
const max = 12345; //★最大の値
var num = 1;
total = 0;

while(num <= max){
  total += num;
  num++;
}
document.write('<p>' + max + 'までの合計は、' + total + 'です。');
```

図A-9　実行すると、ゼロから12345までの合計を計算して表示する。

hello.htmlにアクセスすると、「12345までの合計は、76205685です。」と表示されます。ゼロから12345までの合計を計算して表示していたのです。

ここでは、計算する数字の最大値を入れておくmax、1から順に数字を増やしていく

num、合計を計算して入れておくtotalといった変数・定数を用意してあります。

　考え方としては単純で、numの値をtotalに足してからnumを1増やす、ということをひたすら繰り返していくのです。そうすると、totalに1, 2, 3, ……と1ずつ増えていく数字を足していくことになります。そして最後の数字(max)より大きくなったら繰り返しを抜ければいいのです。

代入演算子について

　ここでは、ちょっと新しいテクニックを2つほど使っています。1つは、totalにnumの値を足すところです。こんな書き方をしていますね。

```
total += num;
```

　この「+=」というのは、「代入演算子」というもので、右側にある値を左側の変数に足す働きをします。他にも「-=」「*=」「/=」「%=」といったものが用意されています。

インクリメント演算子について

　もう1つ、変数numの値を1増やすのに、このような書き方をしていますね。

```
num++;
```

　この「++」というのは、変数の値を1増やす働きをするもので、「インクリメント演算子」と呼ばれます。同様のものに「--」という「デクリメント演算子」もあります。これは変数の値を1減らすことができます。

複雑な繰り返し「for」

　繰り返しには、もう1つの構文があります。それは「for」というものです。これは、whileに比べるとちょっと複雑な書き方をします。

●for文の基本形

```
for ( 初期化 ; 条件 ; 後処理 ) {
    ……繰り返す処理……
}
```

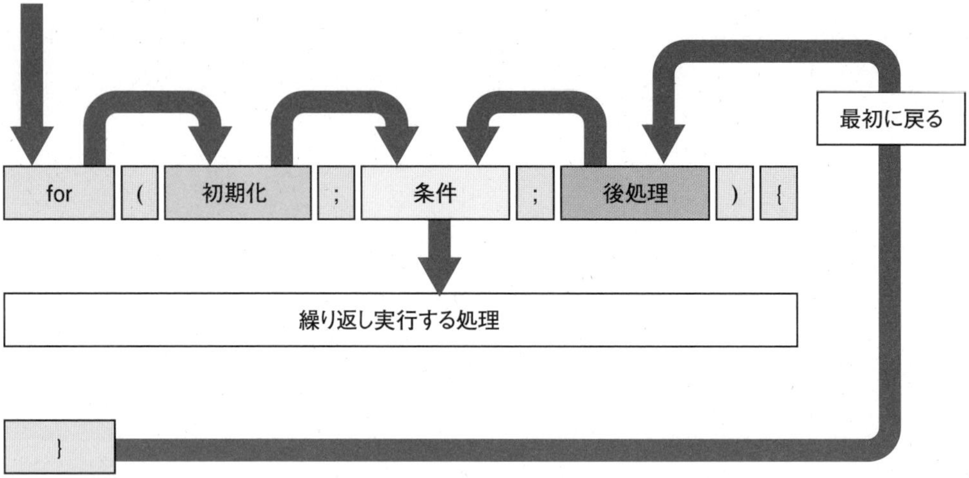

| Addendum | JavaScript超入門！|

図A-10 forは、繰り返しに入ると初期化処理を実行し、条件をチェックしてtrueなら繰り返しを行なう。繰り返し処理を終えたら、後処理を行い、また条件をチェックして繰り返しへ、と進む。

forの3要素の使い方

このforは、とても複雑な動きをしています。処理の流れを整理すると以下のようになるでしょう。

1. for構文に入ったら、初期化処理を行なう。
2. 条件をチェックし、**true**なら繰り返し部分を実行する。**false**なら抜ける。
3. 実行後、後処理を実行し、2に戻る。

なんだよくわからないでしょうから、実際に使ってみて働きを確認しましょう。先ほどwhileで作った「数字を合計する処理」を、forで書き直してみることにしましょう。script.jsを以下のように修正して下さい。

リストA-8
```
const max = 12345; //★最大の値
var total = 0;

for(var num = 1;num <= max;num++){
  total += num;
}
document.write('<p>' + max + 'までの合計は、' + total + 'です。');
```

これは、先ほどのwhileを使ったスクリプトとまったく同じものです。が、なんとなくこっ

ちのほうがすっきりとわかりやすい感じがしますね？

　最初に用意する変数・定数は２つに減っています。numは、forの()の中に組み込まれているのがわかるでしょう。そして、numの値を１増やす処理もforに組み込まれているので、繰り返し部分は単にtotalにnumを足すだけで済みます。

　もちろん、それだけforの部分にいろいろと要素が詰め込まれているからですが、forの部分も、３つの働きをよく頭に入れて考えれば、決してわからないほど複雑ではありません。今回のforの部分を見ると、こんな感じになっているのがわかります。

var num = 1;	変数numを宣言し、１を入れておく。
num <= max;	numがmax以下なら処理を実行。
num++	繰り返し後、numの値を１増やす。

　繰り返しによって変化する変数(ここではnum)を用意し、その値を変更しながら繰り返していることがわかるでしょう。

「関数」について

　制御構文以外にも、JavaScriptでとても重要な構文というのはあります。ここでぜひ覚えておきたいのが「関数」の書き方です。
　関数というのは、メインのプログラムから一部の処理を切り離して、いつでも実行できるようにしたものです。同じような処理を何度も実行するような場合、その処理部分を関数として定義しておけば、いつでも好きなときに呼び出して実行できるようになります。
　この関数にはいくつか書き方があります。一番基本的なものは、こういう書き方です。

●関数の書き方(1)

```
function 関数 ( 引数 ) {
    ……実行する処理……
}
```

　なんだかこれもわかりにくいですね。最初の部分を「function」「関数の名前」「引数」の３つでできている、ということをまず頭に入れておきましょう。このうち、functionは関数を作るときのキーワードです。その後に関数の名前が書かれます。わかりにくいのは、その後にある「引数」でしょう。

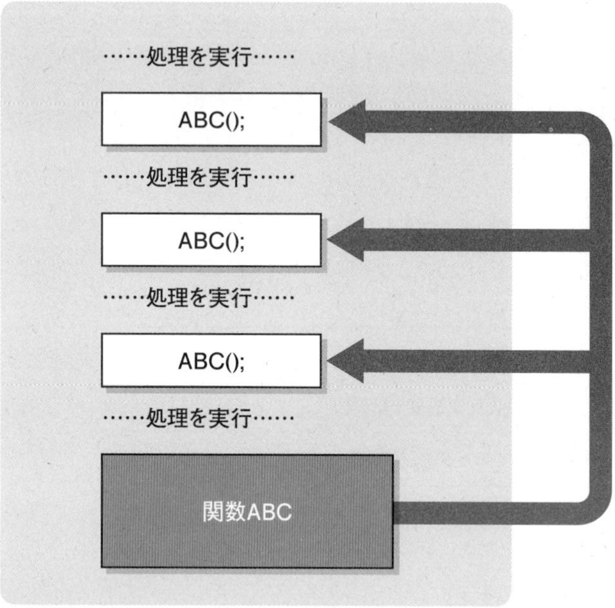

図A-11 関数を用意しておけば、スクリプトのどこからでも何度でも呼び出して処理を実行できるようになる。

引数は、関数に渡す「値」

　引数というのは、関数が必要とする値を渡すためのものです。「この関数では、これとこれの値が必要なんだ」というものを引数に用意しておき、呼び出す際に必要な値を関数に受け渡して処理を実行することができます。
　この引数は、いくつでも用意できます。2つ以上の引数を用意したい場合は、それぞれをカンマ(,)記号でつなげて書きます。また引数を何も用意しなくてもかまいません。その場合も、()はちゃんと用意しておかないといけないので注意しましょう。

関数の別の書き方

　この関数は、実はいろいろな書き方ができます。例えば、こんな具合に書くことだってできるのです。

●関数の書き方（2）

```
var 変数 = function ( 引数 ) {
    ……実行する処理……
}
```

なんだか不思議な書き方ですね。function……という(関数名がない)関数の定義を変数に代入しています。これで、その変数名の後に()をつけて呼び出せば、ちゃんと関数として使えます。例えば、こんな感じです。

```
var fn = function(){……}
fn();
```

JavaScriptは、関数も値として変数に入れておいたりできるのです。そうすると、変数が関数として使えるようになるのです。

あるいは、Node.jsでは更にこんな書き方も使われます。

```
var 変数 = ( 引数 )=> {
    ……実行する処理……
}
```

function(引数)の部分を、(引数)=>と変えてありますね。これも、やっぱり関数です。書き方が違うだけで、働きはまったく同じです。

関数を作ってみる

関数は、実際に作ってみないとどういうものなのかピンとこないことでしょう。では、実際に関数を作って利用してみることにします。先ほどの「数の合計を計算して表示する」という処理を関数にまとめて、呼び出してみましょう。

リストA-9
```
function calc(max) {
  var total = 0;
  for(var num = 1;num <= max;num++){
    total += num;
  }
  document.write('<p>' + max + 'までの合計は、' + total + 'です。');
}

calc(10);
calc(100);
calc(1000);
calc(10000);
```

Addendum | JavaScript超入門！

図A-12 実行すると、10, 100, 1000, 10000の合計をそれぞれ計算して表示する。

　修正したら、Webブラウザをリロードして表示を確認しましょう。10, 100, 1000, 10000の合計をそれぞれ計算して表示します。関数を用意すれば、「数の合計を計算して表示する」という処理も、ただ関数を呼び出すだけでいつでも実行できるようになります。
　ここでは、

```
function calc(max) {……}
```

　こんな具合に関数の宣言をしていますね。これは、「calcという名前」で、「maxという引数」が用意されている、という関数であることがわかります。

戻り値を使おう

　この関数は、「function」「関数名」「引数」の3つで定義されているのですが、実をいえば宣言の部分からは見えない「第4の要素」というものがあるのです。それは「戻り値」というものです。
　戻り値というのは、関数が返す値のことです。関数は、ただ処理を実行するだけではなくて、実行した結果を呼び出し元に返すことができます。値を返すことができると、その関数を変数や普通の値と同じように使えるようになるのです。
　では、ちょっとやってみましょう。先ほどのサンプルを更に修正してみます。

リストA-10
```
function calc(max) {
  var total = 0;
```

```
    for(var num = 1;num <= max;num++){
      total += num;
    }
    return total;
}

document.write('<ol>');
document.write('<li>10まで：' + calc(10) + '</li>');
document.write('<li>20まで：' + calc(20) + '</li>');
document.write('<li>30まで：' + calc(30) + '</li>');
document.write('<li>40まで：' + calc(40) + '</li>');
document.write('<li>50まで：' + calc(50) + '</li>');
document.write('</ol>');
```

図A-13　<ol>を使って、計算結果をリストにまとめて表示する。

　ここでは、calcの計算結果を戻り値として返すようにしています。関数の最後に「return total;」というのがありますね？　これが、値を返しているところです。「return」というのは、そこで関数から抜けて、その関数を呼び出したところに処理を戻す働きをします。このとき、returnの後につけた値を戻り値として返すのです。

Addendum JavaScript超入門！

Section A-3 配列からオブジェクトへ！

配列は、たくさんの値を管理する

　変数は、値を保管しておく入れ物です。この入れ物、1つの入れ物には1つの値しか保管できません。もし、大量のデータを変数に入れて処理しないといけなくなった場合、それらを1つずつ変数に入れていくのは想像以上に大変です。

　こういう「多量のデータをまとめて扱う」というときに用いられるのが「配列」です。

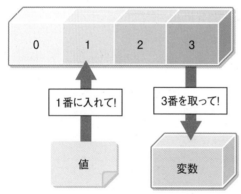

図A-14 配列は、たくさんの入れ物を並べたようなもの。インデックス番号を使って、特定の入れ物から値を出し入れできる。

配列は、値をまとめる変数

　配列は、たくさんの値をまとめて保管することのできる、特殊な変数です。配列には、値を保管する入れ物がずらっと用意されています。それぞれの入れ物には「インデックス」と呼ばれる番号が割り振られていて、その番号を使って、どの値を利用するか指定できるようになっています。

　では、配列の基本的な使い方をまとめておきましょう。まずは、配列の書き方からです。

446

●配列の作成

```
var 変数 = [ 値1, 値2, …… ];
```

配列は、変数に配列の値を代入して作ります。この配列の値は、いくつかの書き方がありますが、[]記号を使った書き方が基本といっていいでしょう。[]記号の中に、保管する値を感まで区切って記述していきます。

●配列の値のやり取り

```
配列 [ 番号 ] = 値;
変数 = 配列 [ 番号 ];
```

配列は、変数名の後に[]という記号でインデックスの番号を指定して使います。イコールを使って値を取り出したり代入したりできるのは普通の変数とまったく同じです。

配列を使ってみる

では、簡単なサンプルを作って、配列を利用してみることにしましょう。script.jsを以下のように書き換えてみて下さい。

リストA-11
```javascript
var arr = [12, 345, 67, 89];
var answer = arr[0] + arr[1] + arr[2] + arr[3];

document.write('<p>合計は、' + answer + 'です。');
```

修正したらブラウザでhello.htmlをリロードしましょう。配列の各値を足して答えを表示します。

図A-15 配列arrに保管してある4つの値を足した合計を表示する。

| Addendum | JavaScript超入門！|

配列のための for 文

JavaScriptには、「配列専用のfor」というものが用意されています。このforを使うことで、配列に保管されている全要素を処理することができるようになります。では、使い方を整理しましょう。

●配列のfor文の基本形

```
for ( var 変数 in 配列 ){
    ……繰り返し処理……
}
```

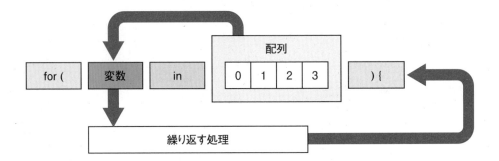

図A-16　forを使うと、配列のインデックス番号を順に取り出していくことができる。それを元に、配列から値を取り出し処理を行なう。

このforは、配列と変数を()内に持ちます。この構文では、配列から順にインデックスの値を取り出し、変数に代入しています。こうすることで、インデックス番号の一番小さなものから順番に値を取り出していけるのです。

注意したいのは、「forで変数に取り出されるのは、値ではない」という点。値が保管されているインデックス番号ですよ、念のため！

配列でデータを集計する

では、実際にforを利用してみましょう。script.jsを以下のように修正して、Webブラウザから表示を確かめてみましょう。

リストA-12
```
var arr = [100, 82, 69, 77, 91];
```

```
var total = 0;
for(var n in arr){
  total += arr[n];
}
var average = total / 5;
document.write('<p>合計は、' + total + 'です。平均点は、' + average +
  'です。</p>');
```

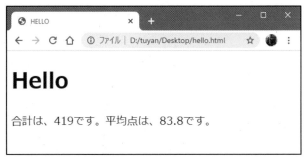

図A-17 アクセスすると、配列の値の合計と平均を計算して表示する。

　これは、配列に保管している値の合計と平均を計算するものです。forを使い、配列arrから順番に値を取り出して変数totalに足しています。

```
for(var n in arr){
  total += arr[n];
}
```

　for(var n in arr)で、arrから順番にインデックス番号をnに取り出していきます。これを利用し、arr[n]の値を取り出してtotalに足していけば、全部の値の合計が計算できる、というわけです。

オブジェクトを作ろう！

　配列は、値をたくさんまとめたものでした。が、値だけでなく「処理」もまとめておくことができれば、更に便利になります。例えば、売上データをまとめた配列があったとして、それらを合計したりする処理も配列の中にあって呼び出せるようになっていたら、とても便利ですね。「売上データを扱うのに必要なものは、全部この中にある！」というものを作っておくのです。

　この考え方が、「オブジェクト」なのです。

オブジェクトとは？

オブジェクトというのは、「自身が必要とするデータや処理をすべて自分自身の中に持っていて、それだけで独立して使えるもの」のことです。例えば成績を管理する「seiseki」という部品を作るとき、各教科の点数や合計平均を計算する処理をすべて部品の中に用意できれば、その部品の中だけで処理が完結します。これがオブジェクトです。

プロパティとメソッド

seiseki部品（オブジェクト）には、dataのように値を保管しているものや、totalやaverageのように処理（関数）を保管しているものがあります。値を保管しているもののことを「プロパティ」、処理を保管しているもののことを「メソッド」と呼びます。

オブジェクトは、このプロパティとメソッドを用意して作っていく、と考えると良いでしょう。

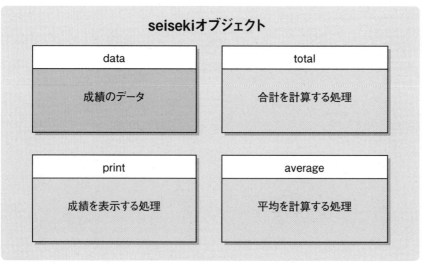

図A-18 seiseki部品では、成績のデータや計算のための処理がすべて自分自身の中に組み込まれている。こうしたものを「オブジェクト」と呼ぶ。

オブジェクトの作り方

このオブジェクトの作り方はいろいろあります。一番の基本は、「new Object」というものでベースとなる空のオブジェクトを作り、それにいろいろ追加していくやり方でしょう。

これは、実際に例を見ればすぐにわかります。先に配列の例として、「データの合計と平均を計算する」ということをやりましたね。あれを、オブジェクトの形にまとめてみましょう。

配列からオブジェクトへ！ A-3

リストA-13
```
var obj = new Object();
obj.data = [100, 82, 69, 77, 91];
obj.calc = function () {
  var total = 0;
  for (var n in this.data) {
    total += this.data[n];
  }
  var average = total / 5;
  document.write('<p>合計は、' + total +
    'です。平均点は、' + average + 'です。</p>');
}

obj.calc();
```

　これでも、実行結果はリストA-12とまったく同じになります。ここでは、まずオブジェクトを作り、それにデータのプロパティと計算をするメソッドを組み込んでいます。

●オブジェクトを作る

```
var obj = new Object();
```

●dataプロパティを設定する

```
obj.data = [100, 82, 69, 77, 91];
```

●calcメソッドを設定する

```
obj.calc = function() {
    ……略……
}
```

　オブジェクトは、new Object()というもので作ることができます。そしてプロパティやメソッドは、「オブジェクト.名前」という形で指定できます。「オブジェクト.名前 = ○○;」というようにすれば、プロパティやメソッドを設定できるわけですね。
　メソッドは、見ればわかるように関数をそのまま代入しています。ここでは、obj.calcに関数を入れていますね？ これで、obj.calc();というようにすれば、calcに代入された関数(オブジェクトに入れたので、メソッドですね)が実行できる、というわけです。

thisは自分自身！

　このメソッドの処理を見てみると、繰り返しでデータを合計していくのに、こういう書き

方をしていることがわかります。

```
for(var n in this.data){
  total += this.data[n];
}
```

　this.dataというものが使われています。これは「このobjオブジェクトにあるdataプロパティ」を表しています。オブジェクトのメソッドの中で、そのオブジェクト内にあるプロパティやメソッドを利用したい場合は、「this.○○」というように書きます。これは覚えておきましょう。

オブジェクトをJSON形式で書く

　オブジェクトの作り方は、一つだけではありません。さまざまな作り方があるのです。最近、もっとも広く利用されているのが「JSON」と呼ばれるデータの形でオブジェクトを作る方法でしょう。
　JSONは「JavaScript Object Notation」の略で、JavaScriptのオブジェクトをテキストで記述するのに使われる記述方式です。これは、こんな形で記述します。

```
{
  名前 : 値 ,
  名前 : 関数 ,
  ……略……
}
```

　{}という記号の中に、「名前：○○」という形でプロパティやメソッドの名前と値をセットで記述していきます。これを変数に代入すれば、オブジェクト完成です！
　では、先ほどのサンプル（リストA-13）をJSON形式で書き直してみましょう。

リストA-14
```
var obj = {
  data: [100, 82, 69, 77, 91],
  calc: function () {
    var total = 0;
    for (var n in this.data) {
      total += this.data[n];
    }
    var average = total / 5;
    document.write('<p>合計は、' + total +
```

```
            'です。平均点は、' + average + 'です。</p>');
    }
}

obj.calc();
```

こうなりました。ここでは、最初に変数objにJSON形式でオブジェクトを代入しています。これ、よく見るとこういう形になっているのがわかるでしょう。

```
var obj = {
    data: データの配列 ,
    calc: function(){ ……メソッドの処理…… }
}
```

こんな具合に、{}の中にプロパティやメソッドの値を書いて並べていくのですね。この書き方は、最近、JavaScript以外の世界でもけっこう見るようになってきました。複雑なデータをひとまとめにして表すのに、JavaScript以外の世界でもけっこう使われるようになっているのですね。

せっかくJavaScriptを覚えるのですから、JSONの書き方はぜひマスターしておきたいですね！

> **コラム** JSONってどこで使われているの？ **Column**
>
> 「JSONは、JavaScript以外の世界でも使われている」といいましたが、具体的にどこで？　と思った人もいるでしょう。
>
> 一番多いのは、「Webサービス」です。Webサービスというのは、Webサイトのように Webページを表示するのではなくて、データだけを送信するサイトです。例えば天気予報とか株価とか、そういう有益な情報を配信している特殊な Webサイトなのです。さまざまな Webアプリやスマホのアプリなどから Webサービスにアクセスしてデータを受け取り利用できるようになっているのですね。
>
> こうした Webサービスで配信されるデータに、JSONが使われているのです。JSON形式のデータは、既に JavaScript以外の多くの言語で対応しています。JSONは、形式としてはただのテキストですから簡単に作成できます。それをそのままテキストとして送信し、受け取った側でそれを元に、その言語のオブジェクトを生成して利用するわけです。
>
> 単純なテキストと違い、JSONではさまざまな情報を構造的に記述できます。このため、複雑な情報をやり取りするのに適しているのです。

Webページのオブジェクト

……配列をやっていたと思ったら、あっというまにオブジェクトの話になってしまいました。あまりに話の展開が急で、なんだかわからなくなってしまった人も多いことでしょう。

まぁ、オブジェクトは細かな機能などまで理解していなくとも今は大丈夫です。オブジェクトというのがどういうもので、プロパティやメソッドというが何なのか、どうやって使うのか、そういった基本的なことだけわかればいいでしょう。

なぜ、こんなに難しそうなオブジェクトの説明をここでしたのか？　というと、JavaScriptでは、オブジェクトを使わないと何もできないからです。Webブラウザで JavaScriptを利用するときもそうですし、本書の Node.jsでもオブジェクトが多用されています。ですから、「オブジェクトの使い方」だけでもここで覚えておかないと困るのです。

documentオブジェクトについて

オブジェクトは、さまざまなところで使われています。例えば、ここまでさまざまなプログラムを作ってきましたが、それらの中で決まって使われていたのが、

```
document.write(……);
```

こういうものでした。これも、オブジェクトなのです。「document」というのが、Webページに表示されているドキュメントを扱うためのオブジェクトで、「write」はそこにテキストの値を書き出すメソッドだったのです。

WebページでJavaScriptを使う場合は、このdocumentオブジェクトの中に用意されているさまざまなメソッドを使って各種の操作を行います。ですから、「オブジェクトの使い方」は、JavaScriptを利用する上で必須のものなのです。

Webページを操作してみよう

では、実際にWebページに用意されているオブジェクトを使った例を見てみましょう。今回は、hello.htmlとscript.jsの両方を修正します。

まずは、hello.htmlからです。以下のように書き換えて下さい。

リストA-15
```
<!DOCTYPE html>
<html lang="ja">

<head>
  <meta http-equiv="content-type"
    content="text/html; charset=UTF-8">
  <title>HELLO</title>
  <script src="script.js"></script>
</head>

<body onload="initial();">
  <h1>Hello</h1>
  <p id="msg"></p>
  <input type="text" id="input">
  <input type="button" value="Click"
    onclick="doclick();">
</body>

</html>
```

ここでは、<body>の中に<p id="msg">と<input type="text id="input">というタグが用意されています。この2つのタグをJavaScriptで利用し、簡単なプログラムを動かしてみます。

<input type="button">には、onclick="doclick();"という属性が用意してありますね。これは、このボタンをクリックしたらdoclick関数を実行する、という意味です。<body>に

あるonload="initial();"というのも、この<body>部分を完全にロードしたらinitial関数を実行する、という意味になります。

　このonclickやonloadといった属性は、「イベント」という機能を利用するためのものです。イベントは、さまざまな操作や動作に応じて何かの処理を実行するのに使います。HTMLのタグにはさまざまなイベント用の属性が用意されていて、それらを利用して各種の処理が自動的に実行されるように設定できるのです。

　「onclickは、クリックしたときの処理」「onloadは、Webページの初期化の処理」と覚えておいて下さい。この2つだけわかれば、基本的なイベント処理が作れるようになります。

script.jsの修正

　では、script.jsの修正を行いましょう。hello.htmlでは、initialとdoclickという関数がイベントで呼び出されるようになっていましたから、これらの関数を用意しておかないといけませんね。では、以下のように書き換えて下さい。

リストA-16

```
var msg;
var input;

function initial(){
  msg = document.getElementById('msg');
  input = document.getElementById('input');
  msg.textContent = '※何か書いて下さい。';
}

function doclick(e){
  msg.textContent = '「' + input.value + '」と書きました。';
}
```

図A-19　入力フィールドに何か書いてボタンを押すと、メッセージが表示される。

Webブラウザで表示すると、入力フィールドとボタンが現れます。ここに何かテキストを書いてボタンを押すと、そのテキストを使ったメッセージが画面に表示されます。

initialの働き

では、ここでどんなことをしているのか、簡単に説明しておきましょう。まずは、initial関数からです。

●id="msg"とid="input"のオブジェクトを取り出す

```
msg = document.getElementById('msg');
input = document.getElementById('input');
```

documentオブジェクトの「getElementById」というのは、引数に指定したIDのタグを操作するオブジェクトを取り出すものです。getElementById('msg')なら、id="msg"が設定してあるタグのオブジェクトを取り出します。

●id="msg"の表示テキストを変更する

```
msg.textContent = '※何か書いて下さい。';
```

取り出したオブジェクトの「textContent」プロパティにテキストを設定しています。このtextContentは、そのオブジェクトが操作するタグに表示しているテキストを示すプロパティです。このtextContentの値を変更すると、そのタグに表示されているテキストが変わります。

doclickの働き

もう1つのdoclick関数のほうも見てみましょう。ここでも、textContentを使っていますね。

●id="msg"に入力したテキストを使ったメッセージを表示する

```
msg.textContent = '「' + input.value + '」と書きました。';
```

input.valueというのは、id="input"のタグのvalue属性(ユーザーが入力したテキストが設定されるものです)です。つまり、これで入力したテキストを取り出していたのですね。これを使って、id="msg"のtextContentにテキストを設定して表示を変更していたのです。

| Addendum | JavaScript超入門！

 後は応用次第？

　ここでは、「getElementById」メソッドと「value」プロパティを使ってみました。この2つだけでもわかれば、「ユーザーから何か入力をしてもらい、表示を変更する」という基本的なことができるようになります。これだけでもちょっとしたプログラムは作れるようになりますよ。

　例えば、script.jsの内容を以下のように書き換えてみましょう。

リストA-17
```
var msg;
var input;

function initial(){
  msg = document.getElementById('msg');
  input = document.getElementById('input');
  msg.textContent = '※本体価格を入力：';
}

function doclick(e){
  var price = input.value * 1;
  var price2 = price * 1.08;
  msg.textContent = price + '円の税込価格：' + price2 + '円';
}
```

図A-20　金額を記入してボタンを押すと、消費税込み価格を計算して表示する。

　これは、消費税計算のサンプルです。入力フィールドに金額を書いてボタンを押すと、税込価格が表示されます。これも、getElementByIdとvalueだけでできています。先ほどのサンプルをちょっとアレンジしただけで、こんなものも作れるのです。

　後は、みなさん自身で、スクリプトをアレンジしてどんなものが作れるか試してみて下さい。そして、「オブジェクトのプロパティやメソッドを操作する」ということに、少しでも早く慣

れて下さい。早く慣れるほど、Node.jsにスムーズに進むことができるようになるのですから。

この章のまとめ

　——非常に簡単ですが、JavaScriptの基本的な文法について説明しました。後半の「オブジェクト」に関する説明は、かなり詰め込んだ形になってしまったので、正直、よくわからない人も多かったかもしれません。

　ここでの説明は、JavaScriptの基本的な知識を幅広く身につけることができるもの、では、まったくありません。これだけの説明では、JavaScriptの基本部分のごく一部しか説明できていない、といっていいでしょう。きちんとJavaScriptを使いたいなら、もっとしっかりとしたJavaScriptの入門書などで学ぶべきです。この点は、ここで強調しておきたいと思います。

　では、ここでの説明は何のためのものなのか。それは、「Node.jsのプログラミングに進めるようにするためのもの」なのです。

　Node.jsはJavaScriptを使った開発環境ですが、JavaScriptのすべてを知らないと使えないわけではありません。これはサーバー側の開発環境なので、特にWebブラウザで使うJavaScriptの知識などはほとんど必要ないのです。JavaScriptという言語の基本的な文法さえきちんと身についていれば、ちゃんと使えるようになります。

　ここでは、JavaScriptの値と変数、基本的な制御構文、関数、そして配列とオブジェクトといったものについて、かいつまんで説明しました。これらが一通りわかれば、Node.jsについての説明もなんとか読み進めることができるようになるでしょう。もちろん、完璧に理解するには、もっともっと深く学んでいかないといけませんが、「とりあえず、ざっと目を通す」ぐらいなら、ここでの知識だけでも十分ではないでしょうか。

　というわけで、「早くNode.jsに進みたい！」とイライラしながらこの章を読んだ人は、とりあえず以下の3点だけもう一度きっちりと復習して下さい。

値と変数は基本中の基本！

　数字・テキスト・真偽値という3つの基本の値、そして変数と定数の使い方、これらは基本中の基本ですから、必ず覚えてください。覚えるだけでなく、いつでも書いて使えるようにしておきましょう。これらがわからないと、Node.js以前に「プログラムそのものがまるで理解できない」ということになりかねません。

ifと2つのforは一通り理解しておく

　制御構文の中では、ifとforについて確実に書き方と働きを覚えておきましょう。forは、

いわゆる「配列のfor」の使い方もちゃんと覚えておくようにして下さい。「switchは？」と思った人。switchは、ある意味オプション的な構文なので、無理に覚えなくてもかまいません。ifがわかれば代用できますから。

オブジェクトは、使い方だけ！

オブジェクトは、オブジェクトの作成のしかたまで理解する必要はありません。ただ、「用意されているオブジェクトの使い方」だけきっちり覚えておいて下さい。プロパティやメソッドの書き方、呼び出し方さえわかれば、Node.jsに用意されているオブジェクトを使うことはできるようになりますから。

これの点について、「大丈夫、しっかり覚えたぞ！」と思えるようになったら、本編に戻って、Node.jsのプログラミングを開始しましょう。多少、不安なところがあっても大丈夫。わからなかったら、またこの章に戻って「あれはどうだっけ？」と調べればいいんですから。

プログラミングは、とにかく「たくさん書いて慣れる」のが一番。うろ覚えのことも、実際に何度かソースコードを書いていくうちにきちんと使えるようになってくるものです。まずは、読み進めて書いて動かす。わからなくなったら、戻って勉強し直せばいいだけです。

では、Node.jsの世界に戻りましょう！

おわりに

　いかがでしたか、Node.jsの学習は。「プログラミングの経験がなくても、Node.jsを使って簡単なWebアプリを作れるようにする」という本書の目標は、達成できたでしょうか。

　おそらく、多くの人は「いろいろ学んだけど、わからないことだらけ」と感じているのではないでしょうか。「ダメだ。また挫折した」と。けれど、それは間違いです。それは挫折ではなく、あなたが確実に「進歩」した証拠です。

　多くの人は、プロの開発者と素人の間には大きな壁があると考えています。プロはこんな簡単なことで挫折したりしない、と。が、それは違います。プロも、わからなかったり挫折したりします。人間ですから。ただ、プロの開発者は「それでも完成させる」のです。

　すべての事柄を完璧にマスターしなくともプログラムは作れます。プロの開発者は、自分にできないことを知っています。そして「自分にできること」をいかに駆使してプログラムを完成させるかを考えるのです。

　ここで学んだことの多くは、既に頭からこぼれ落ちていることでしょう。「あれがわからない」「これがわからない」ということだらけでしょう。それは自分の中で「わかることと、わからないこと」がわかったからです。

　わかることを使えば、何かできます。そしてわからないことをわかることに変えることも、実は可能です。そのためにかかる労力や時間は人それぞれですが、わからないことの多分半分ぐらいは、いつの日か「わかること」に変えられるのです。

　そんなこと信じられない？　いいえ、あなたはこの本を通して、そのことを理解したはずですよ。この本で「わかった」ことを思い出してください。それらはかつて「わからなかった」ことだったはずです。あなたはこの本を通じて、いくつかの「わからない」を「わかった」に変えたのです。それは「進歩」です。大いなる、進歩！

　そのことがわかったなら、あなたの前途は洋々たるものです。

2020.07　掌田津耶乃

Index

索引

記号

<% %>	125
<%- %>	131
<%= %>	92
\<head\>	69
\<script\>	425

A

all	251
AND検索	284,335
array	294
associate	380

B

belongsTo	382
belongsToMany	382
body	212
bodyParser	210
Bootstrap	106
bulkDelete	322
bulkInsert	321

C

case	435
catch	362
check	292
ClientRequest	65
config.json	307
console.log	72
const	429
contains	295
contains:	368

Content-Type | 71

cookie	145
cookie:	216
cookie-parser	195
create	339
createServer	63
createTable	319
CRUD	258,339
custom	297

D

Database	250
DataTypes	315
DB Browser for SQLite	232
default:	435
define	314
delete from	278
dependencies	184
destroy	351
document	154,454

E

each	253
EJS	83
ejs	89
else	432
Embedded JavaScript Templates	83
end	64
equals:	368
errors	364
escape	144,296
exists:	295

462

索引

Express 173
express 176,192
Express Generator 174
Express Session 214
Express Validator 287
express-session 215
express-validator 287,292

F

findAll 329
findByPk 349
findOne 385
for 439,448
fs 74
function 441

G

get 192,198,224
getHeader 69
getItem 153

H

hasMany 382
hasOne 382
headers 145
href 153
http 61
http-errors 195
https 224

I

if 432
include 131
include: 391
insert into 265
isAfter: 369
isAlpha: 368

isAlphanumeric: 368
isArray 295
isBefore: 369
isCreditCard: 369
isDate: 369
isDecimal: 368
isEmail 295,360
isFloat: 368
isIn: 369
isInt 295,360
isIP: 368
isLowercase: 368
isNull: 368
isNumeric: 368
isString 295
isUppercase: 368
isUrl: 368
isUUID: 369

J

Japanese Language Pack for Visual Studio Code
.... 42
JavaScript Object Notation 156,452
join 167
JSON 156,452
json 210

L

len: 369
LIKE検索 282
listen 65,193
localStorage 153
location 153
Long Term Support 20
LTS 20

M

Many To Many	381
Many To One	380
Markdown	399
markdown-it	402
max:	369
method	121
min:	360
module.exports	198
morgan	195

N

new	451
node	57
Node.js	19
node_modules	85
notContains:	368
notEmpty	295,360
notIn:	369
notNull:	368
npm	84
npm init	186
npm install	84,179
npm start	180
NPMスクリプト	181
npx sequelize-cli db:migrate	315
npx sequelize-cli db:seed:all	322
npx sequelize-cli init	306
npx sequelize-cli model:generate	311
npx sequelize-cli seed:generate	320

O

Object	451
Object-Relational Mapping	303
on	121
onclick	455
One To Many	380

One To One	380
onload	456
Op	331
order:	390
ORM	303
OR検索	284,336

P

package.json	179,183
parse	99,113,156
parseString	224
path	195

Q

query	114
queryInterface	319
querySelector	154
querystring	120

R

readFile	74
readFileSync	89
redirect	265
render	93,199
request	64
require	61
resave:	216
response	64
Router	198
RSS	218
run	264

S

save	351
saveUninitialized:	216
secret:	216
select * from	252

| 索引 |

send 192
Sequelize 302
Sequelize CLI 305
serialize 251
Servere 63
ServerResponse 65
session 218
set 196
Set-Cookie 144
setHeader 69
setItem 158
SQL 230
SQLite3 231,247
sqlite3 251
SQLクエリー 252
sudo 176
switch 435
sync 343

T

text/html 71
textContent 154
then 345
this 451

U

undefined 114
update 273,345
url 98
urlencoded 210
use 197
use strict 314

V

V8 19
validate: 358
value 154

var 428
Visual Studio Code 36

W

where 269
where: 330
while 437,454
writeHead 69

X

xml2js 220

あ行

あいまい検索 282
アソシエーション 380
アプリケーションフレームワーク 173
イベント 121,456
インクリメント演算子 439
インタラクティブモード 31
インデント 424
エクスプローラー 45
エスケープ処理 144
オートインデント 47
オブジェクト 449

か行

カラム 237
関数 441
クエリーパラメーター 111
クッキー 139
クライアント 12,66
コールバック関数 78

さ行

サーバー 12
サニタイズ 296
三項演算子 145

465

索引

シード 319
シリアライズ 251
制御構文 432
セッション 213

た行

代入演算子 439
ターミナル 57
直列化 251
データベース 237
テーブル 237
テーマ 49
デクリメント演算子 439
テンプレートエンジン 82

は行

配列 446
パーシャル 129
パッケージ 183
パッケージマネージャー 83
パラメーター 111
バリデーション 286, 357
比較演算子 433
フィールド 237
プレースホルダ 265
フレームワーク 16
ヘッダー情報 68
ポート番号 59

ま行

マイグレーション 315
モジュールローディングシステム 61
モデル 310

ら行

リクエスト 65
ルーティング 98

レコード 237
レスポンス 65
ローカルストレージ 149
論理積 335
論理和 336

著者紹介

掌田 津耶乃(しょうだ つやの)

日本初のMac専門月刊誌「Mac+」の頃から主にMac系雑誌に寄稿する。ハイパーカードの登場により「ビギナーのためのプログラミング」に開眼。以後、Mac、Windows、Web、Android、iPhoneとあらゆるプラットフォームのプログラミングビギナーに向けた書籍を執筆し続ける。

■最近の著作
「Python Django3超入門」(秀和システム)
「iOS/macOS UI フレームワーク SwiftUI プログラミング」(秀和システム)
「Ruby on Rails 6超入門」(秀和システム)
「作りながら学ぶWebプログラミング実践入門」(マイナビ)
「PHP フレームワーク Laravel 入門 第2版」(秀和システム)
「C# フレームワーク ASP.NET Core3 入門」(秀和システム)
「つくってマスター Python」(技術評論社)

●著書一覧
http://www.amazon.co.jp/-/e/B004L5AED8/

●筆者運営のWebサイト
https://www.tuyano.com

●ご意見・ご感想の送り先
syoda@tuyano.com

Node.js 超入門[第3版]

発行日	2020年 7月20日	第1版第1刷

著　者　　掌田 津耶乃

発行者　　斉藤　和邦

発行所　　株式会社 秀和システム
　　　　　〒135-0016
　　　　　東京都江東区東陽2-4-2　新宮ビル2F
　　　　　Tel 03-6264-3105（販売）　Fax 03-6264-3094

印刷所　　三松堂印刷株式会社

©2020 SYODA Tuyano　　　　　　　　　Printed in Japan
ISBN978-4-7980-6243-3 C3055

定価はカバーに表示してあります。
乱丁本・落丁本はお取りかえいたします。
本書に関するご質問については、ご質問の内容と住所、氏名、
電話番号を明記のうえ、当社編集部宛FAXまたは書面にてお
送りください。お電話によるご質問は受け付けておりませんの
であらかじめご了承ください。